中等职业学校“十二五”计算机规划教材

AutoCAD 2009 建筑设计应用教程

兰 巍 编

西北工業大學出版社

【内容简介】本书为中等职业学校“十二五”计算机规划教材，主要内容包括AutoCAD基础知识、二维图形的绘制与编辑、图层与图案填充、辅助绘图工具与设计中心、标注图形尺寸、文字和表格、块与外部参照、绘制与编辑三维图形、综合应用实例以及上机实训。各章后附有本章小结及操作练习，使读者在学习时更加得心应手，做到学以致用。

本书可作为中等职业学校计算机辅助设计课程的教材，也可作为培训班教材及电脑爱好者的自学参考书。

图书在版编目（CIP）数据

AutoCAD 2009建筑设计应用教程/兰巍编. —西安：西北工业大学出版社，2011.12
中等职业学校“十二五”计算机规划教材
ISBN 978-7-5612-3244-6

Ⅰ. ①A…　Ⅱ. ①兰…　Ⅲ. ①建筑设计：计算机辅助设计—AutoCAD 软件—中等专业学校—教材　Ⅳ. ①TU201.4

中国版本图书馆CIP数据核字（2011）第245673号

出版发行：西北工业大学出版社
通信地址：西安市友谊西路127号　　邮编：710072
电　　话：（029）88493844　88491757
网　　址：www.nwpup.com
电子邮箱：computer@nwpup.com
印 刷 者：陕西兴平报社印刷厂
开　　本：787 mm×1 092 mm　1/16
印　　张：15
字　　数：396千字
版　　次：2011年12月第1版　　2011年12月第1次印刷
定　　价：30.00元

序　言

中等职业教育是我国职业教育的重要组成部分。大力发展中等职业教育是加快普及高中阶段教育，提高全民族文化知识、实践技能和创新能力等综合素养，输送国家产业建设大军新生力量的基础工程；是促进就业、改善民生、解决“三农”问题的重要途径；是缓解劳动力结构矛盾的关键环节。

在我国的国民经济和社会发展的第十二个五年规划纲要中，提出教育改革的指导方针是，按照优先发展、育人为本、改革创新、促进公平、提高质量的要求，深化教育教学改革，推动教育事业科学发展，大力发展职业教育。

目前，我国的职业教育正处于由规模扩张向全面提高质量的转折期，为了贯彻落实《中共中央关于制定国民经济和社会发展第十二个五年规划的建议》精神，配合当前中职教育的现状，切合国民经济发展的要求，在通过调研、了解和掌握众多中等职业学校计算机及相关专业的教学计划、课程设置和教学实际需求的基础上，根据中等职业学校学生的学习能力和就业需求，我们组织出版了“中等职业学校‘十二五’计算机规划教材”。

主要特色

✯ 中文版本、易教易学

本系列教材选取在工作中最普遍、最易掌握的中文版本的应用软件，突出“易教学、易操作”的特点，与用人单位的需求紧密结合，在编写体例上注重理论知识与上机实训相结合。

✯ 任务驱动、案例教学

本系列教材列举了大量的实例以提高学生的学习兴趣，培养学生学习的自主能力，在掌握理论的基础上更多地动手进行实际操作。

✯ 内容全面、图文并茂

本系列教材合理安排基础知识和实践操作技巧的比例，基础知识以“必需、够用”为度，实践操作技巧以“全面、实用”为准，系统完整，图文并茂。

✯ 体现教与学的互动性

本系列教材从“教”与“学”的角度出发，重点体现教师和学生的互动交流。将精练的理论和实用的范例相结合，使学生在课堂上就能掌握行业技术应用，做到理论和实践并重。

突出职业应用，快速培养人才

本系列教材以培养计算机技能型人才为出发点，采用“基础知识+上机实战+综合应用实例+上机实训”的编写模式，内容生动，由浅入深，将知识点与实例紧密结合，便于读者学习掌握。

读者对象

本系列教材的读者对象为中等职业学校师生和需要进行计算机相关知识培训的专业人士，同时也可供从事其他行业的计算机爱好者自学参考。

结束语

希望广大师生在使用教材的过程中提出宝贵意见，以便我们在今后的工作中不断改进和完善，使本系列教材成为中等职业教育的精品教材。

西北工业大学出版社

2011 年 11 月

前　言

AutoCAD 2009 是由美国 Autodesk 公司开发的，是目前应用较为广泛的计算机辅助设计软件之一，现已经成为国际上广为流行的绘图工具。它具有完善的图形绘制功能、强大的图形编辑功能、可采用多种方式进行二次开发或用户定制、可进行多种图形格式的转换，具有较强的数据交换能力，同时支持多种硬件设备和操作平台。使用 AutoCAD 可以绘制任意二维和三维图形，并且同传统的手工绘图相比，用 AutoCAD 绘图速度更快、精度更高，而且便于个性化定制，它已经在航空、航天、造船、建筑、机械、电子、化工等领域得到了广泛应用，并取得了丰硕的成果和巨大的经济效益。

本书以“基础知识+上机实战+综合应用实例+上机实训”为主线，对 AutoCAD 2009 软件循序渐进地进行讲解，使读者能快速直观地了解和掌握 AutoCAD 2009 的基本使用方法、操作技巧和综合实际应用，为步入职业生涯打下良好的基础。

本书内容

全书共分 12 章。其中前 10 章主要介绍 AutoCAD 2009 的基础知识和基本操作，使读者初步掌握计算机辅助设计的有关知识；第 11 章列举了几个有代表性的建筑方面的行业应用实例；第 12 章是上机实训，通过理论联系实际，帮助读者举一反三，学以致用，进一步巩固所学的知识。

读者定位

本书结构合理，内容系统全面，讲解由浅入深，实例丰富实用，可作为中等职业学校计算机辅助设计课程的教材，也可作为培训班教材及电脑爱好者的自学参考书。

本书力求严谨细致，但由于水平有限，书中难免出现疏漏与不妥之处，敬请广大读者批评指正。

编　者

目　录

第 1 章　AutoCAD 基础知识

图形是表达和交流技术思想的工具。随着计算机辅助设计技术（Computer Aided Design，CAD）的发展和普及，越来越多的工程设计人员开始利用计算机绘制各种图形，从而克服了传统手工绘图中存在的效率低、绘图准确度差及劳动强度大等缺点。在目前的计算机绘图领域中，AutoCAD 是使用最为广泛的计算机绘图软件。通过本章的学习，读者应了解 AutoCAD 2009 的工作界面组成、图形文件管理和绘图环境的设置方法。

知识要点

- AutoCAD 2009 工作界面
- 管理图形文件
- 设置绘图环境
- 绘图规范

1.1　AutoCAD 2009 工作界面

启动 AutoCAD 2009 后直接进入其工作界面，如图 1.1.1 所示。中文 AutoCAD 2009 的工作界面主要由标题栏、菜单栏、工具栏、绘图窗口、命令提示窗口、坐标系图标、状态栏等组成。

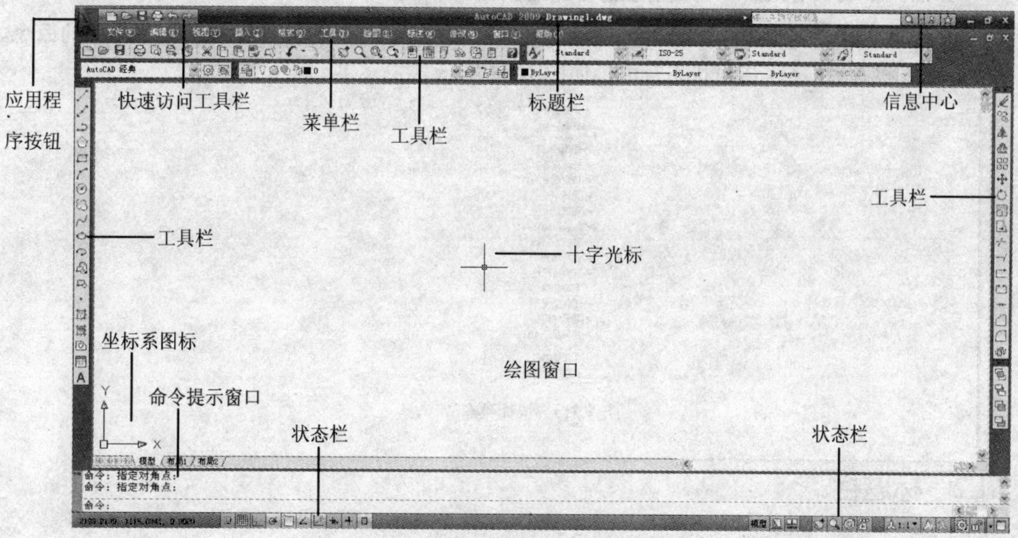

图 1.1.1　AutoCAD 2009 工作界面

1.1.1　菜单栏

菜单栏位于标题栏下方，它由 文件(F)、编辑(E)、视图(V)、插入(I)、格式(O)、工具(T)、绘图(D)、标注(N)、修改(M)、窗口(W)和帮助(H)11 个菜单项组成，如图 1.1.2 所示为“工具”下拉菜单，菜单栏几乎包括了 AutoCAD 的所有功能和命令。

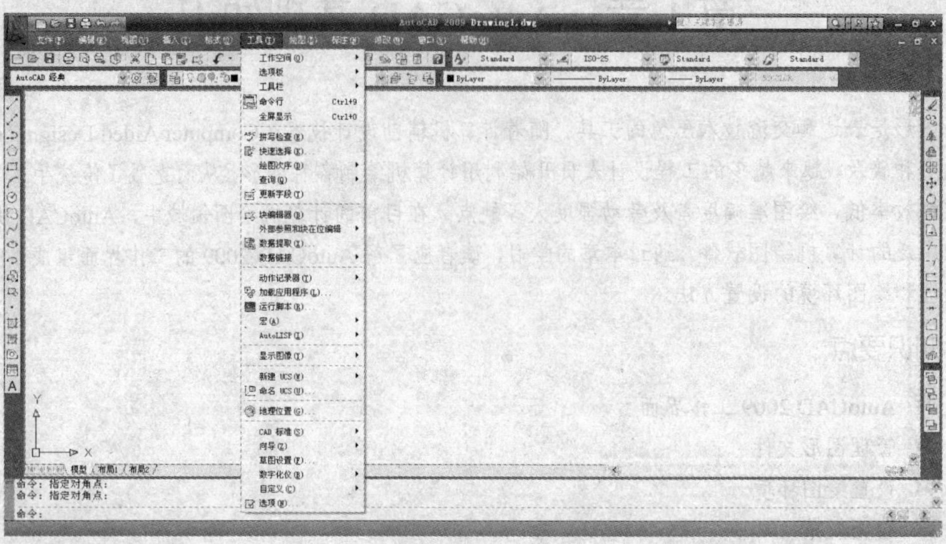

图 1.1.2 “工具”下拉菜单

AutoCAD 2009 中菜单选项有以下 4 种形式。

（1）命令后边带省略号…的，表示执行该命令会打开一个对话框。

（2）命令后边带小三角▸的，表示该命令下还有子菜单。

（3）命令后边带组合键的，表示直接按下该组合键即可执行该命令。

（4）灰色命令项表示该命令在当前状态下不可用。

在 AutoCAD 工作界面中单击鼠标右键，在光标位置会弹出一个快捷菜单，该快捷菜单中的命令与光标所处位置和 AutoCAD 当前状态有关，如图 1.1.3 所示。

图 1.1.3 快捷菜单

1.1.2 标题栏

标题栏位于整个屏幕的顶部，用于显示 AutoCAD 的图标、软件名称以及当前图形文件名称等。与其他 Windows 标准应用程序相同，用户可以通过单击标题栏右边的控制按钮（－、□、×）使 AutoCAD 窗口最小化、最大化（还原）或者关闭，如图 1.1.4 所示。

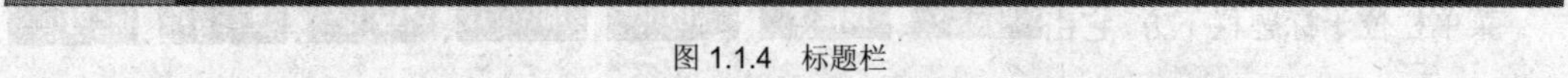

图 1.1.4 标题栏

1.1.3　工具栏

工具栏中包含了很多命令按钮，单击相应的命令按钮即可快速执行相应的 AutoCAD 命令，工具栏为用户提供了执行 AutoCAD 命令的快捷方式。AutoCAD 2009 提供了 30 种标准工具栏，默认情况下只打开“标准”“工作空间”“绘图”“绘图次序”“特性”“图层”“修改”和“样式”8 种工具栏，在任意工具栏上单击鼠标右键，即可弹出快捷菜单，选择该快捷菜单中的相应命令即可打开其他隐藏的工具栏，如图 1.1.5 所示。

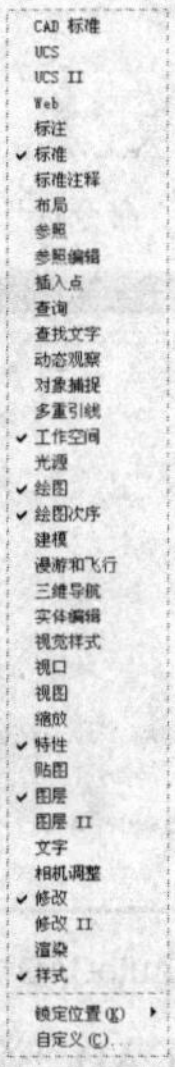

图 1.1.5　快捷菜单

除了系统提供的工具栏外，用户还可以通过选择 工具(T) → 自定义(C) → 界面(I)... 命令，在弹出的 自定义用户界面 对话框中自定义工具栏。

工具栏的状态有 3 种：浮动状态、固定状态和锁定状态，如图 1.1.6 所示。用户可以用鼠标拖动浮动或固定状态下的工具栏，使其在这两种状态下转换，还可以通过选择 窗口(W) → 锁定位置(K) 命令的子菜单项对工具栏进行彻底固定，实现浮动状态或固定状态与锁定状态的转换。在锁定状态下，无法移动工具栏的位置，这样就避免了因错误操作而移动工具栏位置的情况。

浮动状态

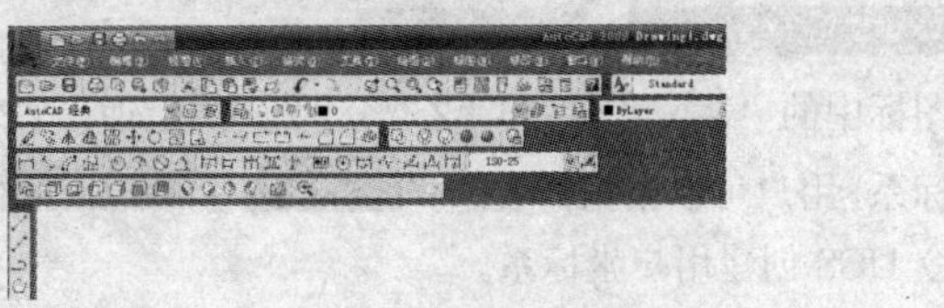

固定状态

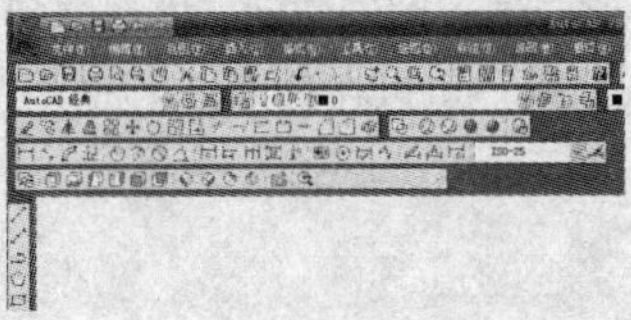

锁定状态

图 1.1.6　工具栏的状态

1.1.4 命令提示窗口

命令提示窗口有两种：一种是“命令行”提示窗口，位于绘图窗口的下边，如图 1.1.7 所示；另一种是 AutoCAD 文本窗口，如图 1.1.8 所示。命令提示窗口是用户输入命令、显示 AutoCAD 的提示信息和其他相关信息的地方，是用户与 AutoCAD 进行人机交流的主要场所。用鼠标拖动“命令行”提示窗口可以改变其大小；按“F2”键可打开 AutoCAD 文本窗口，可以用鼠标拖动该窗口右边的滚动条来阅读命令提示窗口中的信息。

图 1.1.7 “命令行”提示窗口

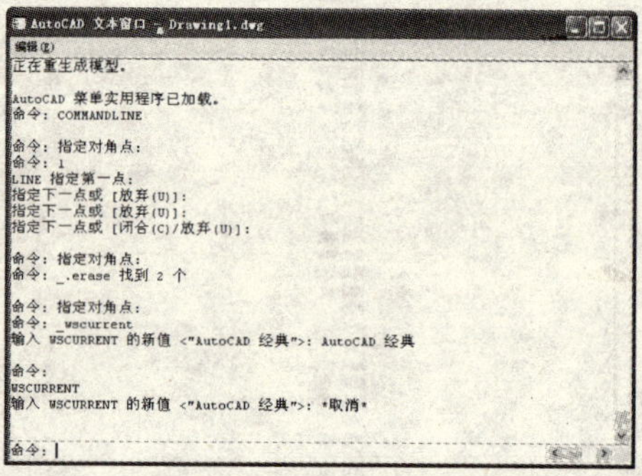

图 1.1.8 AutoCAD 文本窗口

命令提示窗口中的信息非常有用，对 AutoCAD 不熟悉的用户在绘制图形时要时刻注意提示窗口中的信息，这将有助于快速熟悉 AutoCAD 的命令。

1.1.5 绘图窗口

绘图窗口是 AutoCAD 2009 工作界面的主要区域，该区域类似于手工绘图时的图纸，这是用户绘制与编辑图形的主要场所，用户可以根据需要设置绘图窗口的尺寸大小。

绘图窗口的左下角是坐标系图标，用户可以选择 视图(V) → 显示(L) → UCS 图标(U) → 开(O) 命令控制该图标的显示与隐藏。坐标系图标表明了绘图区域的方向，图标中的“X”，“Y”和“Z”分别表示 X 轴、Y 轴和 Z 轴的正方向。系统默认当前坐标系为世界坐标系，用户可以根据需要选择 工具(T) → 新建 UCS(W) 命令的子命令或直接在命令行中输入命令 UCS 创建用户坐标系。

绘图窗口包含了两种绘图环境：模型空间和图纸空间。选择绘图窗口底部的 模型 选项卡进入模型空间，选择 布局1 或 布局2 选项卡进入图纸空间。模型空间主要用于按实际尺寸绘制二维或三维图形，而图纸空间则类似一张图纸，用户可以在该图纸上放大或缩小绘制的图形，对其进行布置。

1.1.6 状态栏

状态栏位于绘图窗口的下端，用来显示当前的绘图状态。状态栏的左边是笛卡儿坐标系，显示当前光标在绘图窗口中的位置；中间有 9 个辅助绘图按钮，如图 1.1.9 所示，单击相应的按钮或按快捷键可以打开或关闭相应功能，如表 1.1 所示；右边是“通信中心”按钮和“工具栏/窗口位置锁定状态”按钮，单击最右边的下三角按钮，可弹出状态栏菜单，如图 1.1.10 所示，用户可以通过该菜单添加或删除状态栏中的选项。将鼠标移动到工具栏中的按钮上时，在状态栏中会显示该命令按钮的功能以及命令。

图 1.1.9　状态栏

表 1.1　辅助绘图按钮与相应的快捷键

按　钮	快捷键	按　钮	快捷键
	F9		无
	F7		F11
	F8		F12
	F10		无

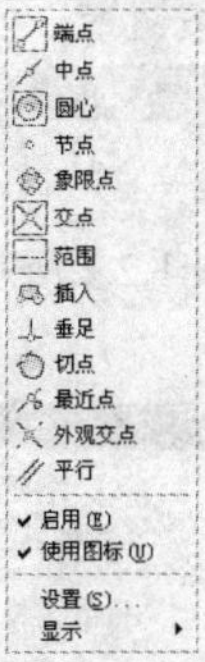

图 1.1.10　状态栏菜单

1.2　管理图形文件

管理图形文件包括创建新图形文件、打开已有的图形文件、保存图形文件和关闭图形文件等，本节详细介绍这些内容。

1.2.1　创建图形文件

使用 AutoCAD 2009 绘图时，首先要创建一个新的图形文件，创建新图形文件的方法有以下 3 种：

（1）单击“标准”工具栏中的“新建”按钮。

（2）选择 文件(F) → 新建(N)...　Ctrl+N 命令。

（3）在命令行中输入命令 new。

执行该命令后，弹出 选择样板 对话框，如图 1.2.1 所示，在该对话框中选择合适的样板文件后，单击 打开(O) 按钮就会以该样板创建新图形文件。

选择相同的样板文件创建新图形文件不仅可以提高绘图效率，而且还可以保持图形文件的一致性。AutoCAD 系统为用户提供了多种样板文件，用户还可以自定义样板文件，单击 打开(O) 按钮右边的下三角按钮，在弹出的下拉菜单中选择 无样板打开 - 英制(I) 或 无样板打开 - 公制(M) 命令，创建一个空白图形文件，在该文件中设置图层、线型、文字样式、尺寸标注样式等属性，然后将其保存。

图 1.2.1 “选择样板”对话框

1.2.2 打开图形文件

当需要详细浏览或修改图形时，就必须打开图形文件，打开图形文件的方法有以下 3 种：

（1）单击“标准”工具栏中的“打开”按钮。

（2）选择 文件(F) → 打开(O)... Ctrl+O 命令。

（3）在命令行中输入命令 open。

执行该命令后，弹出 选择文件 对话框，如图 1.2.2 所示，在该对话框中选择要打开的图形文件，单击 打开(O) 按钮即可将其打开。

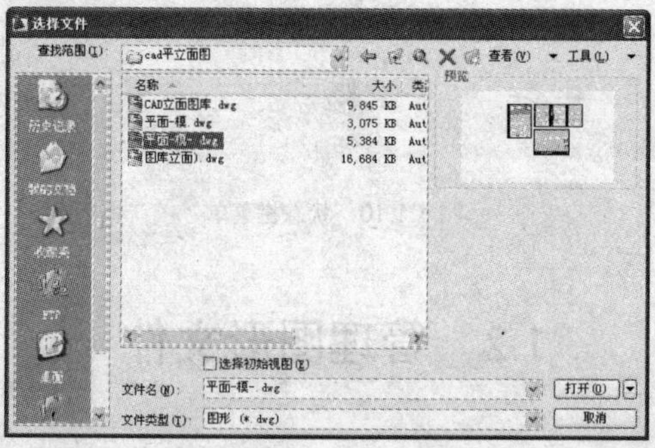

图 1.2.2 “选择文件”对话框

如果要打开的图形文件非常复杂，可以使用 AutoCAD 2009 提供的打开局部图形功能。在 选择文件 对话框中选中要打开的图形文件后，单击 打开(O) 按钮右边的下三角按钮，在弹出的下拉菜单中选择 局部打开(P) 命令，弹出 局部打开 对话框，如图 1.2.3 所示。在该对话框中的 要加载几何图形的视图 选项区中选择要打开的视图；在 要加载几何图形的图层 选项区中选择要打开的图层，单击 打开(O) 按钮即可在选定视图中打开选定图层上的对象。

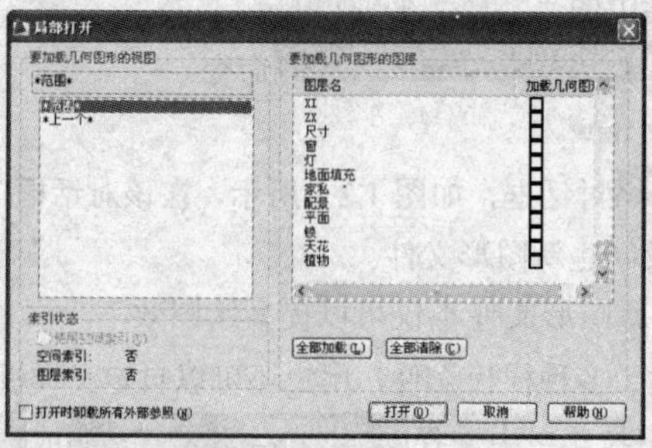

图 1.2.3 “局部打开”对话框

1.2.3 保存图形文件

AutoCAD 保存图形文件的方法有两种：一种是快速保存，即以当前文件名保存图形；另一种是换名保存，即指定新文件名存储图形。

1. 快速保存

执行快速保存命令的方法有以下 3 种：

（1）单击“标准”工具栏中的“保存”按钮。

（2）选择 文件(F) → 保存(S) Ctrl+S 命令。

（3）在命令行中输入命令 qsave。

执行该命令后，系统即以当前图形文件名存储图形，没有任何提示。如果当前文件是第一次打开的新建文件，且用户没有为其指定文件名，则执行该命令后，系统弹出 图形另存为 对话框，如图 1.2.4 所示。

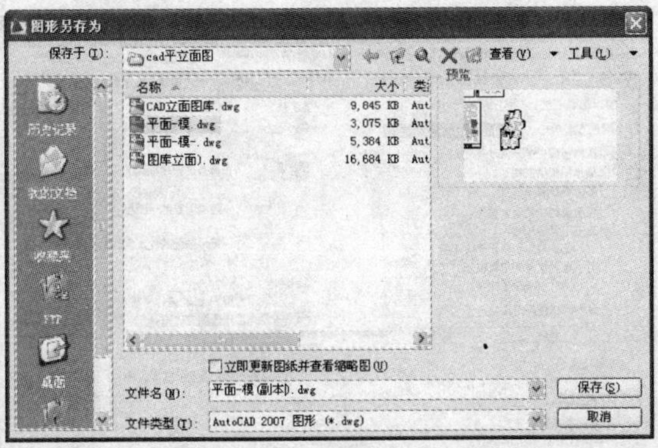

图 1.2.4 “图形另存为”对话框

在该对话框中的 保存于(I): 下拉列表中选择保存路径，在 文件名(N): 下拉列表框中输入文件名，在 文件类型(T): 下拉列表中选择保存类型，然后单击 保存(S) 按钮，即可以指定的路径、文件名和文件类型保存图形。

2. 换名保存

执行换名保存命令的方法有以下两种：

（1）选择 文件(F) → 另存为(A)... Ctrl+Shift+S 命令。

（2）在命令行中输入命令 saveas。

执行该命令后，系统弹出 图形另存为 对话框，如图 1.2.4 所示，在该对话框中指定新文件名、保存路径和文件类型后，单击 保存(S) 按钮，系统就会以新的设置保存图形文件，同时保留原图形文件。

1.2.4 关闭图形文件

对图形的操作结束后，即可关闭图形文件。关闭图形文件的方法有以下两种：

（1）选择 文件(F) → 关闭(C) 命令。

（2）在命令行中输入命令 close。

执行该命令后，如果当前文件还没有存储，则系统弹出如图 1.2.5 所示的提示框，单击 是(Y) 按钮，弹出 图形另存为 对话框，利用该对话框保存图形文件后关闭图形文件；单击 否(N) 按钮，不保存图形文件直接关闭；单击 取消 按钮，不保存图形文件，同时取消关闭图形文件命令。

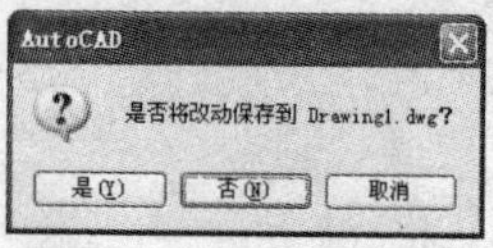

图 1.2.5　命令提示框

1.3　设置绘图环境

在使用 AutoCAD 2009 之前，用户可以通过 Preferences 命令或选择 工具(T) → 选项(N)... 命令来设置绘图环境，以符合自己的要求，此时系统将弹出如图 1.3.1 所示的 选项 对话框。

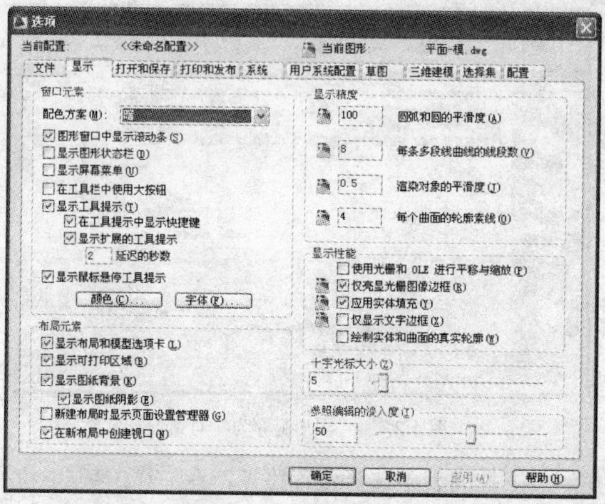

图 1.3.1　“选项”对话框

下面简要介绍一下该对话框中各选项卡的作用。

（1）文件 选项卡：用于设置字库、菜单文件、文本编辑器程序、词典文件等文件的路径。

（2）显示 选项卡：用于设置窗口元素、布局元素、显示精度、显示性能、十字光标大小和参照编辑的褪色度等。例如，可利用该选项卡设置命令提示窗口的文本行数、模型空间、绘图预览的背景颜色等。

（3）打开和保存 选项卡：用于设置是否自动保存文件，以及自动保存文件时的时间间隔，是否维护日志文件，以及是否加载外部参照等。

（4）打印和发布 选项卡：用于设置 AutoCAD 的输出设备。默认情况下，输出设备为 Windows 打印机。但在很多情况下，为了输出较大幅面的图形，用户也可能需要使用专门的绘图仪。

（5）系统 选项卡：用于设置当前三维图形的显示特性，设置定点设备、是否显示 OLE 特性对话框、是否显示所有警告信息、是否检查网络、是否显示启动对话框、是否允许长符号名等。

（6）用户系统配置 选项卡：用于设置 Windows 标准行为、快捷菜单和对象的排序方式。

（7）草图 选项卡：用于设置自动捕捉、自动追踪、自动捕捉标记框颜色和大小、靶框大小。

（8）三维建模 选项卡：用户设置与三维建模相关的系统参数，如三维十字光标、动态输入、三维对象和三维导航等。

（9）选择集选项卡：用于设置选择模式和夹点特性（颜色与尺寸）。

（10）配置选项卡：用于实现新建系统配置文件、重命名系统配置文件以及删除系统配置文件。

1.3.1　设置绘图单位

在 AutoCAD 中，用户可以以任何实际单位进行绘图，如 mm，cm，m，km 等。但是，对于系统而言，它不管用户采用什么单位，只以图形单位来计算绘图尺寸。

在 AutoCAD 2009 中，用户可以选择格式(O)→单位(U)...命令，或者在命令行直接输入 units 命令，弹出图形单位对话框，如图 1.3.2 所示。在该对话框中设置图形单位的长度类型和精度、角度类型和精度以及缩放、拖放内容的单位等。

1．长度

单击长度选项区中的类型(T):下拉菜单右侧的下三角按钮，可打开其相应的下拉菜单，该下拉菜单用来选择绘图所使用的单位类型，如图 1.3.3 所示。其中，如果用户选择“工程”和“建筑”单位格式，则单位将采用英制。若打开其下边的精度(N):下拉菜单，则可以选择绘图的精度。

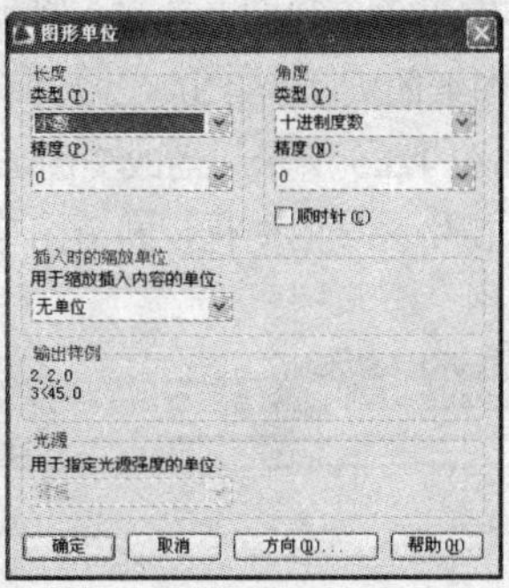

图 1.3.2　“图形单位”对话框

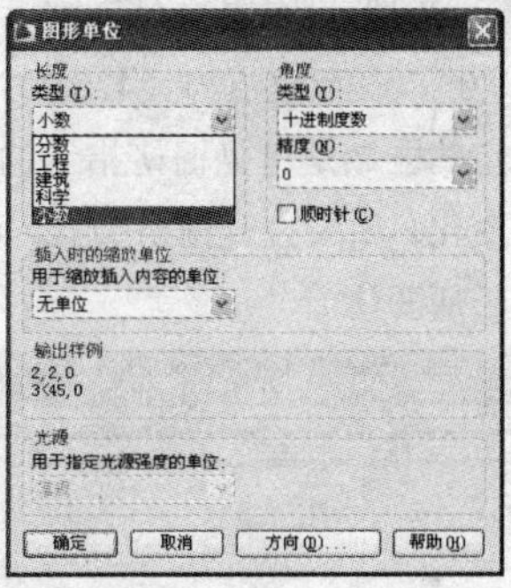

图 1.3.3　设置图形单位类型

2．角度

打开图形单位对话框右侧角度选项区中的类型(T):下拉菜单，可选定角度的类型。同样，打开其下边的精度(P):下拉菜单可选择角度的精度。缺省情况下，角度计算方向为逆时针，若选中☑顺时针(C)复选框，则表示角度计算方向为顺时针。

当在长度或角度选项区中选择设置了长度或角度的类型与精度后，在输出样例选项区中将显示它们对应的样例。

3．拖放比例

在插入时的缩放单位选项区中的用于缩放插入内容的单位:下拉列表框中，可设置通过 AutoCAD 设计中心插入块时所采用的单位，默认为厘米。

4．方向

在图形单位对话框中，单击方向(D)...按钮，弹出方向控制对话框，如图 1.3.4 所示，用户可通过该对话框定义角度的方向，其中逆时针方向为角度增加的正方向。

在基准角度(B)选项区中，可以通过选中⊙东(E)、⊙北(N)、⊙西(W)、⊙南(S)或⊙其他(O)单选按钮来改变角度测量的起始位置。当选中⊙其他(O)单选按钮时，可以单击“拾取角度”按钮，切换到图形窗口中，通过拾取两个点来确定基准角度的0°方向。

图 1.3.4 “方向控制”对话框

1.3.2 设置图形界限

用户在绘图时可将 AutoCAD 2009 的绘图区看成是一幅无穷大的图纸。也就是说，用户可在 AutoCAD 中绘制任何尺寸的图形。但是，实际上任何对象都不可能真正是无穷大的。因此，为了规划绘图区域，可选择 格式(O) → 图形界限(I) 命令，或者在命令行中直接输入 limits 命令来设置一个想像的矩形绘图区域，该区域即称为图形界限。

在世界坐标系中，图形界限由一对二维点确定，即左下角点和右上角点。例如，可以设置一张图纸的左下角点为（0,0），右上角点为（420,297），则该图纸的大小为 420×297。

图形界限所确定的区域是可见栅格指示的区域，如图 1.3.5 所示。当改变图形界限时，绘图窗口中的图形不会发生变化。如果打开栅格模式，则可以从栅格区域的变化反映出图形的变化，否则，在绘图区域将看不到任何变化。

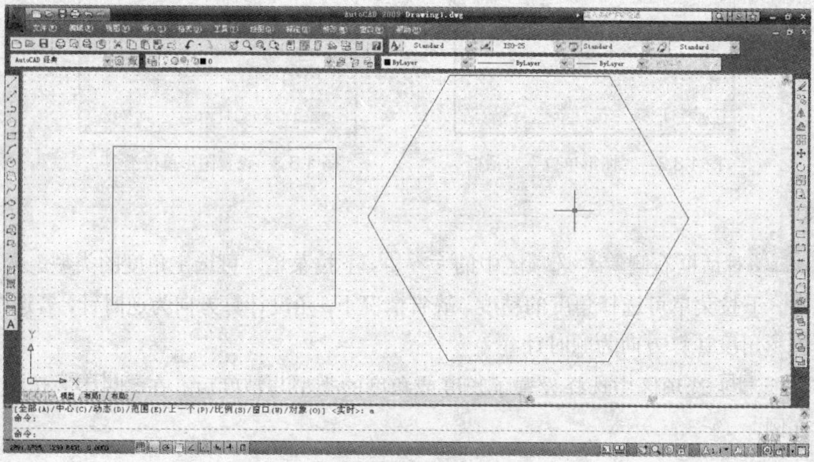

图 1.3.5 使用可见栅格指示的图形界限

limits 命令还有两个选项：开(ON)和关(OFF)。当 AutoCAD 提示用户指定左下角点时，可以选择开(ON)或关(OFF)。开(ON)和关(OFF)选项决定了能否在图形界限之外指定一点。如果选择开(ON)选项，将打开图形界限检查，此时用户不能在图形界限之外结束一个对象，也不能将移动命令或复制命令所需位移点设在图形界限之外，但是可以指定两个点（中心和圆周上的点）来画圆，圆的一部分可能在界限之外。界限检查只是帮助用户避免将图形画在假想的矩形区域之外。

当选择关(OFF)选项时（默认值），AutoCAD 禁止界限检查，这时用户可以在图形界限之外绘制对象或指定点。

1.4　绘 图 规 范

在绘图前掌握一定的绘图规范，能帮助用户快速、准确地绘制图形。

1.4.1　图纸规范

1. 图纸的尺寸

用户制定图纸的尺寸，可以根据我国的 GB 工程制图，A 系列图纸规格如表 1.2 所示。

表 1.2　A 系列的图纸规格（单位：mm）

规格名称	A0	A1	A2	A3	A4
尺寸	841×1189	594×841	420×594	297×420	210×297

2. 图框与图纸四边间距

图框范围是绘图的范围。确定图纸后，就要绘制图框。如图 1.4.1 所示为需要装订时和不需要装订时的图框与图纸四边间距对比效果。

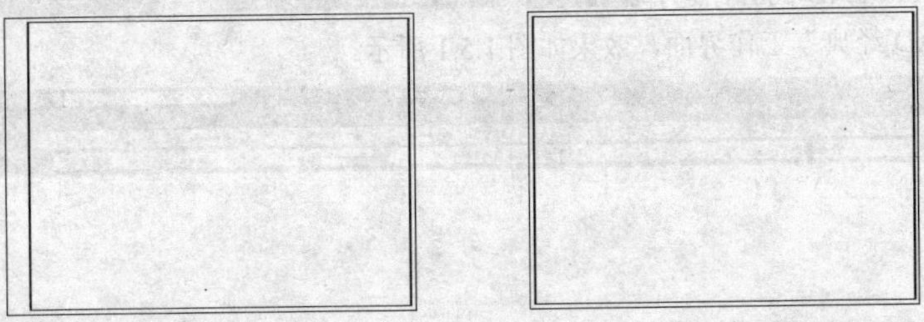

需要装订时　　不需要装订时

图 1.4.1　绘制的图框

根据我国的 GB 工程制图标准规定，图框与图纸四边的各间距如表 1.3 所示。

表 1.3　A 系列图纸四边的间距（单位：mm）

规格名称	A0	A1	A2	A3	A4	A5
a 尺寸	15	15	15	10	10	5
b 尺寸	25	25	25	25	25	25

3. 标题栏尺寸的规定

在工程图纸上，标题栏用来记录这张图的设计者、审核等信息。标准的标题栏尺寸如表 1.4 所示。如图 1.4.2 所示为标题栏的两种样式。

表 1.4　标准标题栏尺寸

规格名称	A1，A2，A3，A4	A5
标题栏尺寸（c×e）	55×175	18×175

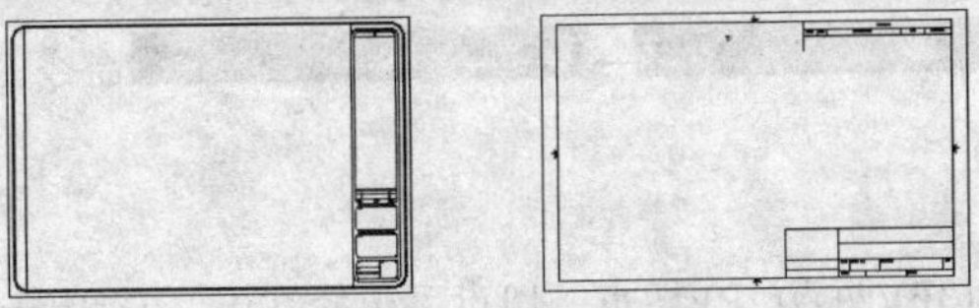

右侧直条式　　左下角标准式

图 1.4.2　标题栏样式

1.4.2 比例规范

绘图比例是绘图者在绘图前要先设置的。首先，用户要了解下述的比例规范，如表 1.5 所示。

表 1.5 比例规范

比例性质	范 例
实体比例	1:1
缩小比例	1:2，1:4，1:5，1:10，1:20，1:50，1:100，1:200，1:500，1:1 000 等
放大比例	2:1，5:1，10:1，20:1，50:1 等

1.5 上机实战——初识 AutoCAD 2009

在深入学习 AutoCAD 2009 之前，首先练习 AutoCAD 2009 的一些基本操作。本节将引导用户练习 AutoCAD 2009 界面操作和图形文件管理的方法。

1. 熟悉 AutoCAD 2009 工作界面

（1）启动 AutoCAD 2009，选择 工具(T) → 工作空间(O) → AutoCAD 经典 命令，切换到“AutoCAD 经典”工作界面，效果如图 1.5.1 所示。

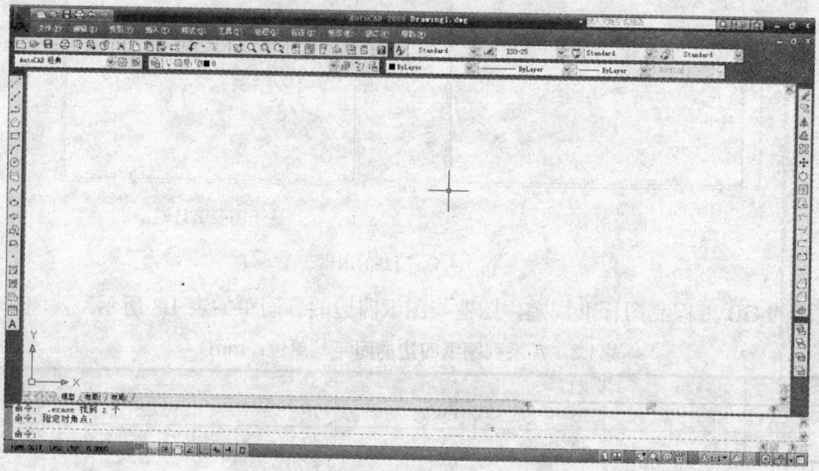

图 1.5.1 “AutoCAD 经典”工作界面

（2）单击左侧“绘图”工具栏中的“直线”按钮，在命令行的提示下，绘制一条直线。

命令: _line

指定第一点: //在绘图窗口中指定一点

指定下一点或 [放弃(U)]: //指定直线的另一点

指定下一点或 [放弃(U)]: //按回车键结束绘制直线命令

（3）选择 绘图(D) → 圆(C) → 圆心、半径(R) 命令，在命令行提示下，绘制一个半径为 30 的圆。

命令: _circle

指定圆的圆心或 [三点(3P)/两点(2P)/切点、切点、半径(T)]: //指定一点确定圆心位置

指定圆的半径或 [直径(D)] <1115.3444>: 30 //输入半径长度

按回车键结束绘制圆命令。

2．打开和保存图形文件

（1）选择 文件(F) → 打开(O)... 命令，在弹出的 选择文件 对话框中选择一个 AutoCAD 文件，如图 1.5.2 所示，单击 打开(O) 按钮将其打开。

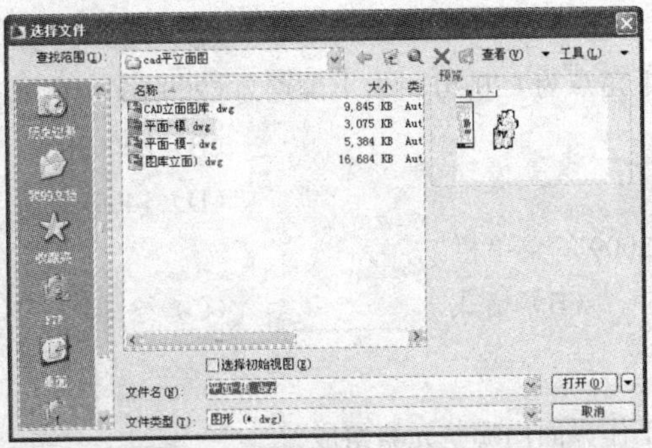

图 1.5.2　“选择文件”对话框

（2）选择 文件(F) → 另存为(A)... 命令，在弹出的 图形另存为 对话框中指定保存文件的位置，以及另存文件的名称，如图 1.5.3 所示，单击 保存(S) 按钮保存文件。

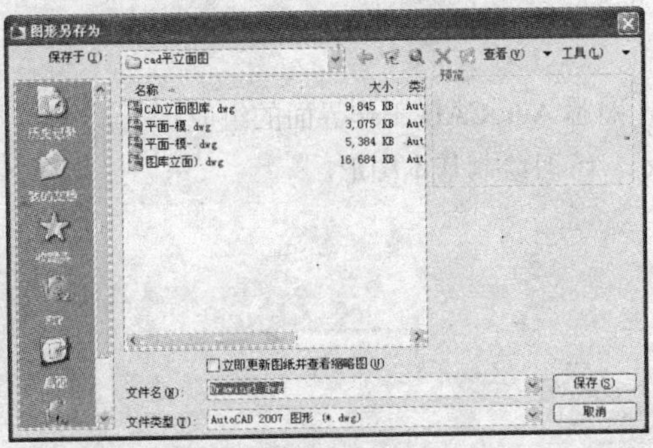

图 1.5.3　“图形另存为”对话框

本 章 小 结

本章主要介绍了 AutoCAD 2009 的工作界面、管理图形文件的方法、设置绘图环境的方法和绘图规范。掌握这些功能有助于用户在以后的制作中熟练而快速地应用它们。

操 作 练 习

一、填空题

1．AutoCAD 2009 工作界面主要包含_________、_________、_________、_________、_________和_________等元素。

2．可以通过_________功能打开图形的一部分。

3．选择_________命令可以设置图形单位。

4．A 系列图纸规格中 A4 规格图纸尺寸是_________。

二、选择题

1. 打开与关闭正交模式的快捷按钮是（　）。

（A）F7　　（B）F8

（C）F9　　（D）F10

2. 如果一张图纸的左下角点为（20,20），右上角点为（200,160），那么该图纸的图限范围为（　）。

（A）200×160　　（B）20×20

（C）180×140　　（D）140×180

3.（　）是 AutoCAD 2009 的菜单栏。

（A）文件　　（B）格式　　（C）绘图　　（D）修改

三、简答题

1. “AutoCAD 经典”工作界面由哪些元素组成？

2. 菜单栏都包括哪些菜单选项？

3. 如何创建、打开、保存和关闭图形文件？

4、简述绘图规范。

四、上机操作题

1. 新建一个图形文件，熟悉 AutoCAD 工作界面的组成。

2. 根据命令窗口的提示，练习绘制基本图形。

第 2 章　二维图形的绘制

AutoCAD 2009 提供的丰富的二维图形绘制命令，满足用户绘制各种图形的需要。本章主要介绍 AutoCAD 2009 中的各种二维图形绘制命令及其使用技巧。

知识要点

- 基本绘图方法
- 点的绘制
- 线的绘制
- 圆、圆弧和椭圆的绘制
- 矩形和正多边形的绘制
- 圆环的绘制
- 徒手画线
- 创建面域

2.1　基本绘图方法

在绘制二维图形之前，首先需要了解 AutoCAD 中执行绘图命令的方法。AutoCAD 界面组成的 3 个重要因素是菜单栏、工具栏和命令行。它们是 AutoCAD 中执行绘图命令的主要途径。

（1）单击“绘图”工具栏中的命令按钮，如图 2.1.1 所示。

（2）选择 绘图(D) 菜单中的子菜单命令，如图 2.1.2 所示。

（3）直接在命令行中输入绘图命令。

图 2.1.1　“绘图”工具栏

图 2.1.2　“绘图”子菜单

以上 3 种执行绘图命令的方法，在实际绘图过程中可以混合使用，主要取决于用户的操作习惯。另外，通过命令行执行绘图命令时，用户还可以使用绘图命令的缩写，如绘制直线的命令是“Line”，用户也可以在命令行中输入缩写“L”执行绘制直线命令。

2.2 绘 制 点

在 AutoCAD 2009 中，点的绘制方法有 4 种，分别为绘制单点、绘制多点、绘制定数等分点和绘制定距等分点。执行绘制点命令有以下 3 种方法：

（1）单击“绘图”工具栏中的“点”按钮，绘制多点。

（2）选择 绘图(D) → 点(O) 命令，在其子菜单中选择绘制点的方法，如图 2.2.1 所示。

（3）在命令行中输入命令 point（单点或多点），divide（定数等分点），measure（定距等分点）。

绘制点的类型不同，其操作方式也不相同，以下分别介绍。

2.2.1 绘制单点

单点就是执行绘制点命令后，一次绘制一个点。执行绘制单点命令后，命令行提示如下：

命令: _point

当前点模式: PDMODE=0 PDSIZE=0.0000

指定点: //在屏幕上指定一点

绘制单点命令一次只能绘制一个点，用户可以选择 格式(O) → 点样式(P)... 命令，在弹出的 点样式 对话框中选择要绘制的点的样式，如图 2.2.2 所示。

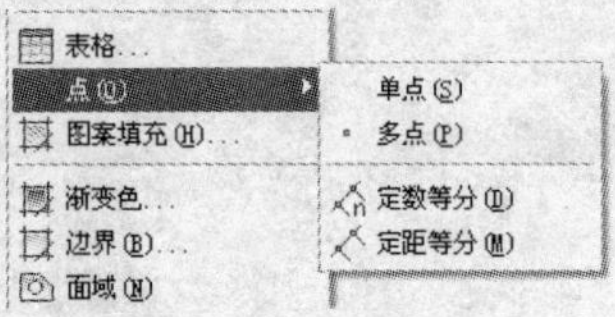

图 2.2.1 “点”子菜单

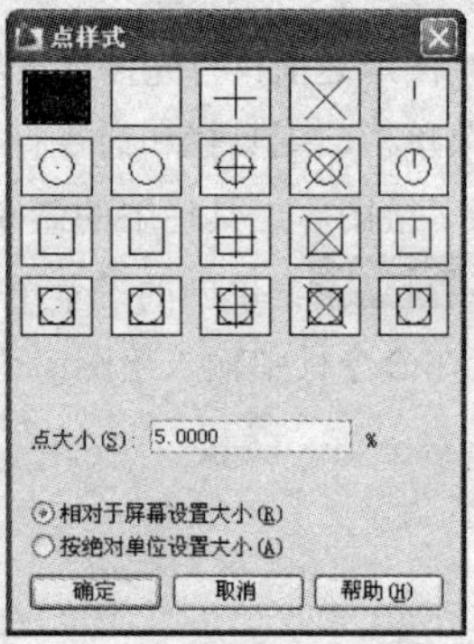

图 2.2.2 “点样式”对话框

在命令行中输入命令缩写“po”，也可以启动绘制单点命令。

2.2.2 绘制多点

执行绘制多点命令后，命令行提示如下：

命令: _point

当前点模式: PDMODE=0 PDSIZE=0.0000

指定点: //在屏幕上指定多个点

按“Esc”键结束操作

2.2.3　绘制定数等分点

执行绘制定数等分点命令后，命令行提示如下：

命令: _divide

选择要定数等分的对象:　　　　　　　//选择定数等分的对象

输入线段数目或 [块(B)]:　　　　　　//输入等分数，按回车键结束操作

如果选择“块（B）”选项，则表示在等分点处插入指定的块。如图 2.2.3 所示为将直线定数等分为 5 段的效果。

图 2.2.3　绘制定数等分点

2.2.4　绘制定距等分点

执行绘制定距等分点命令后，命令行提示如下：

命令: _measure

选择要定距等分的对象:　　　　　　　//选择定距等分的对象

指定线段长度或 [块(B)]:　　　　　　//指定等分线段的长度或选择插入块命令选项

如果选择“块（B）”选项，则表示在测量点处插入指定的块。如图 2.2.4 所示为将直线按指定长度定距等分后的效果。

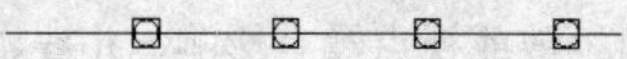

图 2.2.4　绘制定距等分点

因为等分线段的长度是指定的，所以最后一段测量长度不一定等于指定的长度。

2.3　绘　制　线

在 AutoCAD 2009 中，线的绘制包括很多种，比如直线、射线、构造线、多段线、多线、样条曲线、修订云线等，根据每种线的特性不同，它们都有不同的用途。

2.3.1　绘制直线

直线是最常见的基本二维图形对象之一，常用于表示一些简单的图形对象以及图形对象的轮廓线等。执行绘制直线命令的方法有以下 3 种：

（1）单击“绘图”工具栏中的“直线”按钮。

（2）选择 绘图(D) → 直线(L) 命令。

（3）在命令行中输入命令 line。

执行该命令后，命令行提示如下：

命令: _line //执行绘制直线命令
指定第一点: //指定直线的起点
指定下一点或 [放弃(U)]: //指定直线的端点
指定下一点或 [放弃(U)]: //指定直线的下一个端点
指定下一点或 [闭合(C)/放弃(U)]: //指定直线的下一个端点或选择其他命令选项，按回车键结束命令

如果选择“闭合(C)”命令选项，系统会将直线的最后一个端点与直线的第一个端点用直线进行连接。当然，只有绘制两条线段后才会显示此命令选项；如果选择“放弃(U)”命令选项，将会放弃最近的上一次操作。如图 2.3.1 所示为使用直线绘制的图形。

图 2.3.1 用直线绘制图形

2.3.2 绘制射线

射线是三维空间中起始于指定点并且无限延伸的直线，可用做创建其他对象的参照。射线不会改变图形的总面积。因此，射线标注对缩放或视点没有影响，并被显示图形范围的命令所忽略。和其他对象一样，射线也可以移动、旋转和复制。在打印之前，可能需要在可以冻结或关闭的构造线图层上创建射线。执行绘制射线命令的方法有以下 3 种：

（1）单击“绘图”工具栏中的“射线”按钮。

（2）选择命令。

（3）在命令行中输入命令 ray。

执行绘制射线命令后，命令行提示如下：

命令: _ray //执行绘制射线命令
指定起点: //指定射线的起点
指定通过点: //指定射线通过的点
指定通过点: //按回车键结束命令

如图 2.3.2 所示为从圆心绘制的射线。

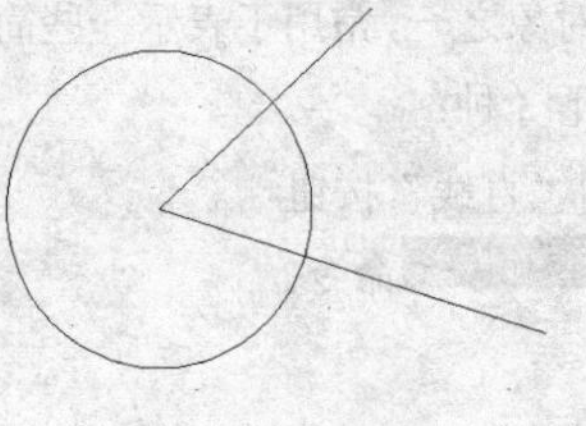

图 2.3.2 绘制射线

2.3.3　绘制构造线

构造线与射线一样是无限延伸的直线，但构造线是向两边无限延伸的直线。构造线可以放置在三维空间的任何地方，可以使用多种方法指定它的方向。当绘制构造线时，第一个点（根）是构造线的中点，即通过捕捉对象“中点”得到的点。执行绘制构造线命令的方法有以下 3 种：

（1）单击“绘图”工具栏中的“构造线”按钮。

（2）选择 绘图(D) → 构造线(T) 命令。

（3）在命令行中输入命令 xline。

执行绘制构造线命令后，命令行提示如下：

命令: _xline　　//执行绘制构造线命令

指定点或 [水平(H)/垂直(V)/角度(A)/二等分(B)/偏移(O)]:

　　//指定构造线的起点或选择其他命令选项

指定通过点:　　//指定构造线通过的点

指定通过点:　　//按回车键结束命令

其中各命令选项功能介绍如下：

1）水平(H)：创建一条通过选定点的水平参照线。

2）垂直(V)：创建一条通过选定点的垂直参照线。

3）角度(A)：以指定的角度创建一条参照线。

4）二等分(B)：创建一条参照线，它经过选定的角顶点，并且将选定的两条线之间的夹角平分。

5）偏移(O)：创建平行于另一个对象的参照线。

如图 2.3.3 所示为过圆心绘制的构造线。

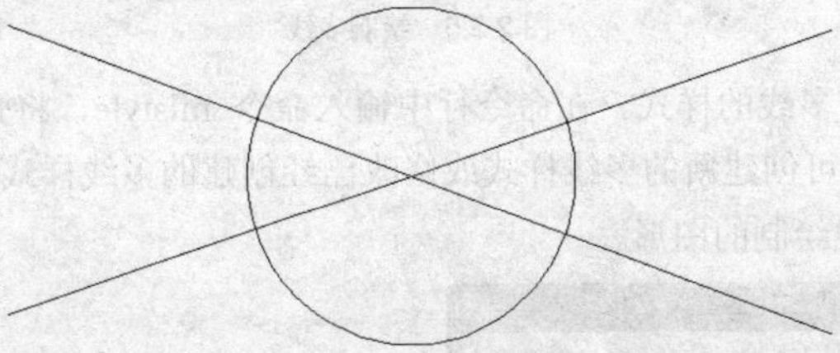

图 2.3.3　绘制构造线

2.3.4　绘制多线

绘制多线即创建多条平行线。多线常用于表示建筑图形中的墙体。执行绘制多线命令的方法有以下两种：

（1）选择 绘图(D) → 多线(U) 命令。

（2）在命令行中输入命令 mline。

执行绘制多线命令后，命令行提示如下：

命令: _mline　　//执行绘制多线命令

当前设置: 对正 = 上，比例 = 20.00，样式 = STANDARD　　//系统提示

指定起点或 [对正(J)/比例(S)/样式(ST)]:　　//指定多线的起点，或选择其他命令选项

指定下一点: //指定多线的下一点

指定下一点或 [放弃(U)]: //按回车键结束命令

其命令选项的功能介绍如下：

1）对正(J)：确定如何在指定的点之间绘制多线。选择此命令选项后，命令行提示如下：

输入对正类型 [上(T)/无(Z)/下(B)] <上>:

其中“上(T)”表示在光标下方绘制多线，因此在指定点处将会出现具有最大正偏移值的直线；“无(Z)”表示将光标作为原点绘制多线；“下(B)”表示在光标上方绘制多线，如图 2.3.4 所示。

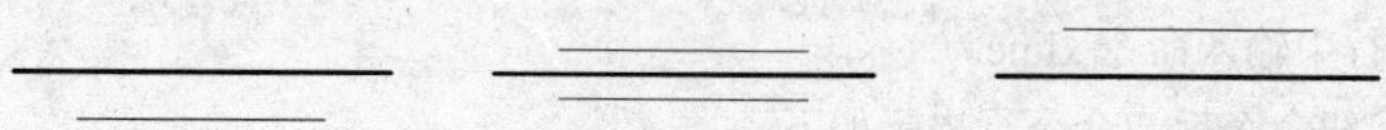

对正类型：上　　对正类型：无　　对正类型：下

图 2.3.4　绘制多线

2）比例(S)：控制多线的全局宽度。该比例不影响线型比例。选择此命令选项后，命令行提示如下：

输入多线比例 <20.00>:

这个比例是基于在多线样式定义中建立的宽度。当比例因子为样式定义比例因子的两倍时绘制多线，其宽度是样式定义的宽度的两倍；负比例因子将翻转偏移线的次序；当从左至右绘制多线时，偏移最小的多线绘制在顶部。负比例因子的绝对值也会影响比例。比例因子为 0 将使多线变为单一的直线，如图 2.3.5 所示。

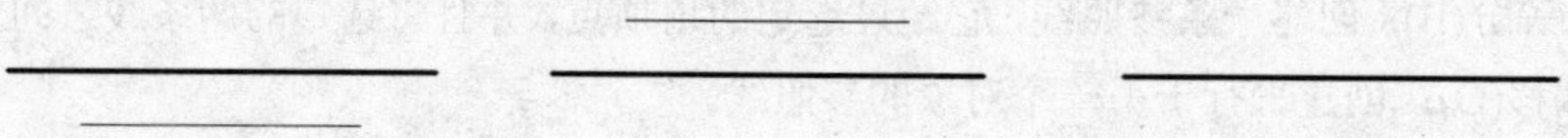

多线比例为 20　　多线比例为－20　　多线比例为 0

图 2.3.5　绘制多线

3）样式(ST)：指定多线的样式。在命令行中输入命令 mlstyle，将弹出“多线样式”对话框，如图 2.3.6 所示，在该对话框中可创建新的多线样式或修改已经创建的多线样式。

如图 2.3.7 所示为多线绘制的图形。

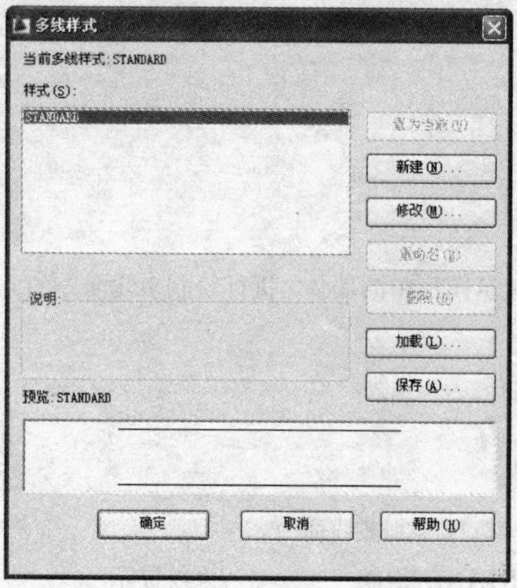

图 2.3.6　“多线样式”对话框

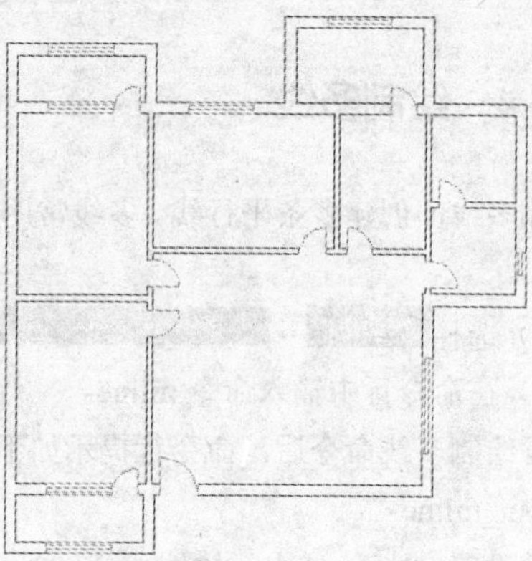

图 2.3.7　使用多线绘制的图形

2.3.5　绘制多段线

在 AutoCAD 中，多段线是由直线和圆弧连接而成的一个实体。组成多段线的直线和圆弧可以是任意多个，但无论组成多段线的直线和圆弧有多少个，这条多段线始终被视为一个实体对象进行编辑。执行绘制多段线命令的方法有以下 3 种：

（1）单击“绘图”工具栏中的“多段线”按钮。

（2）选择 绘图(D) → 多段线(P) 命令。

（3）在命令行中输入命令 pline。

执行绘制多段线命令后，命令行提示如下：

命令: _pline　　//执行绘制多段线命令

指定起点:　　//指定多段线的起点

当前线宽为 0.0000　　//系统提示

指定下一个点或 [圆弧(A)/半宽(H)/长度(L)/放弃(U)/宽度(W)]:

//指定多段线的下一个端点或选择其他命令选项

指定下一点或 [圆弧(A)/闭合(C)/半宽(H)/长度(L)/放弃(U)/宽度(W)]:　　//按回车键结束命令

其中各命令选项功能介绍如下：

1）圆弧(A)：将弧线段添加到多段线中。选择此命令选项，命令行提示如下：

指定圆弧的端点或[角度(A)/圆心(CE)/闭合(CL)/方向(D)/半宽(H)/直线(L)/半径(R)/第二个点(S)/放弃(U)/宽度(W)]:

圆弧的端点：绘制弧线段。弧线段从多段线上一段的最后一点开始并与多段线相切。

角度(A)：指定弧线段从起点开始的包含角。输入正数将按逆时针方向创建弧线段；输入负数将按顺时针方向创建弧线段，如图 2.3.8 所示。

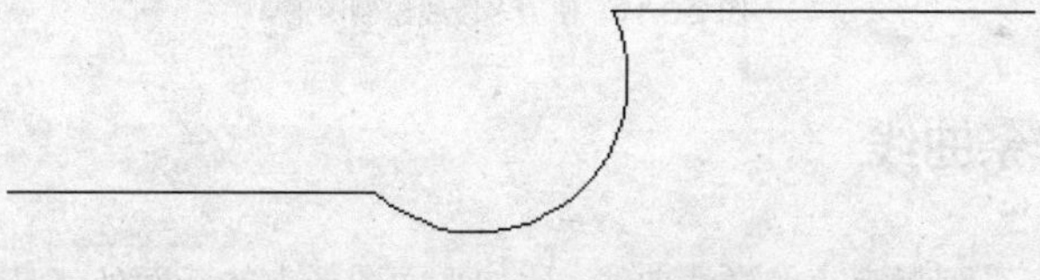

图 2.3.8　利用多段线命令绘制圆弧

圆心(CE)：指定弧线段的圆心。

闭合(CL)：用弧线段将多段线闭合。

方向(D)：指定弧线段的起始方向。

半宽(H)：指定多段线线段的中心到其一边的宽度，如图 2.3.9 所示。

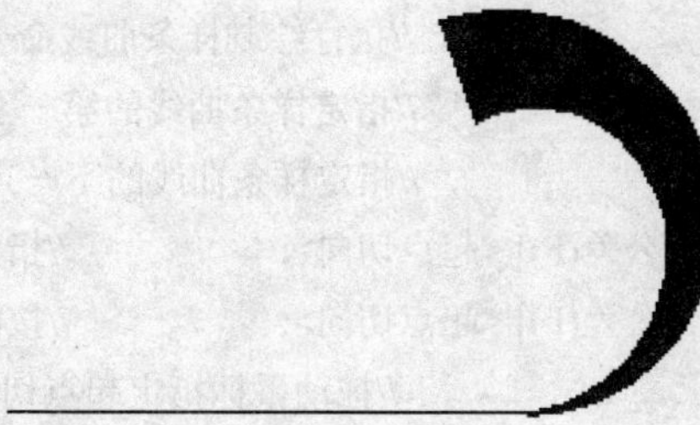

图 2.3.9　绘制半宽圆弧段

直线(L)：退出“圆弧”选项并返回 pline 命令的初始提示。

半径(R)：指定弧线段的半径。

第二个点(S)：指定三点圆弧的第二点和端点。

放弃(U)：删除最近一次添加到多段线上的弧线段。

宽度(W)：指定下一弧线段的宽度，如图 2.3.10 所示。

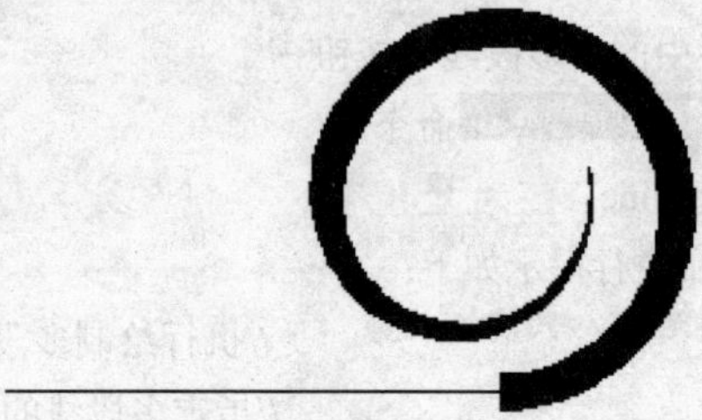

图 2.3.10　绘制带有宽度的圆弧段

2）闭合(C)：绘制一条直线段（从当前位置到多段线起点）以闭合多段线。

3）半宽(H)：指定具有宽度的多段线的线段中心到其一边的宽度。

4）长度(L)：在与前一线段相同的角度方向上绘制指定长度的直线段。如果前一线段是圆弧，程序将绘制与该弧线段相切的新直线段。

5）放弃(U)：删除最近一次添加到多段线上的直线段。

6）宽度(W)：指定下一条直线段的宽度。起点宽度将成为默认的端点宽度。端点宽度在再次修改宽度之前将作为所有后续线段的统一宽度。宽线线段的起点和端点位于宽线的中心。

如图 2.3.11 所示为使用多段线绘制的图形。

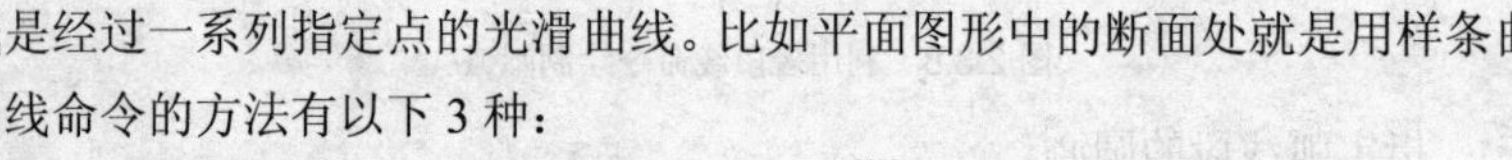

图 2.3.11　使用多段线绘制图形

2.3.6　绘制样条曲线

样条曲线是经过一系列指定点的光滑曲线。比如平面图形中的断面处就是用样条曲线表示的。执行绘制样条曲线命令的方法有以下 3 种：

（1）单击“绘图”工具栏中的“样条曲线”按钮。

（2）选择 绘图(D) → 样条曲线(S) 命令。

（3）在命令行中输入命令 spline。

执行样条曲线命令后，命令行提示如下：

命令: _spline　　//执行绘制样条曲线命令

指定第一个点或 [对象(O)]:　　//指定样条曲线的第一个点

指定下一点:　　//指定样条曲线的下一点

指定下一点或 [闭合(C)/拟合公差(F)] <起点切向>:　　//指定样条曲线的下一点

指定下一点或 [闭合(C)/拟合公差(F)] <起点切向>:　　//按回车键结束指定下一点

指定起点切向:　　//拖动鼠标指定起点切向

指定端点切向:　　//拖动鼠标指定端点切向

其中各命令选项功能介绍如下：

1）对象：将二维或三维的二次或三次样条拟合多段线转换成等价的样条曲线并删除多段线。

2）闭合(C)：将最后一点定义为与第一点一致，并使它在连接处相切，这样可以闭合样条曲线。

3）拟合公差(F)：修改拟合当前样条曲线的公差。

如图 2.3.12 所示为使用样条曲线绘制的图形。

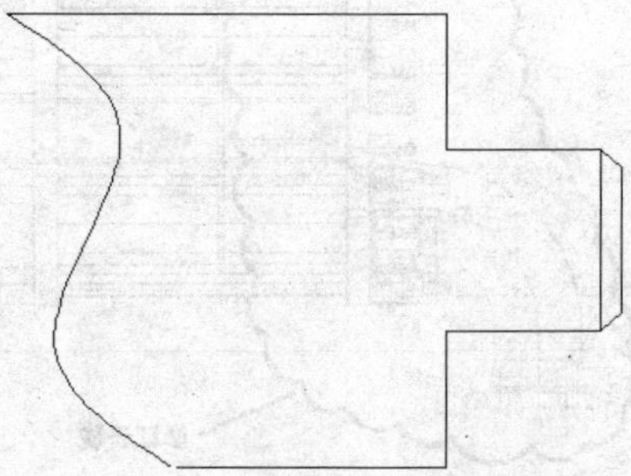

图 2.3.12　使用样条曲线绘制的图形

2.3.7　绘制修订云线

修订云线是由连续圆弧组成的多段线，用于在检查阶段提醒用户注意图形的某个部分。执行绘制修订云线的命令方法有以下 3 种：

（1）单击“绘图”工具栏中的“修订云线”按钮。

（2）选择 绘图(D) → 修订云线(V) 命令。

（3）在命令行中输入命令 revcloud。

执行绘制修订云线命令后，命令行提示如下：

命令: _revcloud　　//执行绘制修订云线命令

最小弧长: 15　最大弧长: 15　样式: 普通　　//系统提示

指定起点或 [弧长(A)/对象(O)/样式(S)] <对象>:　　//指定修订云线的起点或选择其他命令选项

沿云线路径引导十字光标...　　//拖动鼠标绘制修订云线

修订云线完成　　//系统提示

其中各命令选项功能介绍如下：

1）弧长(A)：指定云线中弧线的长度。选择此命令选项后，命令行提示如下：

指定最小弧长 <0.5000>:　　//指定最小弧长的值

指定最大弧长 <0.5000>:　　//指定最大弧长的值

沿云线路径引导十字光标...　　//系统提示

修订云线完成　　//系统提示

最大弧长不能大于最小弧长的 3 倍。

2）对象(O)：指定要转换为修订云线的对象。选择此命令选项后，命令行提示如下：

选择对象:　　//选择要转换为修订云线的闭合对象

反转方向 [是(Y)/否(N)]:　　//输入 Y 以反转修订云线中的弧线方向，或按回车键保留弧线的原样

修订云线完成　　//系统提示

3）样式(S)：指定修订云线的样式。选择此命令选项后，命令行提示如下：

选择圆弧样式 [普通(N)/手绘(C)] <默认/上一个>:　　　　　　　//选择修订云线的样式

当拖动鼠标绘制修订云线时，一旦形成闭合区域，绘制修订云线命令即结束，如图 2.3.13 所示。

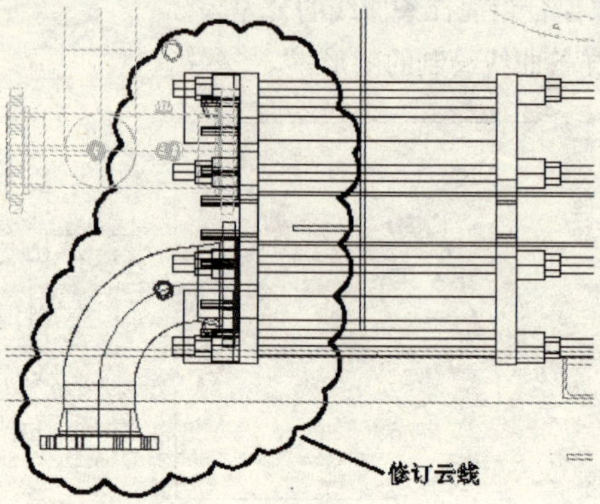

图 2.3.13　绘制修订云线

2.4　绘制圆、圆弧和椭圆

圆、圆弧和椭圆也是绘图中经常会用到的基本图形。本节将介绍这些图形的绘制方法。

2.4.1　绘制圆

圆在绘图中应用非常广泛，例如平面图中各种圆柱体的底面、圆形机件的剖面、孔等，圆是工程绘图中一种常用的基本实体。执行绘制圆命令的方法有以下几种：

（1）单击“绘图”工具栏中的“圆”按钮。

（2）选择 绘图(D) → 圆(C) 命令的子菜单命令，如图 2.4.1 所示。

（3）在命令行中输入命令 circle。

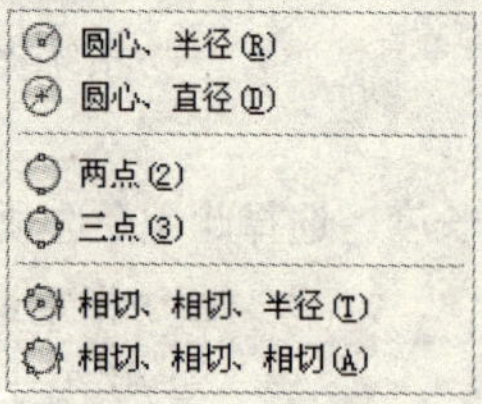

图 2.4.1　“圆”子菜单

AutoCAD 2009 中提供了 6 种绘制圆的方法，下面分别进行介绍。

1．圆心、半径法绘制圆

圆心、半径法绘制圆需要具备两个必要条件：圆心和半径。用此方法绘制圆，命令行提示如下：

命令: _circle 指定圆的圆心或 [三点(3P)/两点(2P)/相切、相切、半径(T)]:　　　//指定圆的圆心

指定圆的半径或 [直径(D)] <3.4526>:　　　　　　　　　　　　　//指定圆的半径

绘制的圆如图 2.4.2 所示。

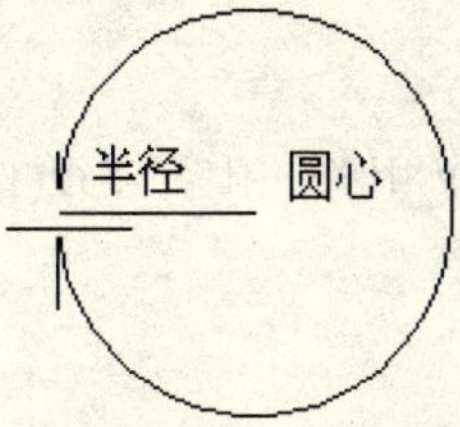

图 2.4.2　圆心、半径法绘制圆

2．圆心、直径法绘制圆

圆心、直径法绘制圆需要具备两个必要条件：圆心和直径。用此方法绘制圆，命令行提示如下：

命令: _circle

指定圆的圆心或 [三点(3P)/两点(2P)/相切、相切、半径(T)]:　　　　//指定圆的圆心

指定圆的半径或 [直径(D)] <3.5347>: _d

指定圆的直径 <9.0000>:　　　　//指定圆的直径

绘制的圆如图 2.4.3 所示。

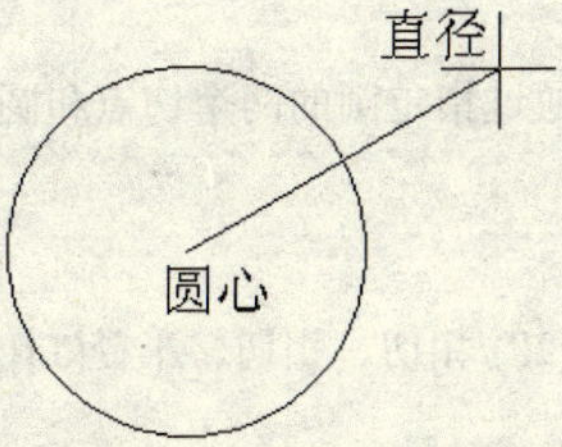

图 2.4.3　圆心、直径法绘制圆

3．两点法绘制圆

两点法绘制圆是指通过指定圆直径的两个端点来确定圆的位置和大小。用此方法绘制圆，命令行提示如下：

命令: _circle

指定圆的圆心或 [三点(3P)/两点(2P)/相切、相切、半径(T)]: _2p　　//系统提示

指定圆直径的第一个端点:　　　　//指定圆直径的第一个端点

指定圆直径的第二个端点:　　　　//指定圆直径的第二个端点

绘制的圆如图 2.4.4 所示。

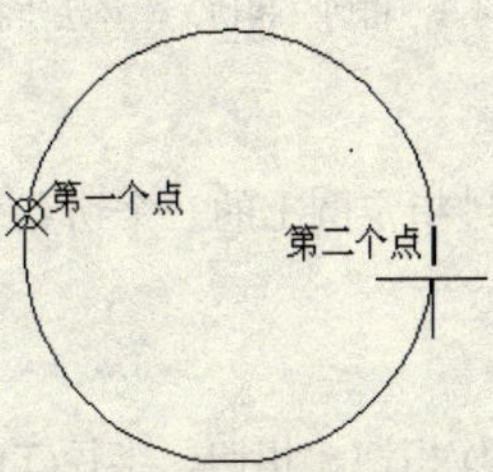

图 2.4.4　两点法绘制圆

4．三点法绘制圆

三点法绘制圆是指通过确定圆周上的三个点来确定圆的位置和大小。用此方法绘制圆，命令行提

示如下：

命令: _circle

指定圆的圆心或 [三点(3P)/两点(2P)/相切、相切、半径(T)]: _3p　　//系统提示

指定圆上的第一个点:　　//指定圆上的第一个点

指定圆上的第二个点:　　//指定圆上的第二个点

指定圆上的第三个点:　　//指定圆上的第三个点

绘制的圆如图 2.4.5 所示。

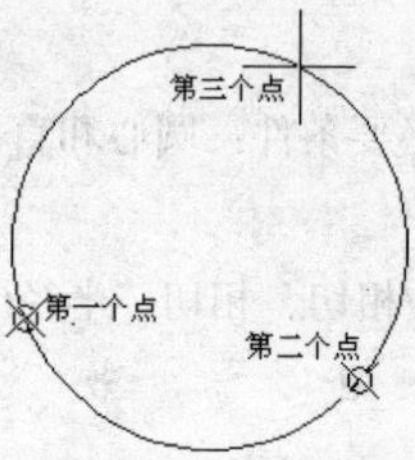

图 2.4.5　三点法绘制圆

5．相切、相切、半径法绘制圆

相切、相切、半径法绘制圆是指通过指定圆的两个切点和圆的半径来确定圆的位置和大小。用此方法绘制圆，命令行提示如下：

命令: _circle

指定圆的圆心或 [三点(3P)/两点(2P)/相切、相切、半径(T)]: _ttr　　//系统提示

指定对象与圆的第一个切点:　　//指定第一个切点

指定对象与圆的第二个切点:　　//指定第二个切点

指定圆的半径 <3.0000>: 6　　//指定圆的半径

绘制的圆如图 2.4.6 所示。

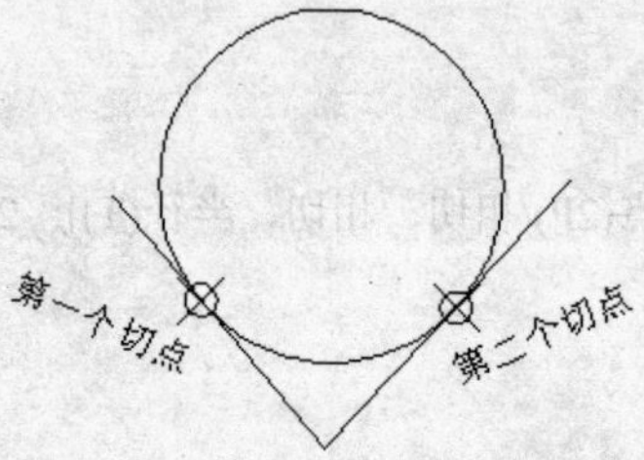

图 2.4.6　相切、相切、半径法绘制圆

6．相切、相切、相切法绘制圆

相切、相切、相切法绘制圆是指通过指定圆上的三个切点来确定圆的位置和大小。用此方法绘制圆，命令行提示如下：

命令: _circle

指定圆的圆心或 [三点(3P)/两点(2P)/相切、相切、半径(T)]: _3p　　//系统提示

指定圆上的第一个点: _tan 到　　//指定圆上的第一个切点

指定圆上的第二个点: _tan 到　　//指定圆上的第二个切点

指定圆上的第三个点: _tan 到　　//指定圆上的第三个切点

绘制的圆如图 2.4.7 所示。

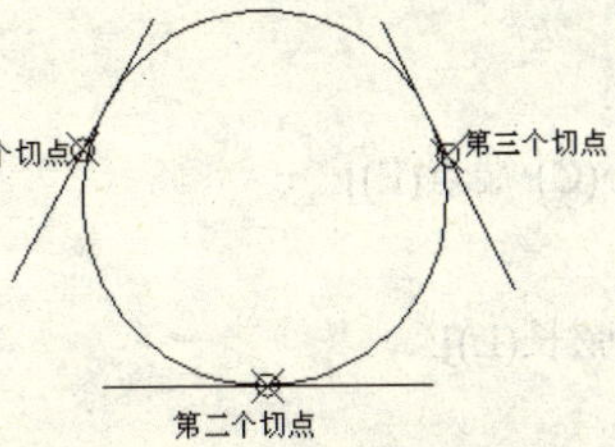

图 2.4.7　相切、相切、相切法绘制圆

2.4.2　绘制圆弧

圆弧是绘图过程中一个重要的实体。执行绘制圆弧命令的方法有以下几种：

（1）单击“绘图”工具栏中的“圆弧”按钮。

（2）选择 绘图(D) → 圆弧(A) 命令的子菜单命令，如图 2.4.8 所示。

（3）在命令行中输入命令 arc。

绘制圆弧的方法有很多种，这里将其分为 5 种，分别介绍如下。

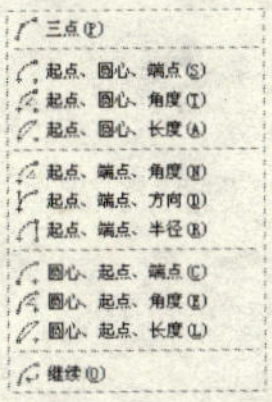

图 2.4.8　“圆弧”子菜单

1. 三点法绘制圆弧

三点法绘制圆弧是指通过指定圆弧上的三个点来确定圆弧的位置和大小。选择 绘图(D) → 圆弧(A) → 三点(P) 命令，命令行提示如下：

命令: _arc

指定圆弧的起点或 [圆心(C)]:　　　　//指定圆弧上的第一个点

指定圆弧的第二个点或 [圆心(C)/端点(E)]:　　　　//指定圆弧上的第二个点

指定圆弧的端点:　　　　//指定圆弧上的第三个点

绘制的圆弧如图 2.4.9 所示。

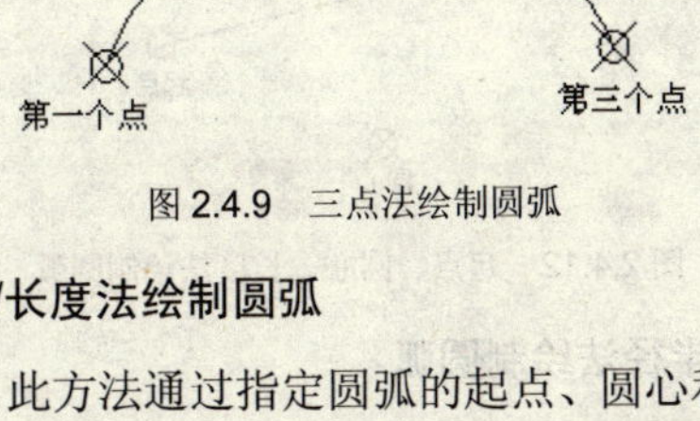

图 2.4.9　三点法绘制圆弧

2. 起点、圆心、端点/角度/长度法绘制圆弧

（1）起点、圆心、端点法。此方法通过指定圆弧的起点、圆心和端点来确定圆弧的位置和大小。

选择 绘图(D) → 圆弧(A) → 起点、圆心、端点(S) 命令，命令行提示如下：

命令: _arc

指定圆弧的起点或 [圆心(C)]: //指定圆弧的起点

指定圆弧的第二个点或 [圆心(C)/端点(E)]: _c

指定圆弧的圆心: //指定圆弧的圆心

指定圆弧的端点或 [角度(A)/弦长(L)]: //指定圆弧的端点

绘制的圆弧如图 2.4.10 所示。

（2）起点、圆心、角度法。此方法通过确定圆弧的起点、圆心和角度来确定圆弧的位置和大小。选择 绘图(D) → 圆弧(A) → 起点、圆心、角度(T) 命令，命令行提示如下：

命令: _arc

指定圆弧的起点或 [圆心(C)]: //指定圆弧的起点

指定圆弧的第二个点或 [圆心(C)/端点(E)]: _c

指定圆弧的圆心: //指定圆弧的圆心

指定圆弧的端点或 [角度(A)/弦长(L)]: _a

指定包含角: //指定圆弧包含的角度

绘制的圆弧如图 2.4.11 所示。

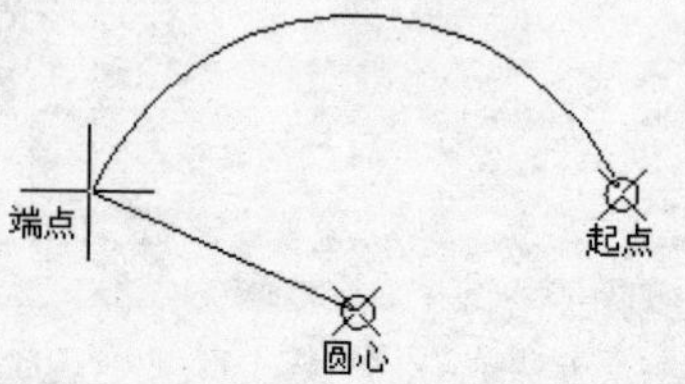

图 2.4.10 起点、圆心、端点法绘制圆弧

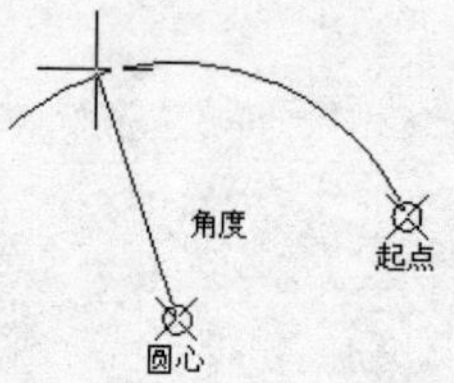

图 2.4.11 起点、圆心、角度法绘制圆弧

（3）起点、圆心、长度法。此方法通过确定圆弧的起点、圆心和弧长来确定圆弧的位置和大小。选择 绘图(D) → 圆弧(A) → 起点、圆心、长度(A) 命令，命令行提示如下：

命令: _arc

指定圆弧的起点或 [圆心(C)]: //指定圆弧的起点

指定圆弧的第二个点或 [圆心(C)/端点(E)]: _c

指定圆弧的圆心: //指定圆弧的圆心

指定圆弧的端点或 [角度(A)/弦长(L)]: _l

指定弦长: //指定圆弧的弧长

绘制的圆弧如图 2.4.12 所示。

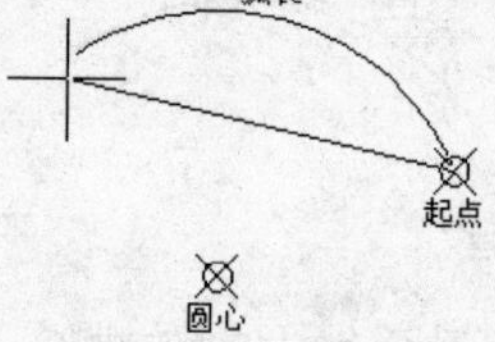

图 2.4.12 起点、圆心、长度法绘制圆弧

3．起点、端点、角度/方向/半径法绘制圆弧

（1）起点、端点、角度法。此方法通过指定圆弧的起点、端点和角度来确定圆弧的位置和大小。

选择 绘图(D) → 圆弧(A) → 起点、端点、角度(N) 命令，命令行提示如下：

命令: _arc

指定圆弧的起点或 [圆心(C)]:　　　　//指定圆弧的起点

指定圆弧的第二个点或 [圆心(C)/端点(E)]: _e　　　　//系统提示

指定圆弧的端点:　　　　//指定圆弧的端点

指定圆弧的圆心或 [角度(A)/方向(D)/半径(R)]: _a

指定包含角:　　　　//指定圆弧包含的角度

绘制的圆弧如图 2.4.13 所示。

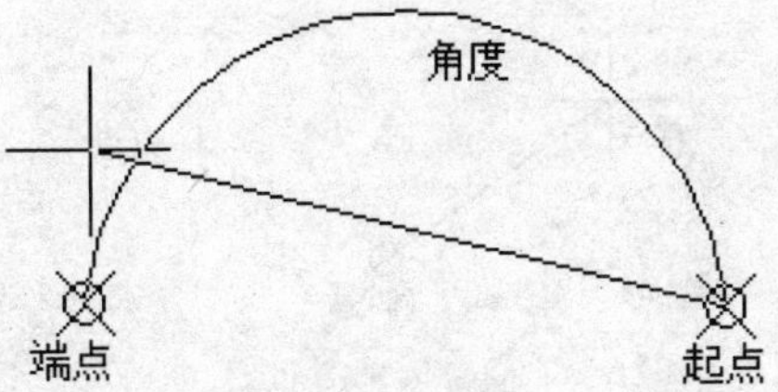

图 2.4.13　起点、端点、角度法绘制圆弧

（2）起点、端点、方向法。此方法通过指定圆弧的起点、端点和方向来确定圆弧的位置和大小。

选择 绘图(D) → 圆弧(A) → 起点、端点、方向(D) 命令，命令行提示如下：

命令: _arc

指定圆弧的起点或 [圆心(C)]:　　　　//指定圆弧的起点

指定圆弧的第二个点或 [圆心(C)/端点(E)]: _e　　　　//系统提示

指定圆弧的端点:　　　　//指定圆弧的端点

指定圆弧的圆心或 [角度(A)/方向(D)/半径(R)]: _d

指定圆弧的起点切向:　　　　//拖动鼠标指定圆弧的方向

绘制的圆弧如图 2.4.14 所示。

（3）起点、端点、半径法。此方法通过指定圆弧的起点、端点和半径来确定圆弧的位置和大小。

选择 绘图(D) → 圆弧(A) → 起点、端点、半径(R) 命令，命令行提示如下：

命令: _arc

指定圆弧的起点或 [圆心(C)]:　　　　//指定圆弧的起点

指定圆弧的第二个点或 [圆心(C)/端点(E)]: _e　　　　//系统提示

指定圆弧的端点:　　　　//指定圆弧的端点

指定圆弧的圆心或 [角度(A)/方向(D)/半径(R)]: _r

指定圆弧的半径:　　　　//指定圆弧的半径

绘制的圆弧如图 2.4.15 所示。

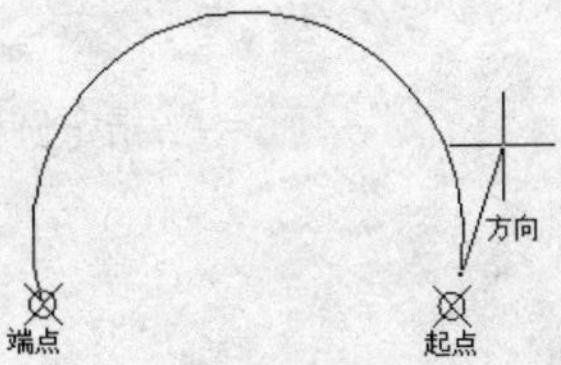

图 2.4.14　起点、端点、方向法绘制圆弧

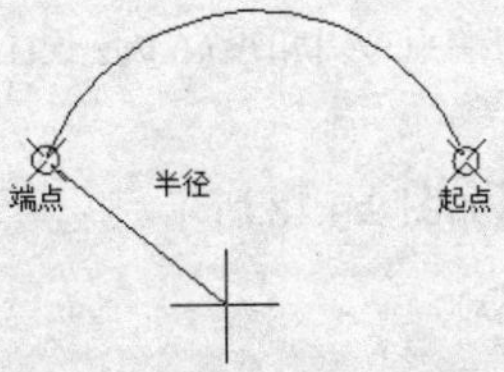

图 2.4.15　起点、端点、半径法绘制圆弧

4．圆心、起点、端点/角度/长度法绘制圆弧

（1）圆心、起点、端点法。此方法通过指定圆弧的圆心、起点和端点来确定圆弧的位置和大小。选择 绘图(D) → 圆弧(A) → 圆心、起点、端点(C) 命令，命令行提示如下：

命令: _arc 指定圆弧的起点或 [圆心(C)]: _c 指定圆弧的圆心: //指定圆弧的圆心

指定圆弧的起点: //指定圆弧的起点

指定圆弧的端点或 [角度(A)/弦长(L)]: //指定圆弧的端点

绘制的圆弧如图 2.4.16 所示。

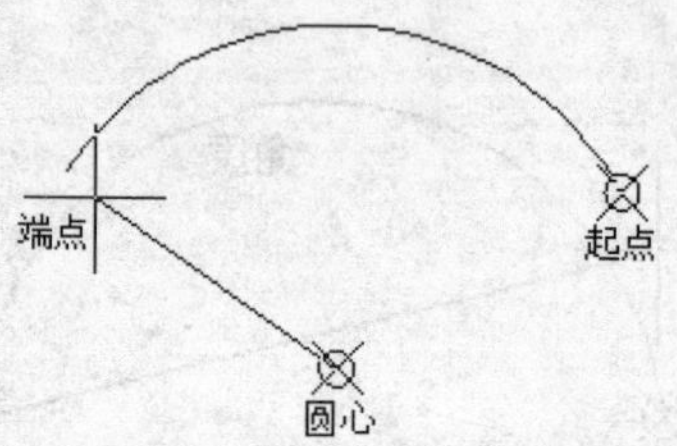

图 2.4.16 圆心、起点、端点法绘制圆弧

（2）圆心、起点、角度法。此方法通过指定圆弧的圆心、起点和角度来确定圆弧的位置和大小。选择 绘图(D) → 圆弧(A) → 圆心、起点、角度(E) 命令，命令行提示如下：

命令: _arc 指定圆弧的起点或 [圆心(C)]: _c 指定圆弧的圆心: //指定圆弧的圆心

指定圆弧的起点: //指定圆弧的起点

指定圆弧的端点或 [角度(A)/弦长(L)]: _a 指定包含角: //指定圆弧包含的角度

绘制的圆弧如图 2.4.17 所示。

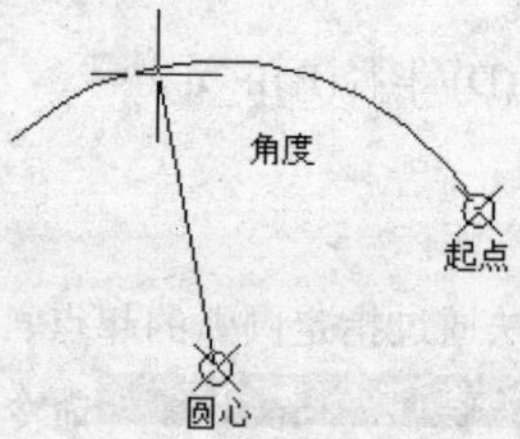

图 2.4.17 圆心、起点、角度法绘制圆弧

（3）圆心、起点、长度法。此方法通过指定圆弧的圆心、起点和弦长来确定圆弧的位置和大小。选择 绘图(D) → 圆弧(A) → 圆心、起点、长度(L) 命令，命令行提示如下：

命令: _arc

指定圆弧的起点或 [圆心(C)]: _c

指定圆弧的圆心: //指定圆弧的圆心

指定圆弧的起点: //指定圆弧的起点

指定圆弧的端点或 [角度(A)/弦长(L)]: _l

指定弦长: //指定圆弧的弦长

绘制的圆弧如图 2.4.18 所示。

5．继续（O）

此命令用于衔接上一步操作，不能单独使用。

选择 绘图(D) → 圆弧(A) → 继续(O) 命令，命令行提示如下：

命令: _arc

指定圆弧的起点或 [圆心(C)]:　　　　　　　　　　　　　//指定圆弧的起点

指定圆弧的端点:　　　　　　　　　　　　　　　　　　　//指定圆弧的端点

绘制的圆弧如图 2.4.19 所示。

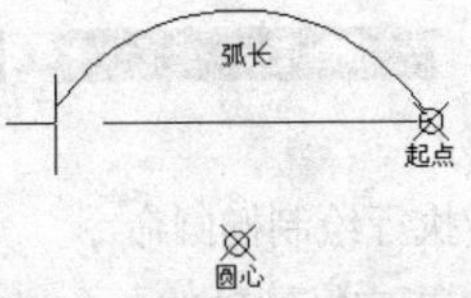

图 2.4.18　圆心、起点、长度法绘制圆弧

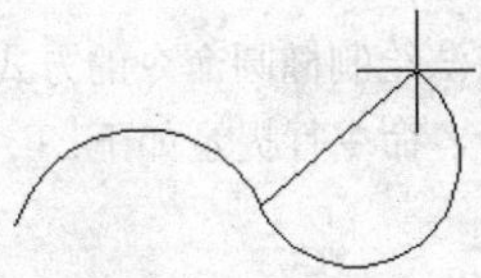

图 2.4.19　“继续”法绘制圆弧

2.4.3　绘制椭圆

椭圆是绘图中的另一个重要的实体。决定椭圆形状的因素有 3 个，分别是中心点、长轴和短轴。执行绘制椭圆命令的方法有以下 3 种：

（1）单击“绘图”工具栏中的“椭圆”按钮。

（2）选择 绘图(D) → 椭圆(E) 命令中的子菜单命令，如图 2.4.20 所示。

（3）在命令行中输入命令 ellipse 或 el。

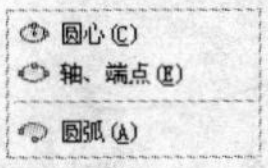

图 2.4.20　“椭圆”子菜单

在 AutoCAD 2009 中，椭圆的绘制方法有两种，分别为中心点法和轴、端点法，以下分别介绍。

1．中心点法绘制椭圆

执行中心点法绘制椭圆命令的方式为：选择 绘图(D) → 椭圆(E) → 圆心(C) 命令。执行该命令后，命令行提示如下：

命令: _ellipse　　　　　　　　　　　　　　　//执行绘制椭圆命令

指定椭圆的轴端点或 [圆弧(A)/中心点(C)]: _c　　//系统提示

指定椭圆的中心点:　　　　　　　　　　　　　//指定椭圆的中心点

指定轴的端点:　　　　　　　　　　　　　　　//指定椭圆一条轴的端点

指定另一条半轴长度或 [旋转(R)]:　　　　　　//指定另一条半轴的长度

使用此方法绘制的椭圆如图 2.4.21 所示。

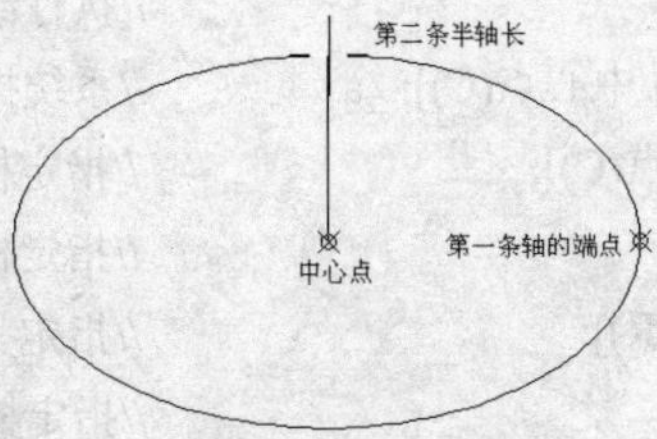

图 2.4.21　中心点法绘制椭圆

如果选择“旋转（R）”命令选项绘制椭圆，则绘制的椭圆是由一个经过椭圆长轴两个端点的圆，绕这个长轴旋转后得到的投影，即所要绘制的椭圆。选择此命令选项后，命令行提示如下：

指定绕长轴旋转的角度：　//输入旋转的角度

输入角度后，按回车键，椭圆的形状就确定了。

2．轴、端点法绘制椭圆

执行轴、端点法绘制椭圆命令的方式为：选择 绘图(D) → 椭圆(E) → 轴、端点(E) 命令。执行该命令后，命令行提示如下：

命令: _ellipse　//执行绘制椭圆命令

指定椭圆的轴端点或 [圆弧(A)/中心点(C)]:　//指定椭圆轴的一个端点

指定轴的另一个端点:　//指定椭圆轴的另一个端点

指定另一条半轴长度或 [旋转(R)]:　//指定椭圆另一条半轴的长度

使用此方法绘制的椭圆如图 2.4.22 所示。

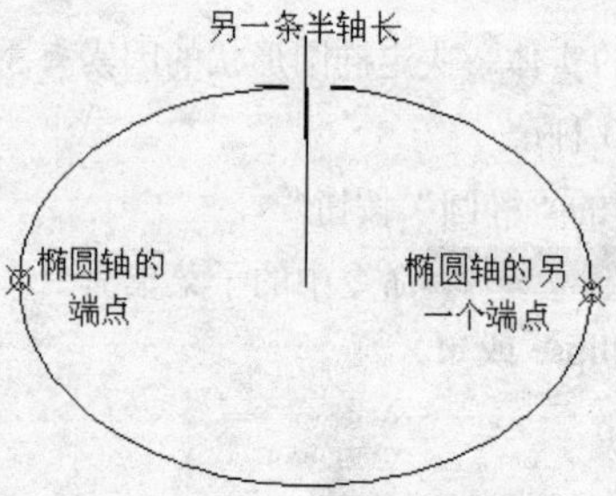

图 2.4.22　轴、端点法绘制椭圆

轴、端点法是系统默认的绘制椭圆的方法。单击“绘图”工具栏中的“椭圆”按钮，可以直接启动这种绘制椭圆的方法。

2.4.4　绘制椭圆弧

在 AutoCAD 2009 中，绘制椭圆弧的方法与绘制椭圆的方法类似。用户先用绘制椭圆的方法绘制一个椭圆，然后在命令行的提示下确定椭圆弧的起点和终点即可。执行绘制椭圆弧命令的方法有以下两种：

（1）单击“绘图”工具栏中的“椭圆弧”按钮。

（2）选择 绘图(D) → 椭圆(E) → 圆弧(A) 命令。

执行该命令后，命令行提示如下：

命令: _ellipse　//执行绘制椭圆弧命令

指定椭圆的轴端点或 [圆弧(A)/中心点(C)]: _a　//系统提示

指定椭圆弧的轴端点或 [中心点(C)]:　//指定椭圆弧的轴端点

指定轴的另一个端点:　//指定椭圆弧的另一个轴端点

指定另一条半轴长度或 [旋转(R)]:　//指定另一条半轴长度

指定起始角度或 [参数(P)]:　//指定椭圆弧的起始角度

指定终止角度或 [参数(P)/包含角度(I)]:　//指定椭圆弧的终止角度

部分命令选项的功能介绍如下：

1）参数(P)：此选项是 AutoCAD 绘制椭圆弧的另一种模式。选择此命令选项后，命令行提示如下：

指定起始参数或[角度(A)]:　　　　　　　　　　//指定起始参数

指定终止参数或[角度(A)/包含角度(I)]:　　　　　//指定终止参数

使用“起始参数”选项可以从“角度”模式切换到“参数”模式。

2）包含角度(I)：定义从起始角度开始的包含角度。选择此命令选项后，命令行提示如下：

指定弧的包含角度<180>:　　　　　　　　　　//输入椭圆弧包含的角度值

绘制的椭圆弧如图 2.4.23 所示。

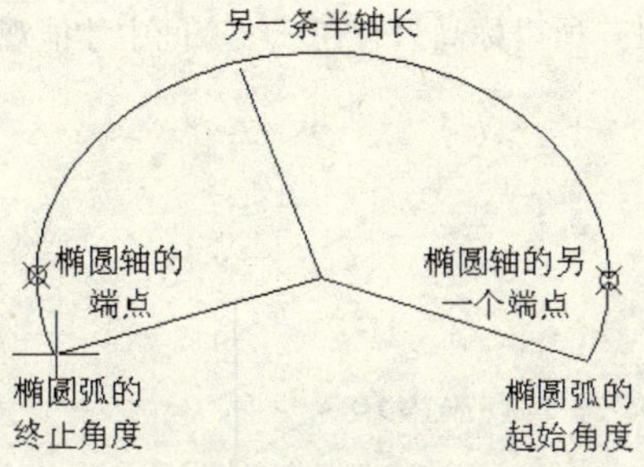

图 2.4.23　绘制椭圆弧

2.5　绘制矩形和正多边形

矩形和正多边形都是绘图中使用最频繁的基本图形，尤其是在工程制图中用得更多。本节将介绍矩形和正多边形的绘制方法。

2.5.1　绘制矩形

AutoCAD 2009 中执行绘制矩形命令的方法有以下几种：

（1）单击“绘图”工具栏中的“矩形”按钮。

（2）选择 绘图(D) → 矩形(G) 命令。

（3）在命令行中输入命令 rectang。

执行绘制矩形命令后，命令行提示如下：

命令: _rectang　　　　　　　　　　　　　//执行绘制矩形命令

指定第一个角点或 [倒角(C)/标高(E)/圆角(F)/厚度(T)/宽度(W)]:　　　//指定矩形的第一个角点

指定另一个角点或 [面积(A)/尺寸(D)/旋转(R)]:　　　//指定矩形的另一个角点

其中各命令选项功能介绍如下：

1）倒角(C)：设置矩形的倒角距离。选择此命令选项后，命令行提示如下：

指定矩形的第一个倒角距离 <0.0000>:　　　　　//指定距离或按回车键

指定矩形的第二个倒角距离 <0.0000>:　　　　　//指定距离或按回车键

绘制的倒角矩形如图 2.5.1 所示。

设置矩形的倒角距离后，系统将保留当前设置的倒角距离，直到用户再次改变此值。当倒角距离大于矩形的边长时，绘制的矩形将不进行倒角。

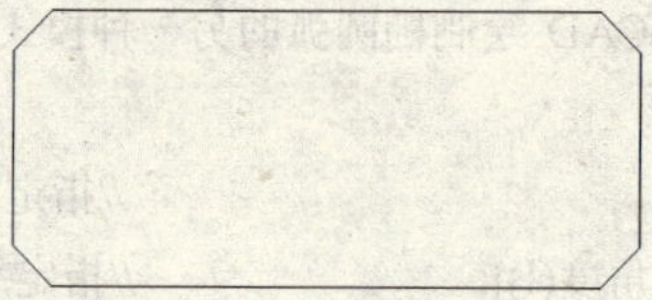

图 2.5.1　绘制倒角矩形

2）标高(E)：指定矩形的标高。标高是指当前图形相对于另一个平面的高度。选择此命令选项，命令行提示如下：

指定矩形的标高 <0.0000>:　　　　　　　　　//指定矩形的标高值或按回车键

因为标高表现方式的特殊性，所以标高只有在三维空间中才能观察到，如图 2.5.2 所示。

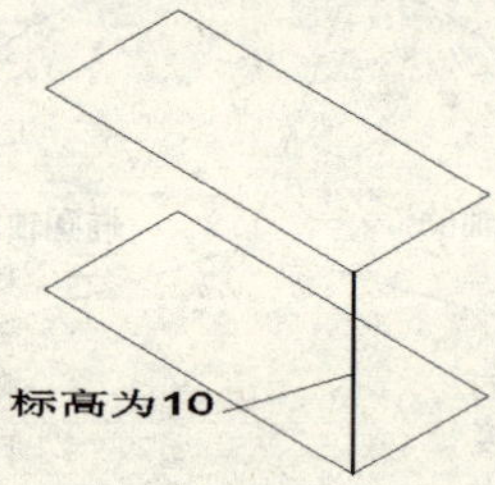

图 2.5.2　绘制标高为 10 的矩形

3）圆角(F)：指定矩形的圆角半径。选择此命令选项后，命令行提示如下：

指定矩形的圆角半径 <0.0000>:　　　　　　　//指定矩形的圆角半径值或按回车键

绘制的圆角矩形如图 2.5.3 所示。

图 2.5.3　绘制圆角半径为 4 的矩形

设置矩形的圆角半径后，系统将保留当前设置的圆角半径值，直到用户再次改变设置。如果设置的圆角半径大于矩形的边长，绘制的矩形将不进行圆角操作。

4）厚度(T)：指定矩形的厚度。选择此命令选项后，命令行提示如下：

指定矩形的厚度 <0.0000>:　　　　　　　　　//指定矩形的厚度值或按回车键

如果输入的厚度值为正数，则矩形将沿着 Z 轴正方向增长；如果输入的厚度值为负值，则矩形将沿着 Z 轴负方向增长。矩形的厚度只有在三维空间才能显示，如图 2.5.4 所示。

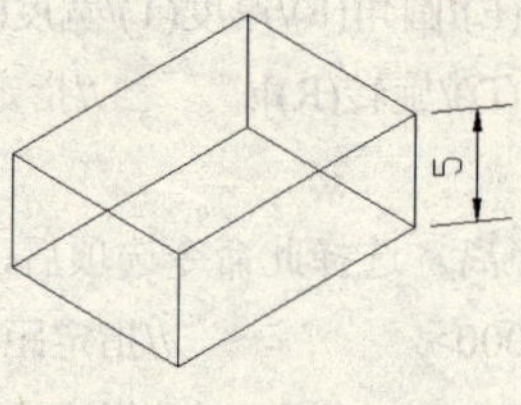

图 2.5.4　绘制具有厚度的矩形

5）宽度(W)：为绘制的矩形指定多段线的宽度。选择此命令选项后，命令行提示如下：

指定矩形的线宽 <0.0000>:　　　　　　　　　//指定矩形的线宽或按回车键

绘制的具有宽度的矩形如图 2.5.5 所示。

图 2.5.5　绘制具有宽度的矩形

设置矩形的宽度后，系统将保留当前设置的多段线的宽度，直到用户再次改变宽度。

6）面积(A)：使用面积与长度或宽度创建矩形。选择此命令选项后，命令行提示如下：

输入以当前单位计算的矩形面积<100.0000>:　　　　//输入矩形的面积或按回车键
计算矩形标注时依据 [长度(L)/宽度(W)] <长度>: L　　　　//选择计算矩形面积的依据或按回车键
输入矩形长度 <10.0000>:　　　　//输入矩形的长度

如果“倒角”或“圆角”命令选项被激活，则区域将包括倒角或圆角在矩形角点上产生的效果。

7）尺寸(D)：使用长和宽创建矩形。选择此命令选项后，命令行提示如下：

指定矩形的长度 <10.0000>:　　　　//指定矩形的长度或按回车键
指定矩形的宽度 <10.0000>:　　　　//指定矩形的宽度或按回车键
指定另一个角点或[面积(A)/尺寸(D)/旋转(R)]:　　　　//拖动鼠标确定矩形另一个角点的位置，并在合适的位置单击鼠标左键

8）旋转(R)：按指定的旋转角度创建矩形。选择此命令选项后，命令行提示如下：

指定旋转角度或 [拾取点(P)] <0>:　　　　//指定矩形的旋转角度或选择“拾取点”命令选项
指定另一个角点或 [面积(A)/尺寸(D)/旋转(R)]:　　　　//拖动鼠标确定矩形另一个角点的位置，并在合适的位置单击鼠标左键

如果选择“拾取点”命令选项，则通过指定两个点来确定矩形的旋转角度。

2.5.2　绘制正多边形

在 AutoCAD 2009 中，执行绘制正多边形命令的方法有以下几种：

（1）单击“绘图”工具栏中的“正多边形”按钮。

（2）选择 绘图(D) → 正多边形(Y) 命令。

（3）在命令行中输入命令 polygon。

执行绘制正多边形命令后，命令行提示如下：

命令: _polygon　　　　//执行绘制正多边形命令
输入边的数目 <4>:　　　　//输入正多边形的边数或按回车键
指定正多边形的中心点或 [边(E)]:　　　　//指定正多边形的中心点或选择其他命令选项
输入选项 [内接于圆(I)/外切于圆(C)] <I>: I　　　　//选择绘制正多边形的方式
指定圆的半径:　　　　//输入圆的半径

其中各命令选项功能介绍如下：

1）边(E)：通过指定第一条边的端点来定义正多边形。选择此命令选项后，命令行提示如下：

指定边的第一个端点:　　　　//指定正多边形边的第一个端点
指定边的第二个端点:　　　　//指定正多边形边的第二个端点

指定正多边形边的端点时，可以通过在绘图窗口中单击鼠标指定该点，也可以在命令行中输入端点的坐标指定该点，如图 2.5.6 所示。

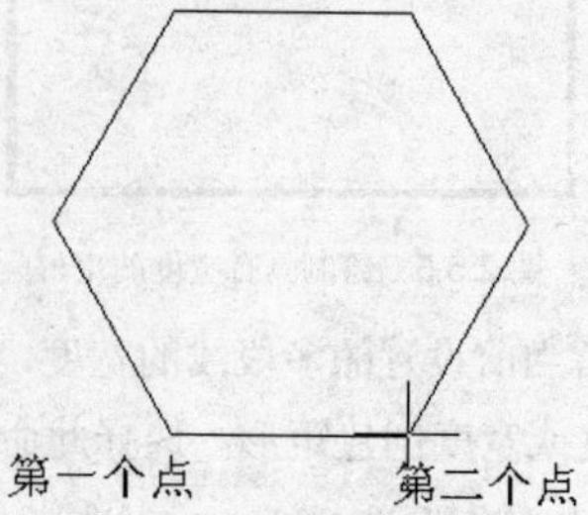

图 2.5.6　通过指定边绘制正多边形

2）内接于圆(I)：指定外接圆的半径，正多边形的所有顶点都在此圆周上。选择此命令选项后，命令行提示如下：

指定圆的半径:　　　　　　　　　　　　//指定圆的半径

如果通过拖动鼠标指定圆的半径，此时还可以调整正多边形的旋转角度，用内接圆法绘制的正多边形如图 2.5.7 所示。

3）外切于圆(C)：指定从正多边形中心点到各边中点的距离。选择此命令选项后，命令行提示如下：

指定圆的半径:　　　　　　　　　　　　//指定圆的半径

用外切圆法绘制的正多边形如图 2.5.8 所示。

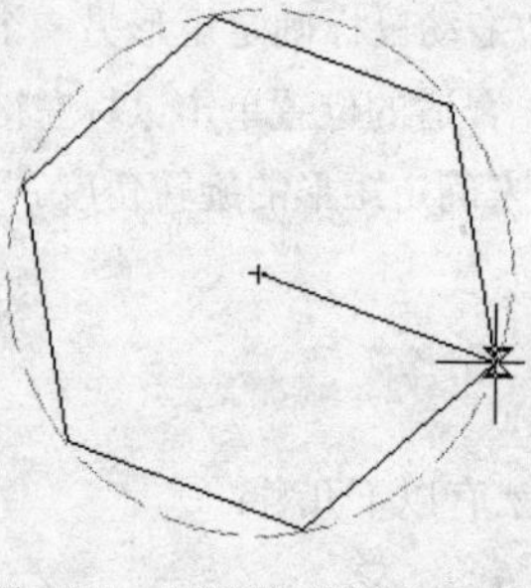

图 2.5.7　内接圆法绘制正多边形

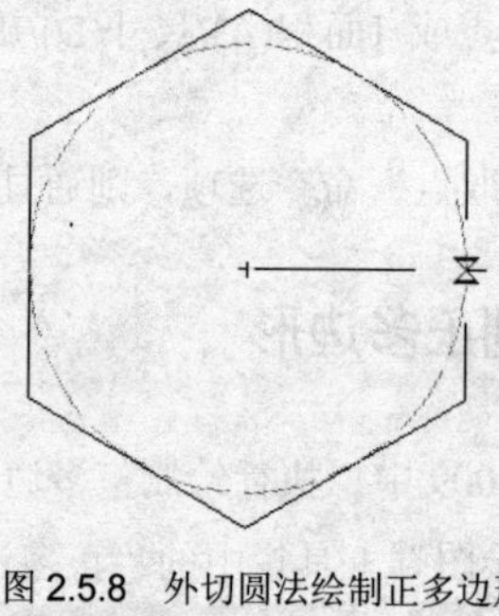

图 2.5.8　外切圆法绘制正多边形

2.6　绘 制 圆 环

圆环可以认为是具有填充效果的环或实体填充的圆，即带有宽度的闭合多段线。执行绘制圆环命令的方式有以下两种：

（1）选择 绘图(D) → 圆环(D) 命令。

（2）在命令行中输入命令 donut。

执行绘制圆环命令后，命令行提示如下：

命令: _donut　　　　　　　　　　　　//执行绘制圆环命令

指定圆环的内径 <0.5000>:　　　　　　//指定圆环的内径

指定圆环的外径 <1.0000>:　　　　　　//指定圆环的外径

指定圆环的中心点或 <退出>:　　　　　　　　　　//指定圆环的中心点

指定圆环的中心点或 <退出>:　　　　　　　　　　//按回车键结束命令

绘制的圆环如图 2.6.1 所示。如果圆环的内径为 0，则绘制出的圆环是实心圆，如图 2.6.2 所示。

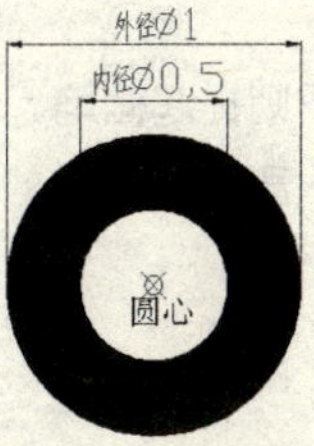

图 2.6.1　绘制圆环

图 2.6.2　绘制实心圆

在 AutoCAD 2009 中，用 fill 命令来控制圆环是否填充。执行 fill 命令后，命令行提示如下：

命令: fill　　　　　　　　　　　　　　　　//执行 fill 命令

输入模式 [开(ON)/关(OFF)] <关>:　　　　　　　//选择填充模式

如果选择“开”命令选项，则表示填充；如果选择“关”命令选项，则表示不填充。如图 2.6.3 所示的图形是未填充的圆环。

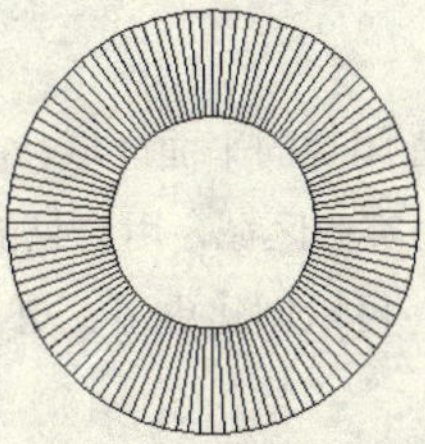

图 2.6.3　绘制未填充圆环

2.7 徒 手 画 线

虽然 AutoCAD 2009 为用户提供了丰富的基本二维图形，但当用户需要绘制一些无规则的图形时，这些基本图形仍然不能完全满足用户的需求，所以，AutoCAD 2009 为用户提供了徒手画线命令（sketch）来弥补这些不足。徒手绘制对于创建不规则边界或使用数字化仪追踪非常有用。

用徒手画线命令绘制的图形是一些线段的组合，这些线段的长度通过记录增量来控制。在命令行中输入命令 sketch，按回车键后，命令行提示如下：

命令: sketch

记录增量 <0.7528>:　　　　　　　　　　　　　//指定增量的长度

徒手画. 画笔(P)/退出(X)/结束(Q)/记录(R)/删除(E)/连接(C)　　　//指定画线的起点

<笔 落>　　　　　　　　　　　　　　　　　//拖动鼠标绘制图形

<笔 提>　　　　　　　　　　　　　　　　　//按回车键结束命令

已记录 2 条直线　　　　　　　　　　　　　　　//系统提示

其中各命令选项功能介绍如下：

（1）画笔(P)：提笔和落笔。在用定点设备选取菜单项前必须提笔。

（2）退出(X)：记录及报告临时徒手画线段数并结束命令。

（3）结束(Q)：放弃从开始调用 sketch 命令或上一次使用“记录”选项时所有临时的徒手画线段，并结束命令。

（4）记录(R)：永久记录临时线段且不改变画笔的位置。

（5）删除(E)：删除临时线段的所有部分，如果画笔已落下则提起画笔。

（6）连接(C)：落笔，继续从上次所画的线段的端点或上次删除的线段的端点开始画线。

如图 2.7.1 所示为用徒手画线绘制的图形。

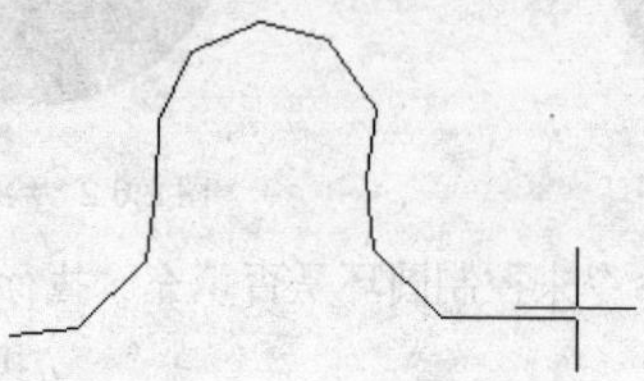

图 2.7.1　利用徒手画线命令绘制的图形

2.8　面　　域

面域是一个由闭合对象所创建的实心闭合的平面区域，它不仅包含边的信息，还包含边界以内的信息，如面积、质心等。面域是一个平面实心区域，用户只能对其执行移动、复制、填充图案等一些常见的操作。通过对面域进行布尔运算，可以创建更多、更复杂的面域对象。

2.8.1　创建面域

在 AutoCAD 2009 中，创建面域的方式有两种：一种是通过二维图形创建面域；另一种是用边界定义面域。两种方法分别介绍如下。

1．通过二维图形创建面域

通过二维图形创建面域的方式有以下 3 种：

（1）单击“绘图”工具栏中的“面域”按钮。

（2）选择 绘图(D) → 面域(N) 命令。

（3）在命令行中输入命令 region。

执行该命令后，命令行提示如下：

命令: _region　　　　//执行创建面域命令

选择对象: 找到 1 个　　　　//选择封闭的二维图形

选择对象:　　　　//按回车键结束对象选择

已提取 1 个环。　　　　//系统提示

已创建 1 个面域。　　　　//系统提示

创建面域图形需要注意以下 3 点：

（1）闭合多段线、直线和曲线都是有效的选择对象。曲线包括圆弧、圆、椭圆弧、椭圆和样条曲线，但自相交或端点不连接的对象不能转换为面域，如图 2.8.1 所示。

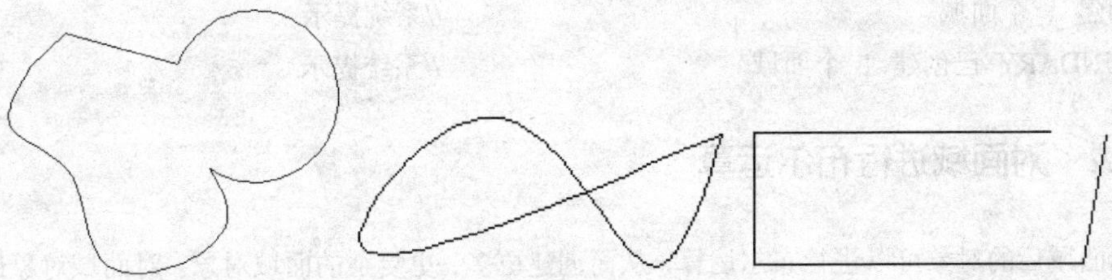

有效的选择对象　　　　自相交图形　　　　不连接对象

图 2.8.1　创建面域

（2）AutoCAD 默认在创建面域的同时删除原始对象，如果原始对象是图案填充对象，那么图案填充的关联性将丢失。要恢复图案填充关联性，需要重新填充此面域。如果将系统变量 delobj 值设置为 0，AutoCAD 将在原始对象转换为面域之后保留这些对象。

（3）单击“修改”工具栏中的“分解”按钮，或选择 修改(M) → 分解(X) 命令，可以将面域还原为原对象。

2．用边界定义面域

用边界定义面域的方式有以下 3 种：

（1）选择 绘图(D) → 边界(B)... 命令。

（2）在命令行输入命令 boundary 或 bo。

执行该命令后，弹出 边界创建 对话框，如图 2.8.2 所示。

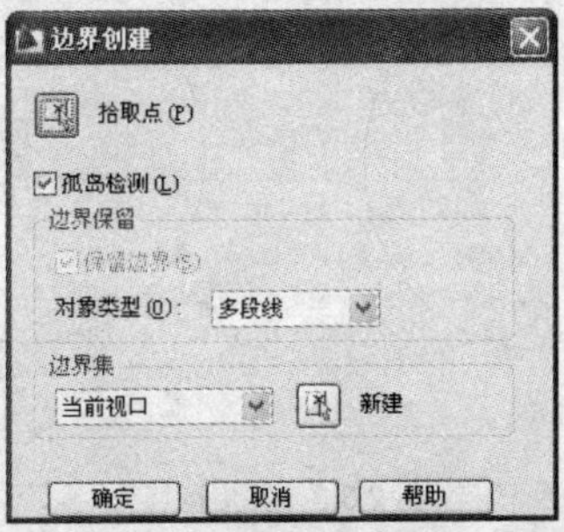

图 2.8.2　“边界创建”对话框

在该对话框中，单击 对象类型(T) 下拉列表框右边的按钮，在弹出的下拉列表中选择 面域 选项，然后单击“新建”按钮，或单击 确定 按钮，系统自动切换到绘图窗口，同时命令行提示如下：

命令: _boundary　　　　//执行边界创建面域命令
拾取内部点:　　　　//在边界图形内部指定点
正在选择所有对象...　　　　//系统提示
正在选择所有可见对象...　　　　//系统提示
正在分析所选数据...　　　　//系统提示
正在分析内部孤岛...　　　　//系统提示
拾取内部点:　　　　//按回车键结束命令
已提取 1 个环。　　　　//系统提示

已创建 1 个面域。　　　　　　　　　　　　　　　//系统提示

BOUNDARY 已创建 1 个面域　　　　　　　　　　　//系统提示

2.8.2　对面域进行布尔运算

创建面域后的对象可以进行布尔运算，从而创建更多、更复杂的面域对象。对面域对象进行布尔运算有 3 种方式：并集、差集和交集，下面分别进行介绍。

1. 并集

并集是将两个或多个面域对象合并成一个面域对象。执行并集命令的方法有以下 3 种：

（1）单击“实体编辑”工具栏中的“并集”按钮。

（2）选择 修改(M) → 实体编辑(N) → 并集(U) 命令。

（3）在命令行输入命令 union 或 uni。

执行并集命令后，命令行提示如下：

命令: _union　　　　　　　　　　　　　　　//执行并集命令

选择对象:　　　　　　　　　　　　　　　　//指定交叉窗口的右下角点

指定对角点: 找到 2 个　　　　　　　　　　　//指定交叉窗口的左上角点

选择对象:　　　　　　　　　　　　　　　　//按回车键结束命令

对面域图形进行并集运算，如图 2.8.3 所示。

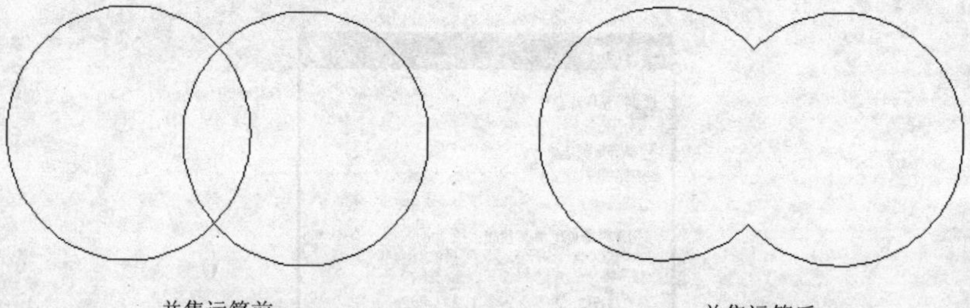

并集运算前　　　　　　　　　　并集运算后

图 2.8.3　并集运算

如果被合并的面域不相交，则进行并集运算后，多个面域对象将成为一个单独的对象。

2. 差集

差集是从一个面域对象中减去另一个面域对象。执行差集命令的方法有以下 3 种：

（1）单击“实体编辑”工具栏中的“差集”按钮。

（2）选择 修改(M) → 实体编辑(N) → 差集(S) 命令。

（3）在命令行输入命令 subtract 或 su。

执行差集命令后，命令行提示如下：

命令: _subtract　　　　　　　　　　　　　//执行差集命令

选择要从中减去的实体或面域...　　　　　　//系统提示

选择对象: 找到 1 个　　　　　　　　　　　//选择作为减数的面域对象

选择对象:　　　　　　　　　　　　　　　　//按回车键结束对象选择

选择要减去的实体或面域...　　　　　　　　//系统提示

选择对象: 找到 1 个 //选择被减去的面域

选择对象 //按回车键结束命令

对面域图形进行差集运算，如图 2.8.4 所示。如果求差的面域不相交，则将删除被减去的面域。

差集运算前　　差集运算后

图 2.8.4 差集运算

3. 交集

交集是指保留相交面域的重叠部分，并删除不重叠的部分。执行交集命令的方法有以下 3 种：

（1）单击“实体编辑”工具栏中的“交集”按钮。

（2）选择 修改(M) → 实体编辑(N) → 交集(I) 命令。

（3）在命令行输入命令 intersect 或 in。

执行交集命令后，命令行提示如下：

命令: _intersect //执行交集运算

选择对象: //指定交叉窗口的右下角点

指定对角点: 找到 2 个 //指定交叉窗口的左上角点

选择对象: //按回车键结束命令

对面域图形进行交集运算，如图 2.8.5 所示。

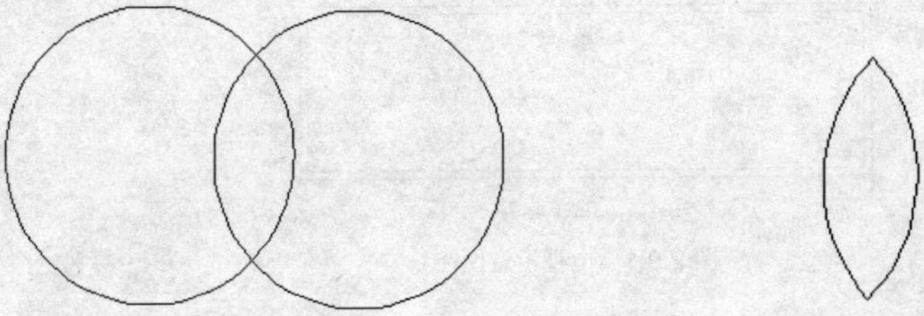

交集运算前　　交集运算后

图 2.8.5 交集运算

如果执行交集操作的面域对象不相交，则删除所有选择的面域。

2.8.3 从面域中提取数据

面域对象除了具有一般图形对象的属性外，还包括其自身特有的一些属性，例如面积、质心等数据，这些数据对于绘制精确的图形有很大的帮助。

选择 工具(T) → 查询(Q) → 面域/质量特性(M) 命令，命令行提示如下：

命令: _massprop //执行面域/质量特性命令

选择对象: 找到 1 个 //选择面域对象

选择对象: //按回车键弹出 AutoCAD 文本窗口，如图 2.8.6 所示。

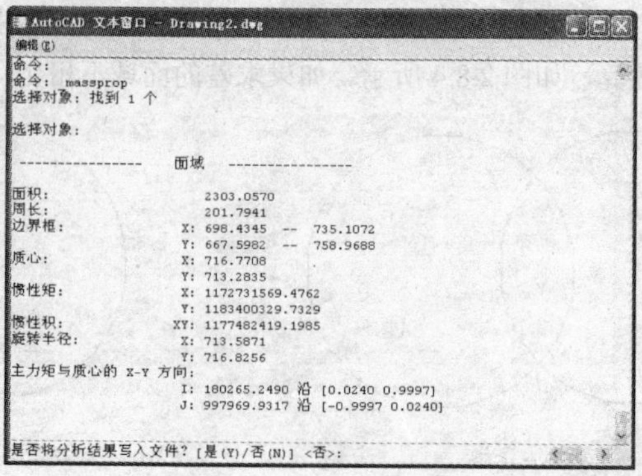

图 2.8.6 AutoCAD 文本窗口

该文本窗口中显示了面域对象的详细信息。在命令行中，系统提示“是否将分析结果写入文件？[是(Y)/否(N)] <否>:”，如果用户需要这些信息，则选择“是”命令选项；如果用户不需要这些信息，直接按回车键选择默认的“否”命令选项。

2.9 上机实战——绘制电视示意图

在建筑绘图中，经常需要用到很多示意图，本节主要介绍电视示意图的绘制方法，效果如图 2.9.1 所示。

图 2.9.1 电视示意图

操作步骤

（1）启动 AutoCAD 2009 并新建一个图形文件，切换到“AutoCAD 经典”工作界面。

（2）单击“绘图”工具栏中的“矩形”按钮▭，以坐标系原点为矩形的第一个角点，在绘图窗口中绘制一个长为 750，宽为 220 的矩形，如图 2.9.2 所示。

图 2.9.2 绘制矩形

（3）继续执行绘制矩形命令，以点（10，10）为矩形的第一个角点，绘制一个长为 730，宽为

200 的矩形，效果如图 2.9.3 所示。

图 2.9.3　绘制矩形

（4）单击“绘图”工具栏中的“圆弧”按钮，命令行提示如下：

命令: _arc

指定圆弧的起点或 [圆心(C)]: 70,0

指定圆弧的第二个点或 [圆心(C)/端点(E)]: e

指定圆弧的端点: 685,0

指定圆弧的圆心或 [角度(A)/方向(D)/半径(R)]: r

指定圆弧的半径: 980

绘制的圆弧如图 2.9.4 所示。

图 2.9.4　绘制圆弧

（5）单击“绘图”工具栏中的“多段线”按钮，命令行提示如下：

命令: _pline

指定起点: 160,220

当前线宽为 0.0000

指定下一个点或 [圆弧(A)/半宽(H)/长度(L)/放弃(U)/宽度(W)]: 240,440

指定下一点或 [圆弧(A)/闭合(C)/半宽(H)/长度(L)/放弃(U)/宽度(W)]: 515,440

指定下一点或 [圆弧(A)/闭合(C)/半宽(H)/长度(L)/放弃(U)/宽度(W)]: 595,220

指定下一点或 [圆弧(A)/闭合(C)/半宽(H)/长度(L)/放弃(U)/宽度(W)]:

绘制的多段线如图 2.9.5 所示。

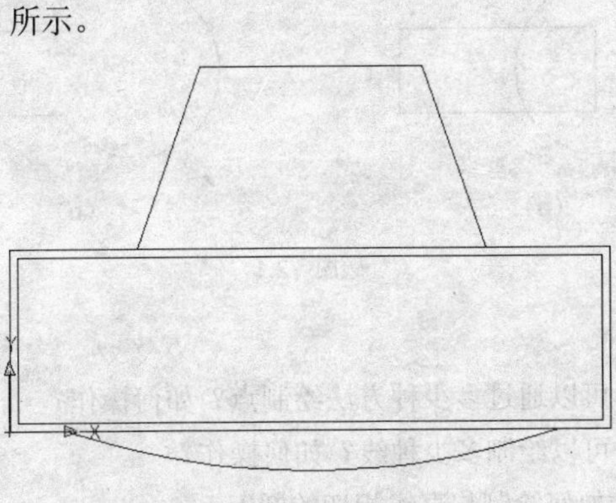

图 2.9.5　绘制多段线

（6）单击“绘图”工具栏中的“直线”按钮，在绘制的多段线中分别绘制两条平行的直线，最终效果如图 2.9.1 所示。

本 章 小 结

本章主要介绍了 AutoCAD 2009 中二维图形的绘制方法，主要包括绘制点、线、圆、圆弧、椭圆、矩形、正多边形、圆环，徒手画线和创建面域等。通过本章的学习，用户应熟练掌握各种基本二维图形的绘制方法。

操 作 练 习

一、填空题

1．点的绘制方法有 4 种，分别为________、________、________和________。

2．________线和________线常用做创建其他对象的参照。

3．AutoCAD 2009 中提供了________种绘制圆的方法，试举出两种：________和________。

4．面域是一个由________所创建的实心闭合的平面区域，它不仅包含________，还包含________，如面积、质心等。

二、选择题

1．以下按钮中，（　）是绘制多段线的按钮。

（A）　　（B）

（C）　　（D）

2．以下命令中，（　）是绘制圆命令。

（A）circle　　（B）polygon

（C）ellipse　　（D）pline

3．如题图 2.1（a）所示的图形经过（　）运算后得到如题图 2.1（b）所示的图形。

（A）并集　　（B）差集

（C）交集　　（D）合集

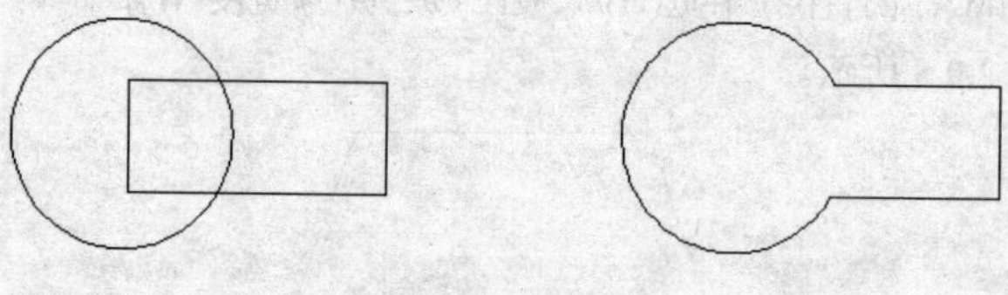

（a）　　（b）

题图　2.1

三、简答题

1．在 AutoCAD 2009 中可以通过多少种方法绘制点？如何操作？

2．在 AutoCAD 2009 中可以绘制多少种线？如何操作？

3．已知两条相交直线，如何绘制与直线相切的圆？

4．如何创建面域对象？

四、上机操作题

用基本二维图形绘制命令创建如题图 2.2 所示的图形。

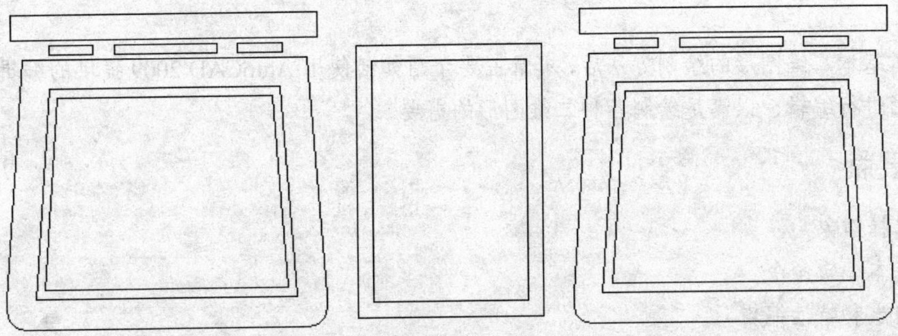

题图　2.2

第 3 章　二维图形的编辑

掌握了基本二维图形的绘制方法后，本章主要介绍如何使用 AutoCAD 2009 提供的编辑命令对基本二维图形进行编辑，以满足绘制各种二维图形的需要。

知识要点

- 选择对象
- 基本编辑命令
- 夹点和特性编辑

3.1　选 择 对 象

要对图形进行编辑操作，首先必须将图形对象选中。在 AutoCAD 中，正确快捷地选择目标是进行图形编辑的基础。在选择目标后，该实体呈高亮显示，即组成实体的边界轮廓线由原先的实线变成虚线，明显地和那些未被选中的实体区分开来。

在 AutoCAD 中，选择对象的方式很多，可以通过单击鼠标逐个拾取对象；可以使用过滤器选择符合条件的对象；可以将相关对象编成组进行选择；还可以通过对话框快速选择某些对象。

3.1.1　使用鼠标选择对象

使用鼠标选择图形对象时，可以通过单击鼠标逐个拾取对象；可以在绘图窗口中拖动鼠标形成矩形或交叉线区域，通过该区域确定要编辑的图形对象。

1．通过单击鼠标选择对象

执行某命令，在“选择对象：”的提示下，或者在没有执行任何命令的情况下，在绘图窗口中相应的图形对象上单击鼠标左键即可以选中该对象。如果连续执行此操作则可以选择多个对象。

选中图形对象时，其周围会显示一些有颜色的小方块标记，这种小方块标记叫做夹点。如图 3.1.1 所示为图形对象被选中时的显示效果。

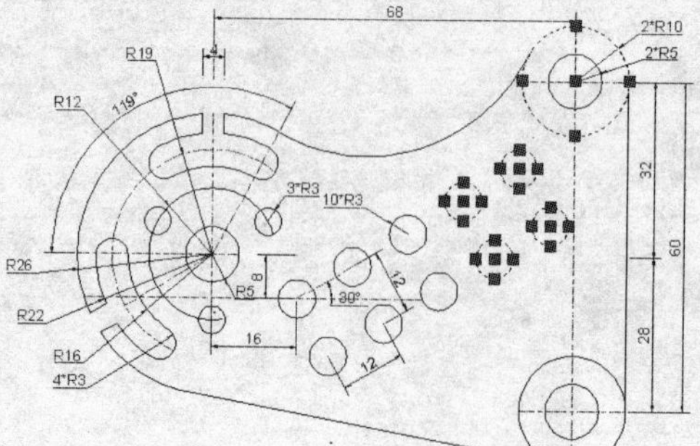

图 3.1.1　通过单击鼠标选择对象

2．通过矩形区域选择对象

在绘图窗口中，拖动鼠标形成一个矩形区域。通过该矩形区域可以选择要编辑的对象。具体分为以下两种矩形区域：

（1）左矩形区域。左矩形区域是指从左向右拖动鼠标形成的实线矩形区域，如图 3.1.2 所示。只有完全被包含在该区域内的图形对象才会被选中，而该区域以外以及与其边框相交的图形对象则不会被选中，如图 3.1.3 所示。

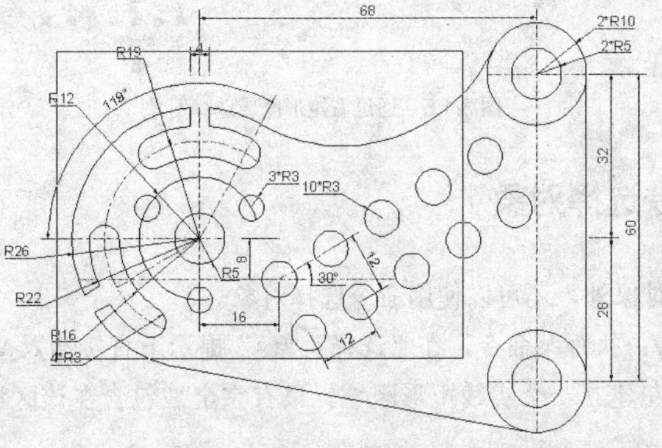

图 3.1.2　建立左矩形区域

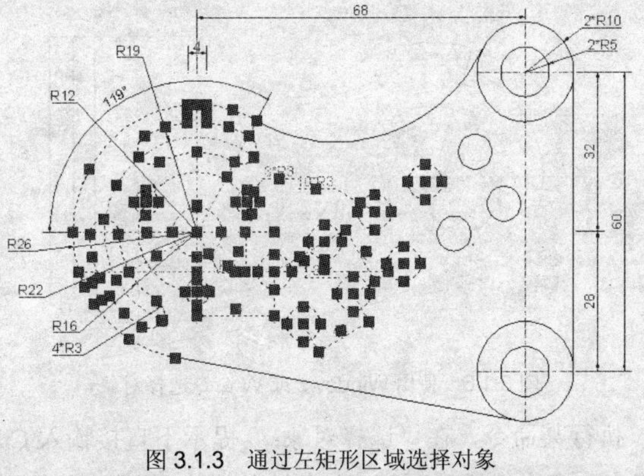

图 3.1.3　通过左矩形区域选择对象

（2）右矩形区域。右矩形区域是指从右向左拖动鼠标形成的虚线矩形区域，如图 3.1.4 所示。完全被包含在该区域内的对象以及与其边框相交的对象都会被选中，如图 3.1.5 所示。

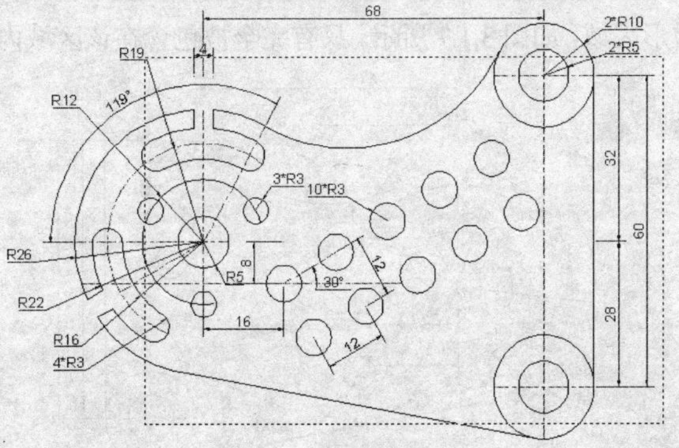

图 3.1.4　建立右矩形区域

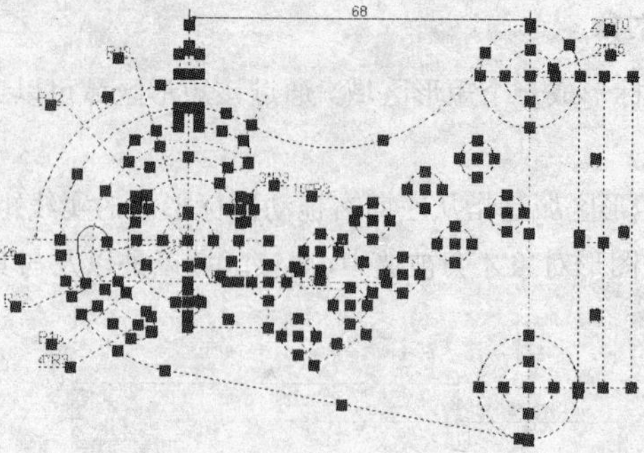

图 3.1.5　通过右矩形区域选择对象

3.1.2　使用命令选择对象

除了通过鼠标选择对象外，还可以使用命令选择对象。

（1）Windows 或 W：执行某命令，在“选择对象：”提示下直接输入 Windows 或 W，然后根据提示从左向右或从右向左建立一个实线矩形区域。只有完全被包含在该区域内的图形对象才会被选中，如图 3.1.6 所示。

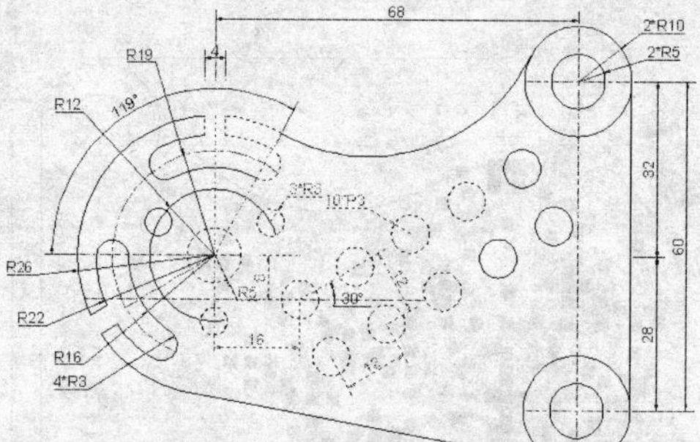

图 3.1.6　使用 Windows 或 W 命令选择对象

（2）Crossing 或 C：执行某命令，在“选择对象：”提示下直接输入 Crossing 或 C，然后根据提示从左向右或从右向左建立一个虚线矩形区域。完全被包含在该区域内的对象以及与其边框相交的对象都会被选中。

（3）Wpolygon 或 WP：执行某命令，在“选择对象：”提示下直接输入 Wpolygon 或 WP，然后根据提示建立一个实线多边形区域，如图 3.1.7 所示。只有完全被包含在该区域内的图形对象才会被选中。

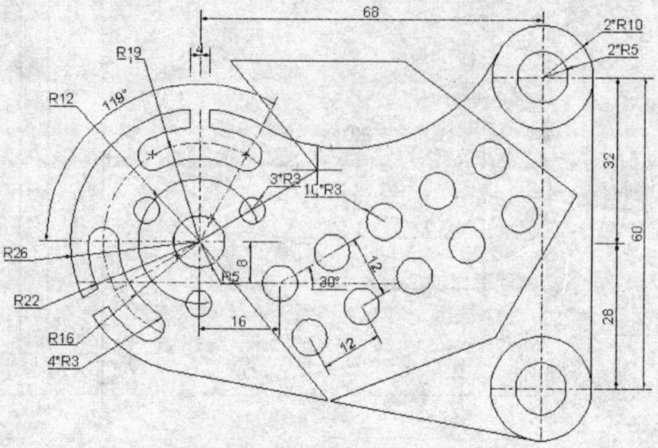

图 3.1.7　使用 Wpolygon 或 WP 命令建立多边形选择区域

（4）All：执行某命令，在“选择对象：”提示下直接输入 All，则绘图窗口中的所有图形对象均被选中。

在“选择对象：”提示下直接输入 Last 或 L 可以选择最后创建的对象；输入 Previous 或 P 可以选择上一次选择的对象。要取消对对象的选择，按“Esc”键即可。

3.1.3　使用过滤器选择对象

利用过滤器可以以对象的类型（如直线、圆及圆弧等）、图层、颜色、线型或者线宽等特性作为条件，来过滤选择符合设定条件的对象。

在命令行中直接输入 filter 命令，打开“对象选择过滤器”对话框，如图 3.1.8 所示。

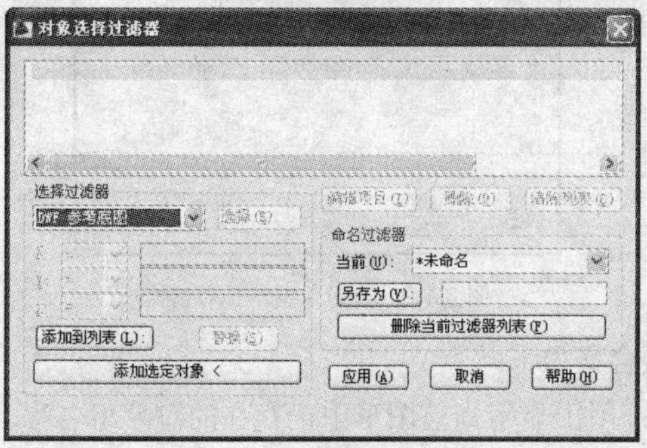

图 3.1.8　“对象选择过滤器”对话框

“对象选择过滤器”对话框中各选项含义如下：

（1）“过滤条件”列表框：用于显示当前设置的过滤条件。

（2）选择过滤器选项区域：用于选择过滤器。

1）选择过滤器下拉列表框：用于选择过滤器的类型。

2）“坐标轴”下拉列表框：用于设置与选择对应的关系运算符。其后面的文本框用于设置对象所在位置的坐标值。

3）添加到列表(L):按钮：单击该按钮，可以将选择的过滤器及附加条件添加到过滤器列表中。

4）替换(S)按钮：单击该按钮，可用当前设置代替列表中选定的过滤器。

5）添加选定对象 <按钮：单击该按钮，将切换到绘图窗口中，然后选择一个对象，把选定对象的特性添加到过滤器列表框中。

（3）编辑项目(I)按钮：单击该按钮，可编辑过滤器列表框中选定的项目。

（4）删除(D)按钮：单击该按钮，可删除过滤器列表框中选定的项目。

（5）清除列表(C)按钮：单击该按钮，可删除过滤器列表框中选中的所有项目。

（6）命名过滤器选项区域：用于选择已命名的过滤器。

1）当前(U):下拉列表框：该下拉列表框中列举了可用的已命名过滤器。

2）另存为(V):按钮：单击该按钮，并在其后的文本框中输入相应的名称，可以保存当前设置的过滤器集。

3）删除当前过滤器列表(F)按钮：单击该按钮，可从 FILTER.NFL 文件中删除当前的过滤器集。

3.1.4 使用编组选择对象

在 AutoCAD 2009 中，可以将图形对象以编组方式创建成选择集，从而使选择对象变得更为灵活。编组方式选择集与图形一起保存，一个对象可以作为多个编组中的成员。在命令行中直接输入 group，按回车键，打开对象编组对话框，如图 3.1.9 所示。

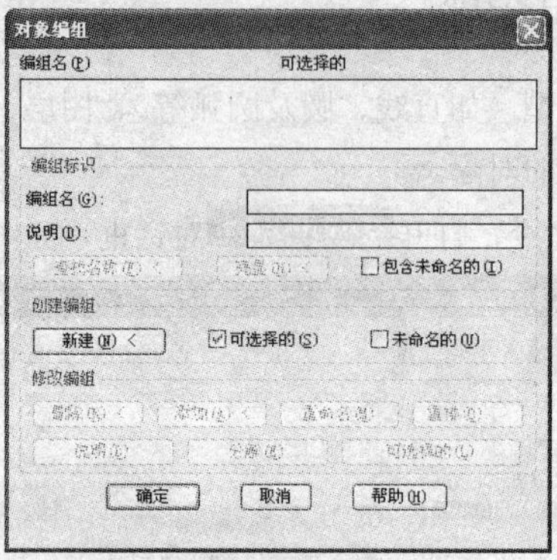

图 3.1.9 “对象编组”对话框

对象编组对话框中各选项含义如下：

（1）编组名(P)列表框：用于显示当前图形中已存在的对象组名称。其中可选择的列表示对象组是否可选。如果一个对象组是可选的，当选择该对象组的一个成员对象时，所有对象组成员都将被选中（除了锁定层上的对象外）；如果对象组是不可选的，则只有选择的对象组成员被选中。

（2）编组标识选项区域：用于设置编组的名称及说明等。

1）编组名(G):文本框：用于输入或显示选中的对象组的名称，组名最长可有 31 个字符，包括字母、数字以及特殊符号“*”和“!”等。

2）说明(D):文本框：用于显示选中对象组的说明信息。

3）查找名称(F) <按钮：单击该按钮，在绘图窗口选择要查找的对象，该对象所属的组名会显示在对象编组对话框中。

4）亮显(H) <按钮：在编组名(G):列表框中选择一个对象编组，单击该按钮，可以在绘图窗口中亮显对象组的所有成员对象。

5）☑包含未命名的(I)复选框：用于控制是否在编组名(G):列表框中列出未命名的编组。

（3）创建编组选项区域：用于创建一个有名或无名的新组。

1）新建(N) <按钮：单击该按钮，在绘图窗口中选择要创建编组的图形对象。

2）☑可选择的(S)复选框：选中该复选框，当用户选择对象组中的一个成员对象时，该对象组中的所有成员都将被选中。

3）☑未命名的(U)复选框：用于确定是否要创建未命名的对象组。

3.1.5 快速选择对象

在 AutoCAD 2009 中，当用户需要选择具有某些共同特性的对象时，可利用快速选择功能实现对象的选择，即根据对象所在的图层、线型、颜色、图案填充和类型等特性创建选择集。选择工具(T)→快速选择(K)...命令，打开快速选择对话框，如图 3.1.10 所示。

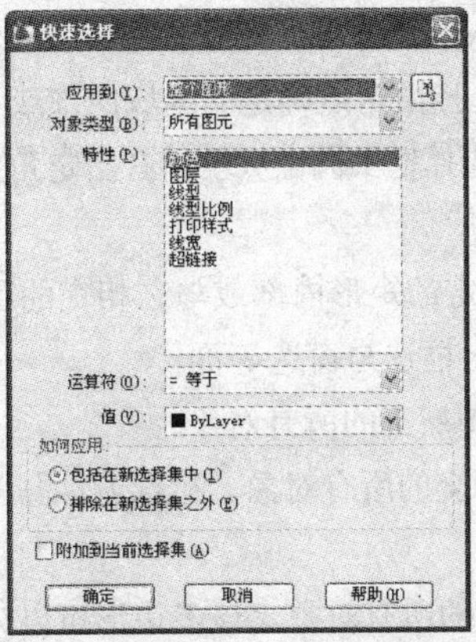

图 3.1.10　“快速选择”对话框

该对话框中各选项含义如下：

（1）应用到(Y): 下拉列表框：用于选择过滤条件应用的范围，可以将其应用于整个图形，也可以应用到当前选择集中。

（2）“选择对象”按钮：单击该按钮，在绘图窗口中根据当前所指定的过滤条件选择图形对象。选择完毕后，按回车键，结束选择并回到快速选择对话框中，同时，AutoCAD 将应用到(Y): 下拉列表框设置为整个图形选项。

（3）对象类型(B): 下拉列表框：用于指定要过滤的对象类型，如果没有选择集，在该下拉列表框中包含 AutoCAD 中所有可用的对象类型；如果已有一个选择集，则包括所选对象的类型。

（4）特性(P): 列表框：用于指定作为过滤条件的对象特性。

（5）运算符(O): 下拉列表框：用于控制过滤的范围。运算符包括“＝”“＜＞”“＞”“＜”“*”以及全部选择等。其中，“＞”和“＜”运算符对某些对象特性是不可用的，而“*”运算符仅对可编辑的文本起作用。

（6）值(V): 下拉列表框：用于输入过滤条件的特性值。

（7）如何应用: 选项区域：如果选中包括在新选择集中(I)单选按钮，则由满足过滤条件的对象构成选择集；如果选中排除在新选择集之外(E)单选按钮，则由不满足过滤条件的对象构成选择集。

（8）附加到当前选择集(A)复选框：用于指定由快速选择命令 qselect 所创建的选择集是追加到当前选择集中，还是替代当前选择集。

在 AutoCAD 2009 中，用户可以利用系统提供的选项对话框中的选择集选项卡根据需要灵活地设置与选择对象相关的选项，以方便使用和提高工作效率。

3.1.6　其他方式选择对象

在 AutoCAD 2009 中，选择对象的方法有很多种，当命令行提示“选择对象”时，如果输入“？”按回车键，命令行就会提示：“需要点或窗口(W)/上一个(L)/窗交(C)/框(BOX)/全部(ALL)/栏选(F)/圈围(WP)/圈交(CP)/编组(G)/添加(A)/删除(R)/多个(M)/前一个(P)/放弃(U)/自动(AU)/单个(SI)”，这些都是选择对象的方法，以下分别进行介绍。

（1）窗口(W)：窗口选择是指选择由两点创建的矩形中的所有对象，窗口显示的方框为实线框。从左到右指定角点创建窗口选择，从右到左指定角点则创建窗交选择。

（2）上一个(L)：选择最近一次创建的可见对象。

（3）窗交(C)：窗交选择是指选择由两点确定的区域内部或与之相交的所有对象。窗交显示的方框为虚线或高亮度方框，这与窗口选择框不同。从左到右指定角点创建窗交选择，从右到左指定角点则创建窗口选择。

（4）框(BOX)：选择由两点确定的矩形内部或与之相交的所有对象。如果矩形的点是从右至左指定的，则框选与窗交等价；否则，框选与窗选等价。

（5）全部(ALL)：选择解冻的图层上的所有对象。

（6）栏选(F)：选择与选择栏相交的所有对象。栏选方法与圈交方法相似，只是栏选不闭合，并且栏选可以与自己相交。

（7）圈围(WP)：选择多边形中的所有对象。该多边形可以为任意形状，但不能与自身相交或相切。该多边形在任何时候都是闭合的。

（8）圈交(CP)：选择多边形内部或与之相交的所有对象。该多边形可以为任意形状，但不能与自身相交或相切。该多边形在任何时候都是闭合的。

（9）编组(G)：选择指定组中的全部对象。

（10）添加(A)：切换到“添加”模式，可以使用任何对象选择方法将选定对象添加到选择集。

（11）删除(R)：切换到“删除”模式，可以使用任何对象选择方法从当前选择集中删除对象。

（12）多个(M)：指定多次选择而不高亮显示对象，从而加快对复杂对象的选择过程。如果两次指定相交对象的交点，使用该命令也将选中这两个相交对象。

（13）前一个(P)：选择最近创建的选择集。

（14）放弃(U)：放弃选择最近加到选择集中的对象。

（15）自动(AU)：切换到自动选择，指向一个对象即可选择该对象。指向对象内部或外部的空白区，将形成框选方法定义的选择框的第一个角点。

（16）单个(SI)：切换到“单选”模式，选择指定的第一个或第一组对象。

3.2 基本编辑命令

在绘制图形时，单纯的绘图工具只能创建一些基本对象。为了获得所需图形，在很多情况下都必须借助于图形修改命令对基本对象进行加工调整，对于复杂图形，则要通过反复修改才能完成。所以，用户应熟练使用系统提供的图形修改命令，以快速完成各种图形的绘制。

3.2.1 删除命令

删除命令用于去掉不需要的对象。执行删除命令有以下方法：

（1）单击“修改”工具栏中的“删除”按钮。

（2）选择 修改(M) → 删除(E) 命令。

（3）在命令行中输入命令 erase 或 e。

执行该命令，根据提示，在绘图窗口中选择要删除的图形对象，然后按回车键确认删除操作。在 选项 对话框的 选择集 选项卡中，选中 选择集模式 选项区域中的 ☑先选择后执行(N) 复选框，则可以先选择对象，再执行删除命令，如果取消选中此复选框，则先执行命令再选择对象。

3.2.2　复制命令

复制命令用于同时创建一个对象的多个副本。执行复制命令有以下方法：

（1）单击“修改”工具栏中的“复制”按钮。

（2）选择 修改(M) → 复制(Y) 命令。

（3）在命令行中输入命令 copy。

执行该命令，根据提示，在绘图窗口中选择要复制的图形对象，再根据提示指定复制的基点或位移，然后指定要复制的目标点，最后按回车键确认复制操作，并结束该命令。

如图 3.2.1 所示为复制对象的效果。

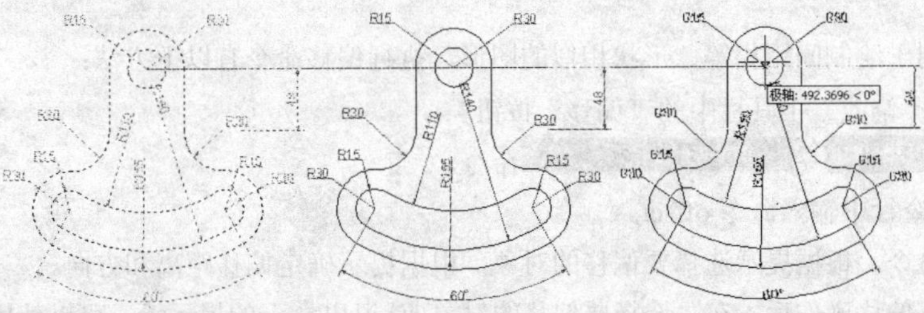

图 3.2.1　复制对象

3.2.3　镜像命令

镜像命令用于绘制对称图形。执行镜像命令有以下方法：

（1）单击“修改”工具栏中的“镜像”按钮。

（2）选择 修改(M) → 镜像(I) 命令。

（3）在命令行中输入命令 mirror。

执行该命令，根据提示选择要镜像的对象，根据提示确定镜像线，最后确定是否要删除源对象。如图 3.2.2 所示为镜像图形对象的效果。

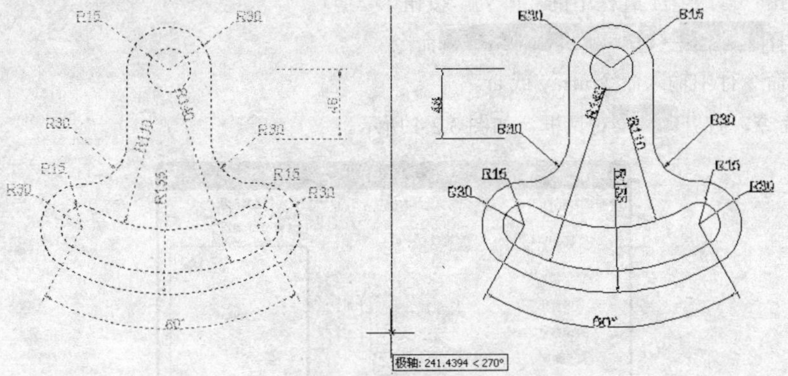

图 3.2.2　镜像对象

如果镜像的对象不是图形，而是文字，那么在执行镜像命令时需要注意系统变量 Mirrtext 的设置。当 Mirrtext=0 时，生成的文字部分镜像，即文本只是位置发生变化，而文字从左到右的顺序并没有发生改变，原来文字顺序如何，产生镜像后文字的顺序仍如此，这是系统默认值；当 Mirrtext=1 时，生成文字全部镜像，即它的位置和顺序与其他实体一样都产生了镜像。如图 3.2.3 所示为两种镜像文字效果。

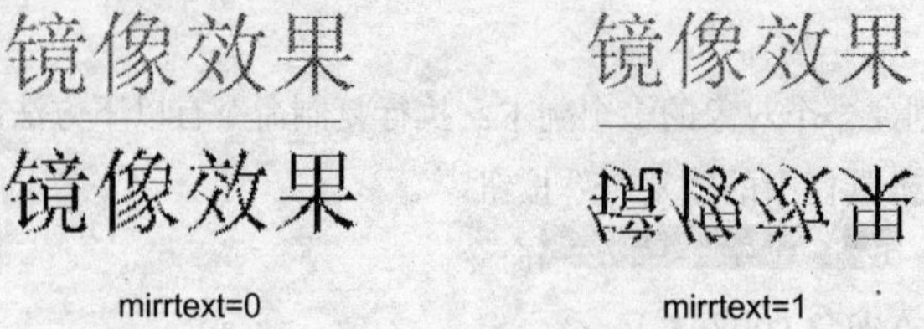

图 3.2.3 镜像文字

3.2.4 偏移命令

偏移命令用于绘制间距相等、形状相似的图形。执行偏移命令有以下方法：

（1）单击“修改”工具栏中的“偏移”按钮。

（2）选择修改(M)→偏移(S)命令。

（3）在命令行中输入命令 offset。

执行偏移命令，根据提示选择要偏移的对象，根据提示确定偏移距离和方向。

执行完一次偏移操作后，在“选择要偏移的对象或<退出>：”的提示下，可以使用前面设置的偏移距离或输入新的偏移距离继续执行偏移操作。如果在该提示下直接按回车键，则确认前面的操作并结束该命令。

偏移命令只适用于直线、圆、多段线、椭圆、椭圆弧、多边形和曲线，不能用于偏移点、图块、属性和文本对象。偏移直线、射线以及构造线时，则是将对象进行平行复制。偏移圆、椭圆以及椭圆弧时，则是将对象进行同心复制。

3.2.5 阵列命令

阵列命令用于规则性地建立对象的多个副本。执行阵列命令有以下方法：

（1）单击“修改”工具栏中的“阵列”按钮。

（2）选择修改(M)→阵列(A)...命令。

（3）在命令行中输入命令 array 或 ar。

执行该命令，打开阵列对话框，如图 3.2.4 所示。

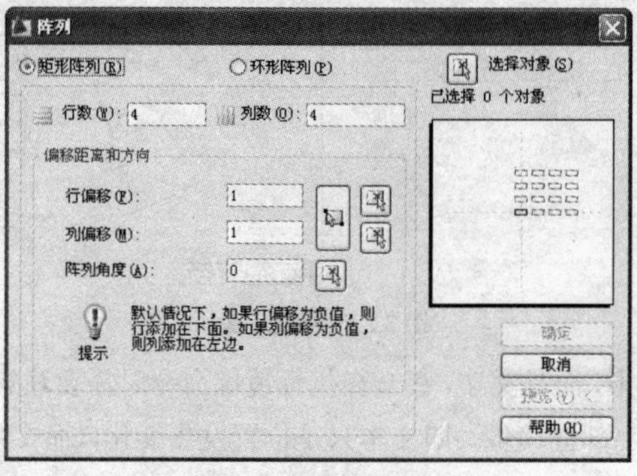

图 3.2.4 “阵列”对话框

在 AutoCAD 2009 中，阵列分为矩形阵列和环形阵列。

1．矩形阵列

在打开的“阵列”对话框中，默认情况下，“矩形阵列(R)”单选按钮为选中状态，即系统默认为矩形阵列。矩形阵列是按照行列方式建立对象的副本。所以就要设置行数、列数和行间距、列间距。

在默认的矩形阵列方式下，单击“选择对象”按钮，根据提示在绘图窗口中选择要阵列的对象之后，系统重新打开“阵列”对话框。在“行数(W):”文本框中设置行数；在“列数(O):”文本框中设置列数；在“偏移距离和方向”选项区域中设置行间距、列间距以及阵列角度。最后单击“确定”按钮结束操作。如图 3.2.5 所示为矩形阵列的效果。

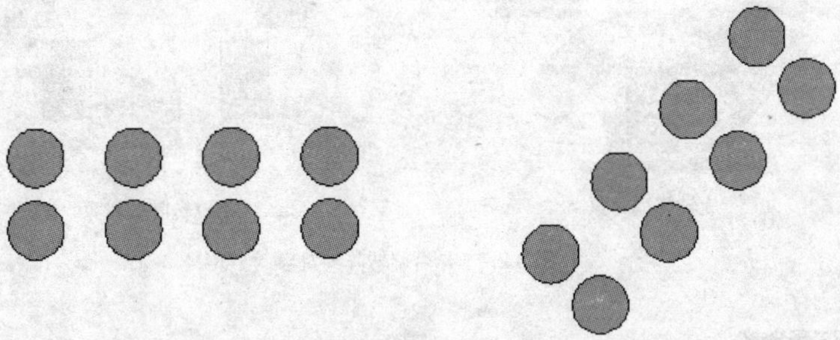

阵列角度为 0°　　　　阵列角度为 45°

图 3.2.5　矩形阵列

2．环形阵列

环形阵列是按圆周方式等距建立对象的副本。在打开的“阵列”对话框中，选中“环形阵列(P)”单选按钮，即可显示环形阵列界面，如图 3.2.6 所示。

单击其中的“选择对象”按钮，根据提示在绘图窗口中选择需要阵列的对象后，在“中心点:”文本框中直接输入环形阵列的中心点坐标，也可以单击“拾取中心点”按钮，用鼠标在绘图窗口中确定该中心点的位置。

在“方法和值”选项区域中设置环形阵列类型。在“方法(M):”下拉列表中选择一种环形阵列类型，然后在对应的文本框中设置具体参数。设置完毕，即可以在右边预览所设置的环列阵列效果，最后单击“确定”按钮结束操作。

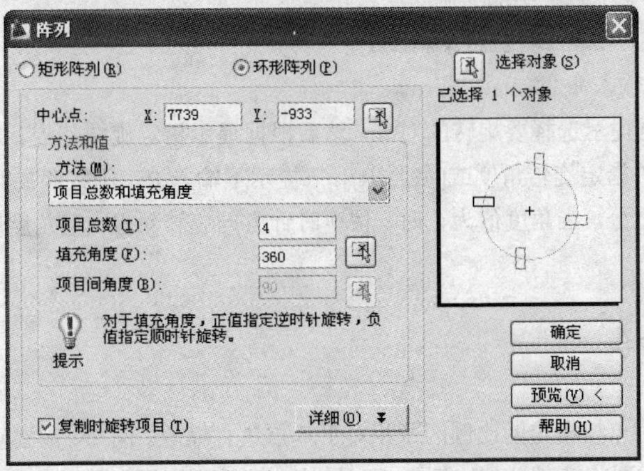

图 3.2.6　“阵列”对话框中的环形阵列界面

如果在 填充角度(F): 文本框中输入的角度为正数，则按逆时针方向阵列对象；如果输入的角度为负数，则按顺时针方向阵列对象。如果选中图 3.2.6 中底部的 ☑复制时旋转项目(T) 复选框，表示阵列时旋转对象；如果不选中该复选框，则表示阵列时不旋转对象。如图 3.2.7 所示为选中与不选中该复选框时的环形阵列效果。

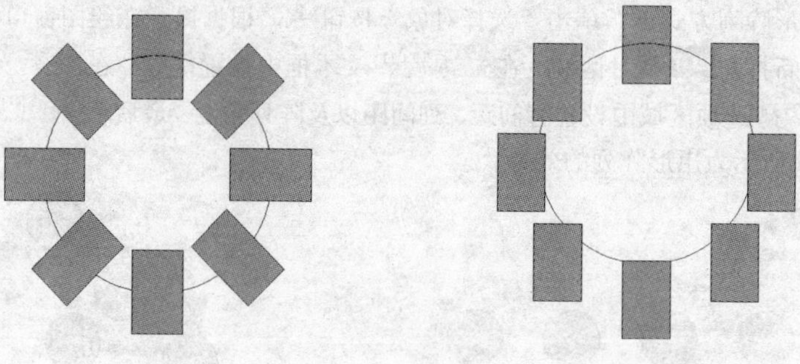

旋转阵列对象　　　　不旋转阵列对象

图 3.2.7　是否旋转阵列对象

3.2.6　移动命令

移动命令用于改变对象的位置，即重定位。执行移动命令有以下方法：

（1）单击“修改”工具栏中的“移动”按钮。

（2）选择 修改(M) → 移动(V) 命令。

（3）在命令行中输入命令 move。

执行该命令，根据提示选择要移动的对象后，再根据提示指定移动的基点或位移，然后指定移动的目标点。

3.2.7　旋转命令

旋转命令用于将对象绕基点转动一定角度。执行旋转命令有以下方法：

（1）单击“修改”工具栏中的“旋转”按钮。

（2）选择 修改(M) → 旋转(R) 命令。

（3）在命令行中输入命令 rotate 或 ro。

执行该命令，根据提示选择要旋转的对象，然后根据提示指定旋转基点和旋转角度，最后按回车键确认即可。如果在“指定旋转角度或[参照(R)]：”提示下输入 R，则按照参照角度旋转对象。

旋转角度有正负之分。当角度值为正时，按逆时针方向旋转对象；当角度值为负时，则按顺时针方向旋转对象。

3.2.8　缩放命令

缩放命令用于将对象按指定的比例因子相对于基点进行缩放。例如，需要重点确定工艺流程图的某一部分工艺时，常常要将该部分按比例放大。另外，对于某些复杂图形，当结构表达不清楚时，可以局部放大来表示。执行缩放命令有以下方法：

（1）单击“修改”工具栏上的“缩放”按钮。

（2）选择 修改(M) → 缩放(L) 命令。

（3）在命令行中输入命令 scale。

执行该命令，根据提示选择要缩放的对象，然后根据提示指定缩放基点和比例因子。如果在“指定比例因子或[参照(R)]：”提示下输入 R，则按照参照比例因子缩放对象。

当比例因子大于 0 而小于 1 时缩小对象；当比例因子大于 1 时放大对象。缩放分为绝对缩放和相对缩放两种方式。一般情况下，用户采用绝对方式缩放对象，但如果用户不清楚究竟要将对象放大（或缩小）多少时，可以采用相对方式缩放对象。相对缩放要求用户分别确定缩放前后的参考长度和新长度。新长度和参考长度的比值即是缩放的相对比例因子，也叫做相对缩放系数或参照缩放系数。

3.2.9 拉伸命令

拉伸命令用于对实体进行拉伸、压缩或者移动。拉伸对象操作根据图形对象在选择框中的位置决定。执行拉伸命令有以下方法：

（1）单击“修改”工具栏中的“拉伸”按钮。

（2）选择 修改(M) → 拉伸(H) 命令。

（3）在命令行中输入命令 stretch 或 s。

执行该命令，根据提示选择要拉伸的对象，再根据提示指定拉伸基点或位移，然后指定拉伸目标点，最后按回车键确认即可。

对于直线、圆弧、图案填充和多段线等，如果这些对象全部位于选择区域内，执行拉伸命令时只是移动对象；否则，执行拉伸命令时则遵循以下规则。

（1）直线：位于选择区域外的端点不动，而位于选择区域内的端点移动。

（2）圆弧：与直线相同，但在拉伸过程中，圆弧的弦高保持不变。

（3）图案填充：位于选择区域外的端点不动，而位于选择区域内的端点移动。

（4）多段线：与直线或圆弧相同，但多段线两端的宽度、切线方向及曲线拟合信息均不改变。

如图 3.2.8 所示为拉伸对象的效果。

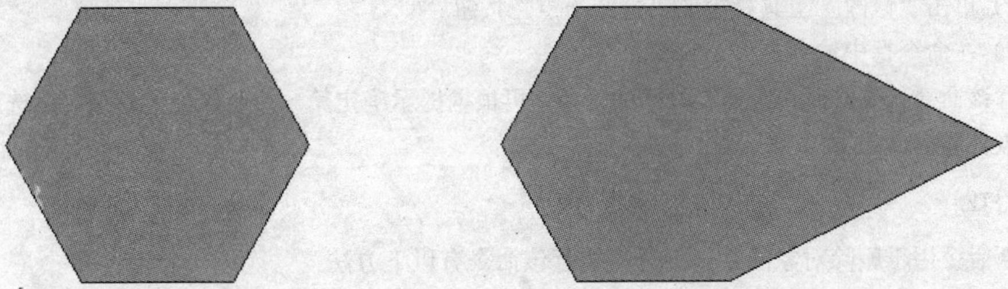

原始图形　　拉伸结果

图 3.2.8 拉伸对象

3.2.10 修剪命令

修剪命令用于调整基本图形以形成实际需要的图形。执行修剪命令有以下方法：

（1）单击“修改”工具栏中的“修剪”按钮。

（2）选择修改(M)→修剪(T)命令。

（3）在命令行中输入命令 trim 或 tr。

执行该命令，根据提示选择剪切边界后，再根据提示选择与修剪边界相交的要剪去的对象，最后按回车键确认修剪操作。

使用修剪命令可以修剪尺寸标注线，并自动更新尺寸标注文本，但尺寸标注不能作为修剪边界。圆、弧、直线、多段线、矩形、多边形、椭圆、样条曲线和射线等对象既可以作为修剪边界，也可以作为被剪对象。图块和外部引用均不能作为修剪边界和被剪对象。平行线、图案填充、形位公差、单行文字和多行文字均可作为修剪边界，但不能作为被剪切对象。

3.2.11 延伸命令

延伸命令用于将对象绘制到与另一个对象的交点处，该命令适用于各类曲线，如圆弧、圆、多段线、直线、椭圆和椭圆弧。在进行延伸操作时，首先要确定一个延伸边界，然后选择要延伸到该边界的目标对象。执行延伸命令有以下方法：

（1）单击“修改”工具栏中的“延伸”按钮。

（2）选择修改(M)→延伸(D)命令。

（3）在命令行中输入命令 extend 或 ex。

执行该命令，根据提示选择作为延伸边界的对象。选择完毕，再根据提示选择要延伸的目标对象。在 AutoCAD 中，一次只能延伸一个目标对象。

3.2.12 打断命令

打断命令用于将一个对象从某一点打断，或者删掉对象的某一部分。打断命令具体分为打断于点和打断两种。

1. 打断于点

打断于点命令用于将对象从某一点处打断。执行该命令有以下方法：

（1）单击“修改”工具栏中的“打断于点”按钮。

（2）在命令行中输入命令 extend 或 ex。

执行该命令，根据提示选择要打断的对象，再根据提示确定第一个打断点的位置，所选对象即可从打断点处断开。

2. 打断

打断命令用于删除对象的某一部分。执行该命令有以下方法：

（1）单击“修改”工具栏中的“打断”按钮。

（2）选择修改(M)→打断(K)命令。

（3）在命令行中输入命令 extend 或 ex。

执行该命令，根据提示选择要打断的对象，再根据提示确定第二个打断点的位置。

默认情况下，以选择对象时的拾取点作为第一个打断点，这时需指定第二个打断点。如果直接选择对象上的另一点或者在对象的端点之外拾取一点，这时将删除对象上位于两个拾取点之间的部分。

在确定第二个断点时，如果在命令行中输入@符号，可以使第一个、第二个断点重合，从而将对象一分为二。如果对圆、矩形等封闭图形使用打断命令，AutoCAD 将沿逆时针方向把第一个断点到第二个断点之间的圆弧删除。如图 3.2.9 所示为打断对象的效果。

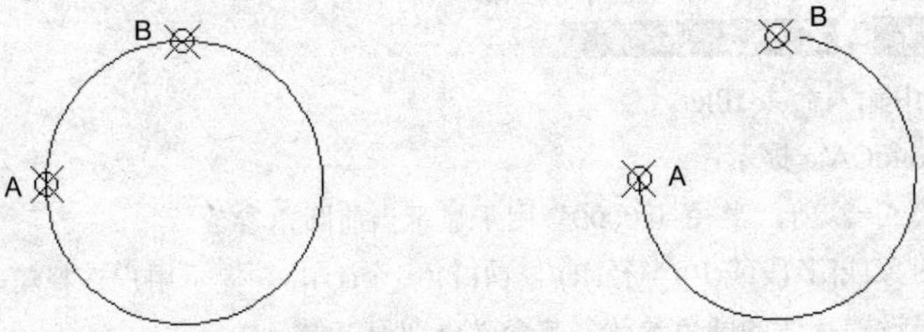

图 3.2.9　打断对象

3.2.13　倒角命令

倒角命令用于修改两个相交（或经过延伸后可相交）对象交点处的形状，即倒角命令不能用于两个平行的对象。执行倒角命令有以下方法：

（1）单击“修改”工具栏中的“倒角”按钮。

（2）选择 修改(M) → 倒角(C) 命令。

（3）在命令行中输入命令 chamfer。

执行该命令，AutoCAD 提示：

“(“修剪”模式)当前倒角距离 1 = 0.0000，距离 2 = 0.0000”用于显示当前倒角参数。

“选择第一条直线或[多段线(P)/距离(D)/角度(A)/修剪(T)/方式(M)/多个(U)]:”提示用户选择第一条倒角直线。该提示中其余选项用于设置具体的倒角参数，其含义分别如下：

（1）“多段线(P)”：用于按照当前设置的倒角大小对多段线的各顶点（或交点）进行倒角操作。

（2）“距离(D)”：用于重新设置两个新的倒角距离大小。

（3）“角度(A)”：根据第一个倒角距离和角度设置倒角大小。

（4）“修剪(T)”：用于确定倒角后是否保留原拐角边。

（5）“方式(M)”：用于设置倒角方式。

（6）“多个(U)”：用于对多个对象进行倒角操作。

如图 3.2.10 所示为倒角对象的效果。

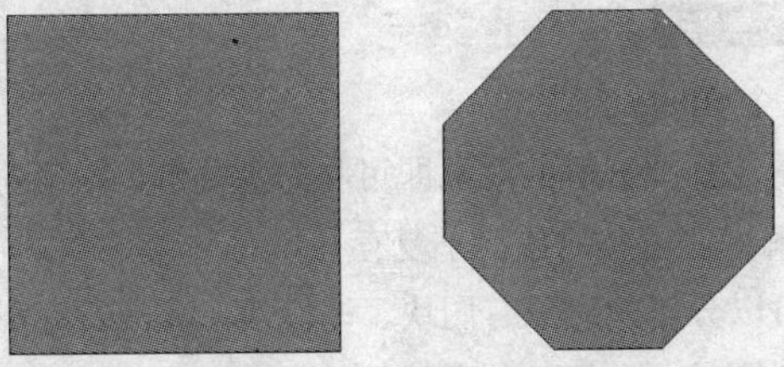

倒角前　　倒角后

图 3.2.10　倒角对象

3.2.14 圆角命令

圆角和倒角相似，它是用一段弧在两个实体之间形成光滑过渡。执行圆角命令有以下方法：

（1）单击“修改”工具栏中的“圆角”按钮。

（2）选择 修改(M) → 圆角(F) 命令。

（3）在命令行中输入命令 fillet。

执行该命令，AutoCAD 提示：

“当前设置：模式=修剪，半径=0.0000”用于显示当前圆角参数。

“选择第一个对象或[多段线(P)/半径(R)/修剪(T)/多个(U)]：”提示用户选择第一个圆角对象。该提示中其余选项用于设置具体的圆角参数，其含义分别如下：

（1）“多段线(P)”：用于对多段线的顶点进行圆角操作。

（2）“半径(R)”：用于设置圆角半径。

（3）“修剪(T)”：用于确定圆角后是否保留原拐角边。

（4）“多个(U)”：用于对多个对象进行圆角操作。

在进行圆角操作时，倒角距离和圆角半径不能大于所选对象长度的一半，否则操作无效。当倒角距离和圆角半径为 0 时，该命令将延伸两个倒圆角对象，使之相交，不产生圆角效果。

如图 3.2.11 所示为圆角对象的效果。

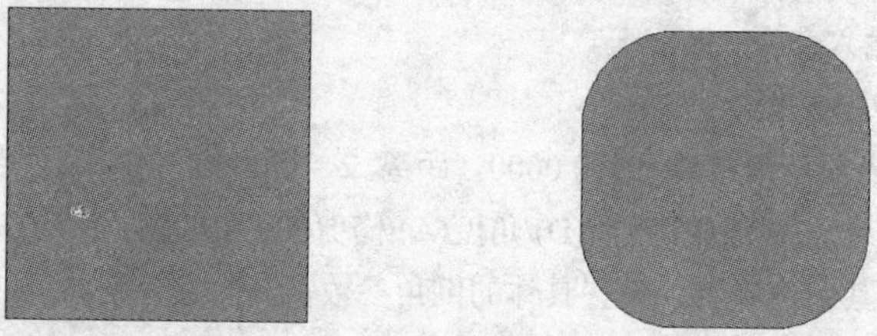

圆角前　　　　圆角后

图 3.2.11　圆角对象

3.2.15 分解命令

分解命令用于将一个整体对象分成单个对象。执行分解命令有以下方法：

（1）单击“修改”工具栏中的“分解”按钮。

（2）选择 修改(M) → 分解(X) 命令。

（3）在命令行中输入命令 fillet。

执行分解命令，根据提示选择要分解的对象即可将对象分解。图形对象被分解后，原图形中的每一个部分对象都可以被单独编辑，整体对象已不复存在。

在 AutoCAD 2009 中，可以分解的对象有图块、多段线，多线、矩形、多边形、图案填充、尺寸标注、三维实体和曲面等。图块是一个相对独立的整体对象，是一组图形对象的集合。因此，用户无法编辑组成图块的单个图形对象，从而只能对图块本身进行编辑操作。

如图 3.2.12 所示为分解对象的效果。

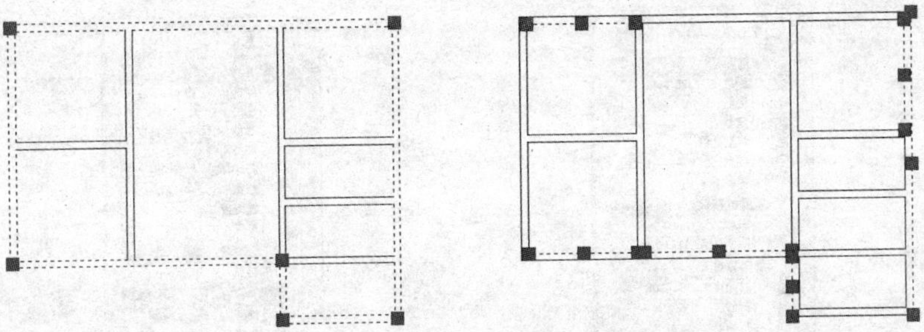

分解前　　　　　　　　分解后

图 3.2.12　分解对象

3.3　夹点和特性编辑

对对象进行修改操作时，除了可以使用基本的修改命令外，还可以使用夹点修改或者特性修改。这些图形修改方法可以帮助用户更加方便快捷地实现图形修改。

3.3.1　夹点修改

夹点实际上是对象上的控制点，是对象的一种集成修改模式。用于对对象进行拉伸、移动和复制等操作。

当对象处于选中状态时，其周围会显示对象的特征点。单击其中的一个特征点，该点即可以另一种颜色显示，这表示该点已成为修改操作的基点。确定基点后，AutoCAD 提示：

“指定拉伸点或[基点(B)/复制(C)/放弃(U)/退出(X)]:”用于确定拉伸点的位置。该提示中其余选项含义如下：

（1）“基点(B)”：用于重新确定拉伸的基点位置。

（2）“复制(C)”：用于复制拉伸基点。

（3）“放弃(U)”：用于取消最近一次操作。

（4）“退出(X)”：用于退出当前操作。

在“指定拉伸点或[基点(B)/复制(C)/放弃(U)/退出(X)]:”提示下输入 mo 时执行移动命令；输入 ro 时执行旋转命令；输入 sc 时执行缩放命令；输入 mi 时执行镜像命令。

3.3.2　特性修改

特性修改是通过系统提供的 特性 窗口对对象进行修改操作。选择 工具(T) → 选项板 → 特性(P) Ctrl+1 命令或者单击“标准”工具栏中的“特性”按钮，打开 特性 窗口，如图 3.3.1 所示。

在图 3.3.1 中，左边是不选择任何对象时的 特性 窗口，此时，窗口中显示所有对象的基本特性；右边是选择一段多段线时的 特性 窗口，此时，窗口中显示与被选择对象相关的特性，如果同时选择多个对象，则窗口中将显示所有被选择对象的共同特性，可以直接在相应的特性选项中进行修改。

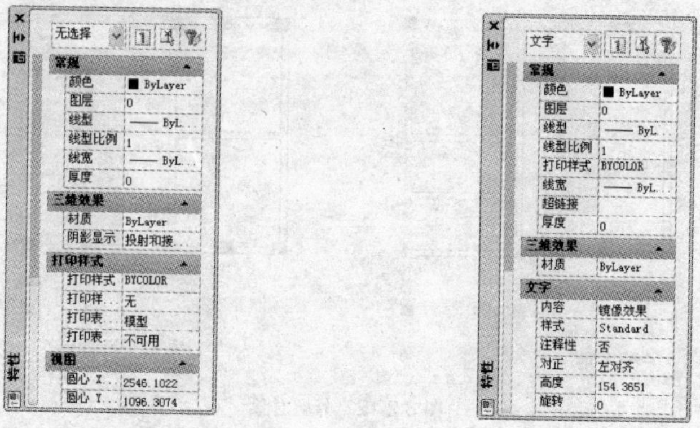

图 3.3.1 “特性”窗口

3.4 上机实战——绘制餐桌平面图

本节主要介绍餐桌平面图的绘制方法，效果如图 3.4.1 所示。

图 3.4.1 餐桌平面图

操作步骤

（1）启动 AutoCAD 2009 并新建一个图形文件，切换到“AutoCAD 经典”工作界面。

（2）单击“绘图”工具栏中的“直线”按钮，在绘图窗口中绘制一条长为 350 的水平直线，然后单击“绘图”工具栏中的“圆”按钮，以直线右端点为圆心，分别绘制半径为 260 和 300 的圆，效果如图 3.4.2 所示。

（3）单击“修改”工具栏中的“复制”按钮，将半径为 260 的圆水平向左复制，复制距离为 100，效果如图 3.4.3 所示。

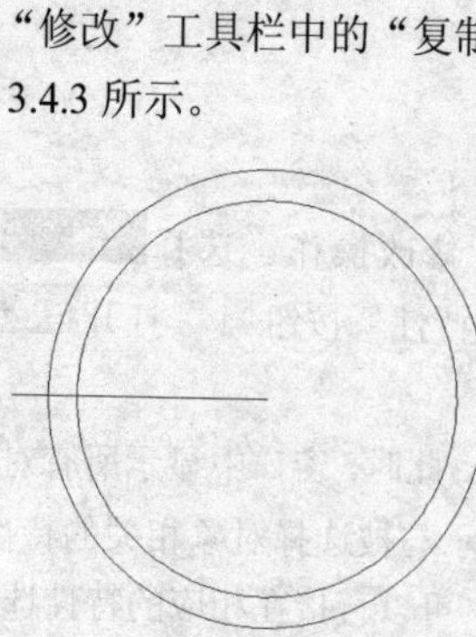

图 3.4.2 绘制直线和圆

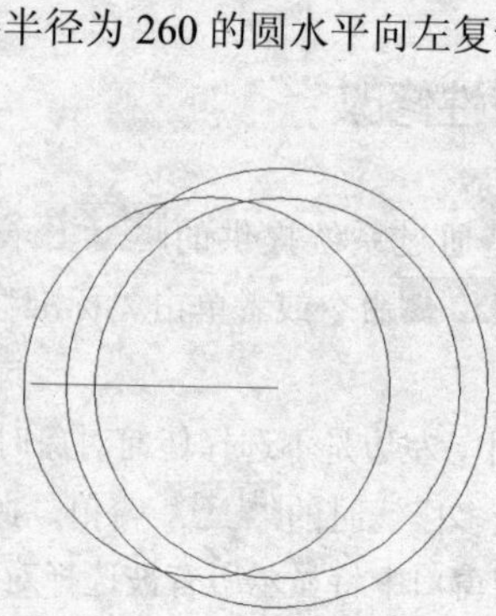

图 3.4.3 复制圆

（4）执行绘制直线命令，命令行提示如下：

命令: _line

指定第一点: //单击鼠标右键，在弹出的快捷菜单中选择 切点(G) 命令

_tan 到 //移动鼠标到半径为 300 的圆的上方，当出现如图 3.4.4 所示的提示时，捕捉切点确定直线的第一点

指定下一点或 [放弃(U)]: @-325,0 //输入直线的端点坐标

指定下一点或 [放弃(U)]: //按回车键结束命令

绘制的切线如图 3.4.5 所示。

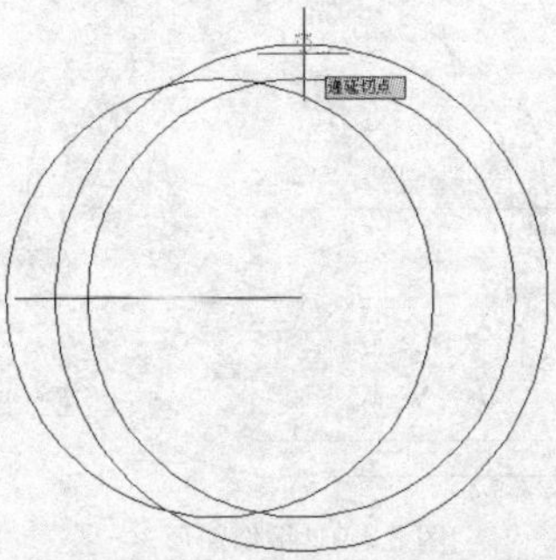

图 3.4.4 捕捉切点

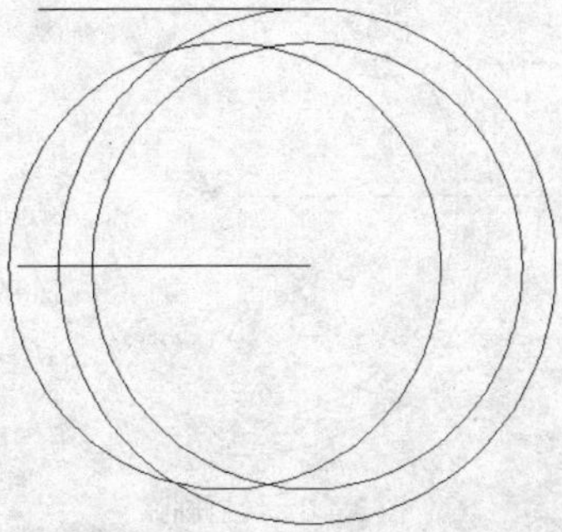

图 3.4.5 绘制切线

（5）再次执行绘制直线命令，按照步骤（4）的操作为半径为 260 的圆绘制切线，效果如图 3.4.6 所示。

（6）单击“绘图”工具栏中的“圆弧”按钮，命令行提示如下：

命令: _arc

指定圆弧的起点或 [圆心(C)]: //捕捉步骤（4）绘制的切线的左端点

指定圆弧的第二个点或 [圆心(C)/端点(E)]: e //选择“端点（E）”选项

指定圆弧的端点: //捕捉步骤（5）绘制的切线的左端点

指定圆弧的圆心或 [角度(A)/方向(D)/半径(R)]: r //选择“半径（R）”选项

指定圆弧的半径: 20 //输入圆弧的半径

绘制的圆弧如图 3.4.7 所示。

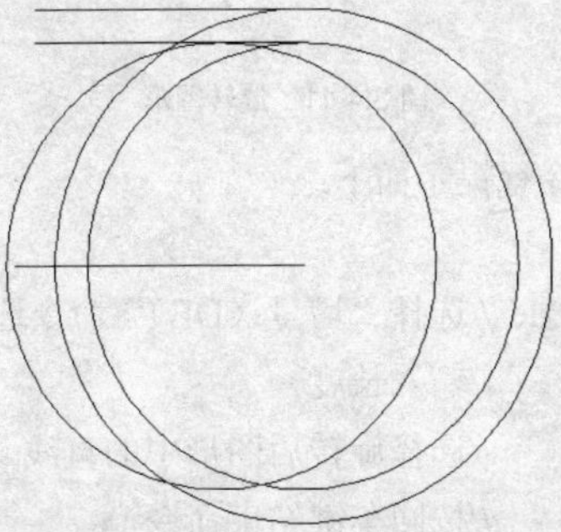

图 3.4.6 为半径为 260 的圆绘制切线

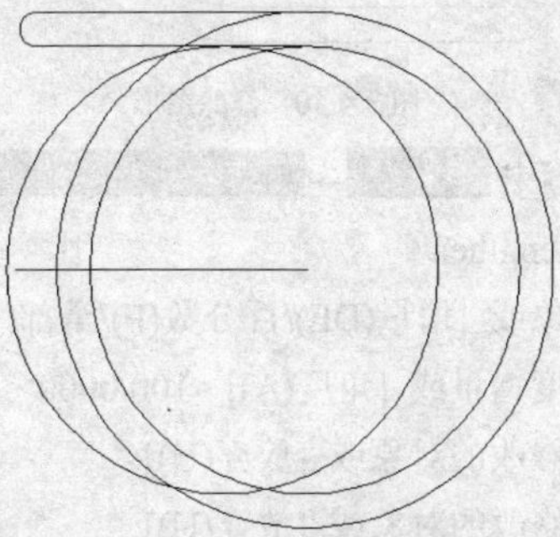

图 3.4.7 绘制圆弧

（7）继续执行绘制圆弧命令，命令行提示如下：

命令: _arc

指定圆弧的起点或 [圆心(C)]: //捕捉步骤（5）绘制的切线的左端点

指定圆弧的第二个点或 [圆心(C)/端点(E)]: e //选择“端点（E）”命令选项
指定圆弧的端点: //捕捉步骤（2）绘制的直线的左端点
指定圆弧的圆心或 [角度(A)/方向(D)/半径(R)]: r //选择“半径（R）”命令选项
指定圆弧的半径: 1925 //输入圆弧的半径
绘制的圆弧如图 3.4.8 所示。

（8）单击“修改”工具栏中的“镜像”按钮，以步骤（2）绘制的直线为镜像线，对步骤（4）到步骤（7）绘制的直线和圆弧进行镜像操作，效果如图 3.4.9 所示。

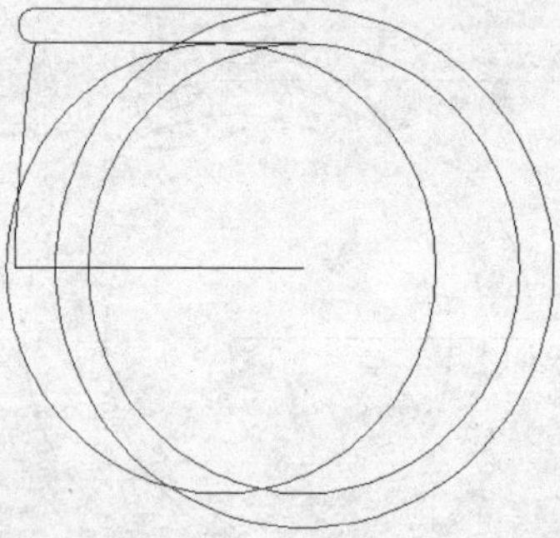

图 3.4.8 绘制圆弧

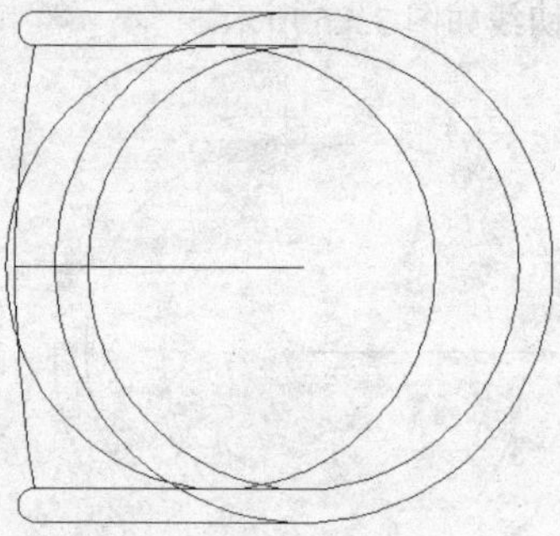

图 3.4.9 镜像图形

（9）单击“修改”工具栏中的“修剪”按钮，对绘制的图形进行修剪操作，修剪后的效果如图 3.4.10 所示。

（10）单击“修改”工具栏中的“旋转”按钮，将修剪后的图形旋转 45°，效果如图 3.4.11 所示。

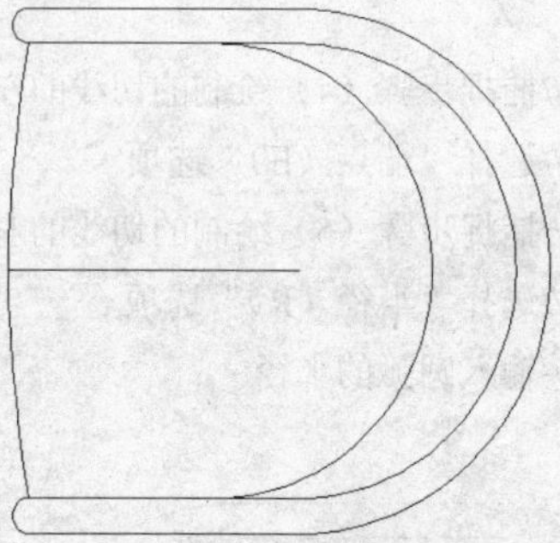

图 3.4.10 修剪图形

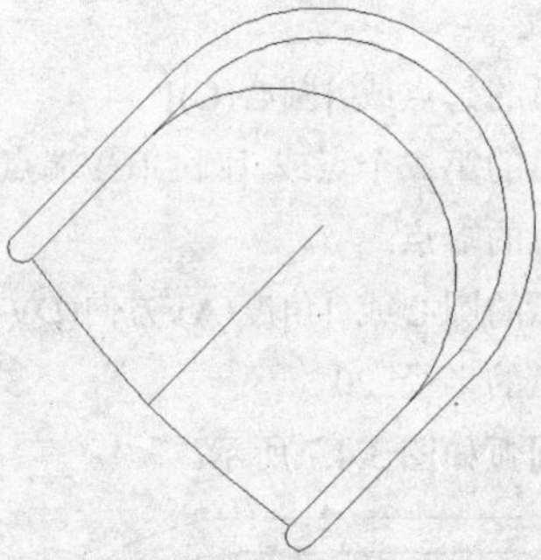

图 3.4.11 旋转图形

（11）选择 修改(M) → 拉长(G) 命令，命令行提示如下：

命令: _lengthen
选择对象或 [增量(DE)/百分数(P)/全部(T)/动态(DY)]: de //选择“增量（DE）”命令选项
输入长度增量或 [角度(A)] <100.0000>: 455 //输入长度
选择要修改的对象或 [放弃(U)]: //选择旋转后图形中的直线
选择要修改的对象或 [放弃(U)]: //按回车键结束命令
拉长后的直线如图 3.4.12 所示。

（12）执行绘制圆命令，以拉长后直线的端点为圆心，绘制一个半径为 350 的圆，效果如图 3.4.13 所示。

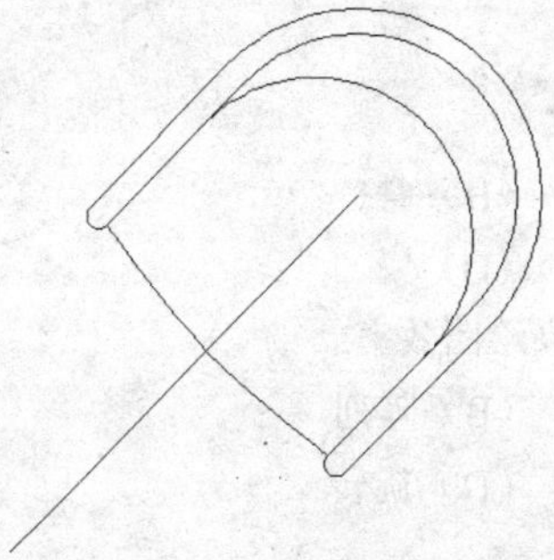

图 3.4.12　拉长直线

图 3.4.13　绘制圆

（13）单击“修改”工具栏中的“阵列”按钮，在弹出的“阵列”对话框中选中“环形阵列(P)”单选按钮，设置各项参数如图 3.4.14 所示，对绘制的图形进行环形阵列，效果如图 3.4.15 所示。

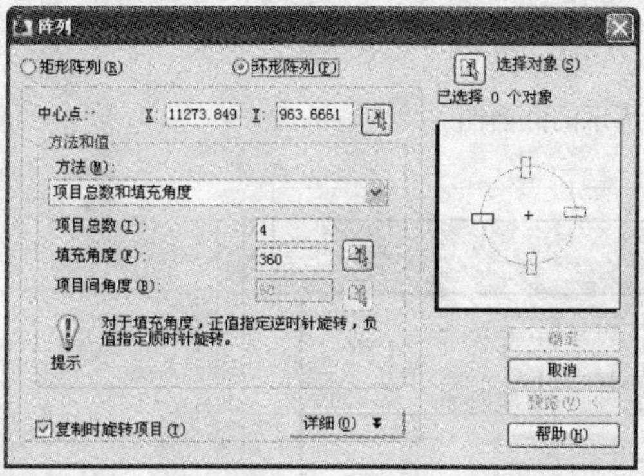

图 3.4.14　“阵列”对话框

图 3.4.15　环形阵列

（14）单击“修改”工具栏中的“删除”按钮，删除拉长后的直线，最终效果如图 3.4.1 所示。

本 章 小 结

本章主要介绍了 AutoCAD 2009 中二维图形的编辑方法，主要包括选择对象、基本编辑命令、夹点和特性编辑等。通过本章的学习，用户应熟练掌握编辑二维图形的方法。

操 作 练 习

一、填空题

1．在 AutoCAD 中，选择对象的方式很多，可以通过________；可以使用________；可以________；还可以通过________。

2．如果镜像的对象不是图形，而是文字，那么在执行镜像命令时需要注意系统变量________的设置。

3．偏移命令只适用于________，不能用于偏移点、图块、属性和文本对象。

4．使用夹点可以对图形对象进行________编辑。

二、选择题

1．以下按钮中，（　）是偏移命令。

（A）　　（B）

（C）　　（D）

2．在绘制轴对称图形时，使用（　）命令可以提高绘图效率。

（A）复制　　（B）阵列

（C）镜像　　（D）旋转

三、简答题

1．简述 AutoCAD 中选择对象的方法。

2．简述复制、镜像和阵列命令的异同点。

3．夹点编辑可以替代哪些编辑命令？

四、上机操作题

利用绘制与编辑图形命令绘制如题图 3.1 所示的立面图。

题图　3.1

第 4 章　图层与图案填充

图层是用来组织和管理图形最有效的工具之一，在 AutoCAD 中，任何图形对象都具有图层属性，掌握好图层的使用方法可以极大地提高绘图效率。对闭合的区域进行图案填充，可以提高绘制图形的效果，将图形中一些特殊的区域与其他区域进行明显的区分。

知识要点

- 图层
- 图案填充

4.1　图　　层

图层就好比多个相同大小的图纸，每张图纸上都有不同的图形对象，如果把这些图纸整齐地叠放起来，就形成了一幅完整的图形。

在 AutoCAD 2009 中，用户可以在 图层特性管理器 对话框中创建、设置、管理和删除图层，通过以下 3 种方法可以打开 图层特性管理器 对话框。

（1）单击“图层”工具栏中的“图层特性管理器”按钮。

（2）选择 格式(O) → 图层(L)... 命令。

（3）在命令行中输入命令 layer。

执行该命令后，弹出 图层特性管理器 对话框，如图 4.1.1 所示，用户可以在该对话框中对图层进行各种操作。

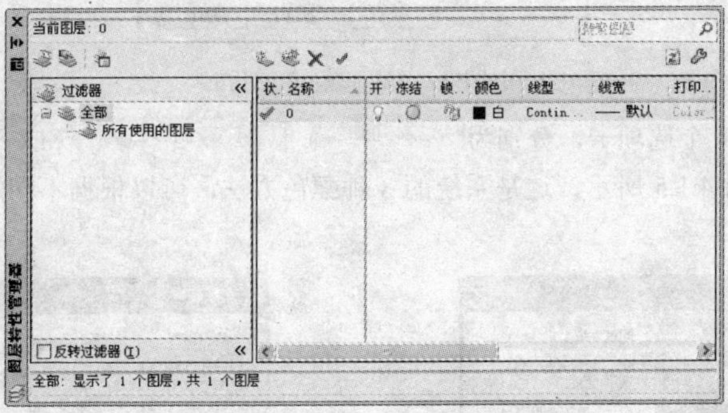

图 4.1.1　“图层特性管理器”对话框

4.1.1　创建新图层

打开 图层特性管理器 对话框后，系统会自动创建一个“0”层，该图层不能被删除和重命名，但可以设置该图层的颜色、线型、线宽等属性。单击“新建图层”按钮，创建一个名为“图层 1”的图层，用户可以设置该图层的所有属性。继续单击“新建图层”按钮，依次创建名为“图层 2”“图层 3”……

“图层 n”的新图层，用户可以设置这些图层的所有属性，如图 4.1.2 所示。

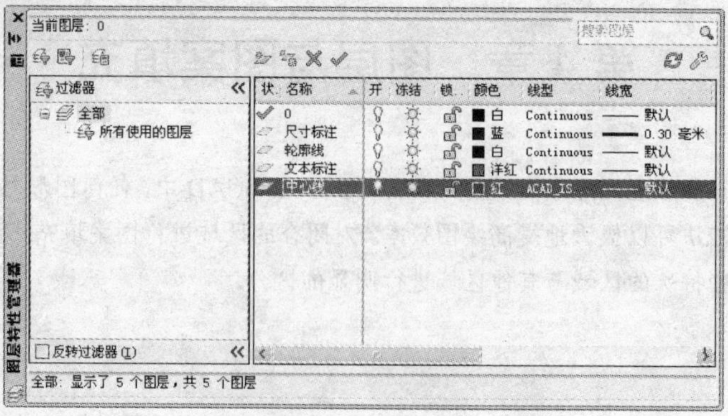

图 4.1.2 设置图层属性

4.1.2 设置图层颜色

为不同的图层设置不同的颜色，可以很方便地区分不同的图层。单击 图层特性管理器 对话框中 颜色 列表下的小方块，弹出 选择颜色 对话框，如图 4.1.3 所示。

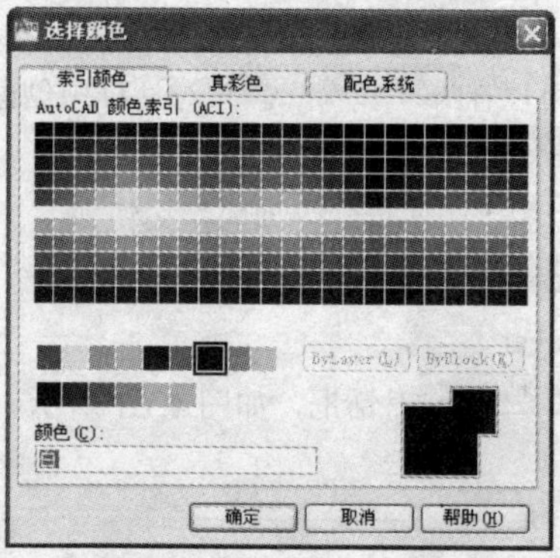

图 4.1.3 “选择颜色”对话框

该对话框中共有 3 个选项卡，分别为 索引颜色 、 真彩色 和 配色系统 选项卡，如图 4.1.3、图 4.1.4 和图 4.1.5 所示，这是系统的 3 种配色方法，可以根据不同的需要使用不同的配色方案。

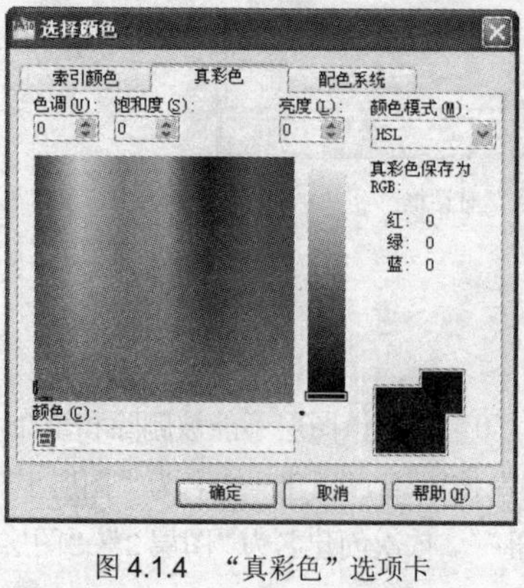

图 4.1.4 “真彩色”选项卡

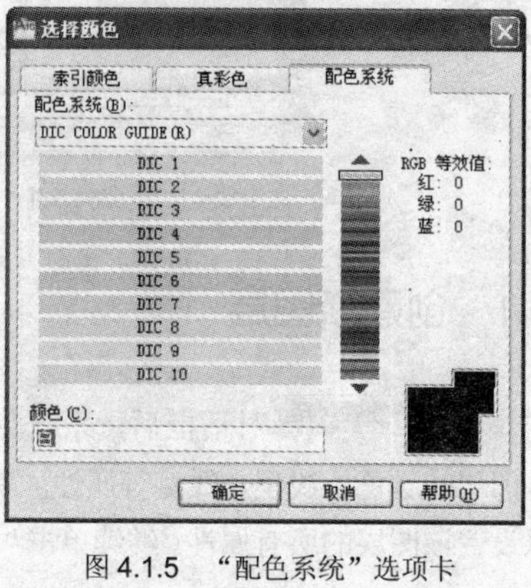

图 4.1.5 “配色系统”选项卡

4.1.3　设置图层线型

为不同的图层设置不同的线型，有利于区分图形中的各种对象。单击 图层特性管理器 对话框中 线型 列表中的线型名称，弹出 选择线型 对话框，如图 4.1.6 所示，在该对话框中选择需要的线型；如果 选择线型 对话框中没有需要的线型，可以单击 加载(L)... 按钮，在弹出的 加载或重载线型 对话框中选择合适的线型，如图 4.1.7 所示。

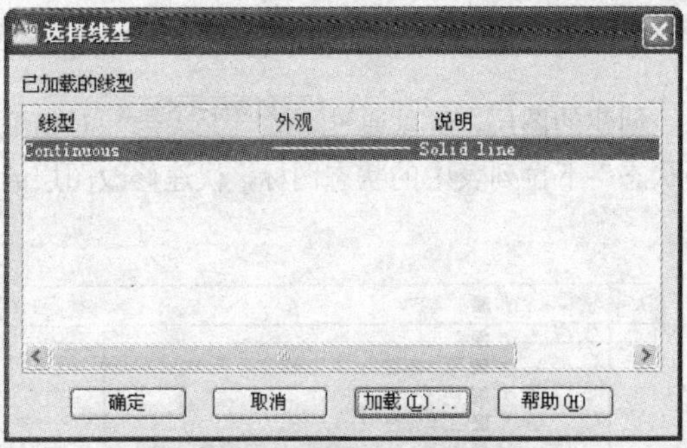

图 4.1.6　“选择线型”对话框

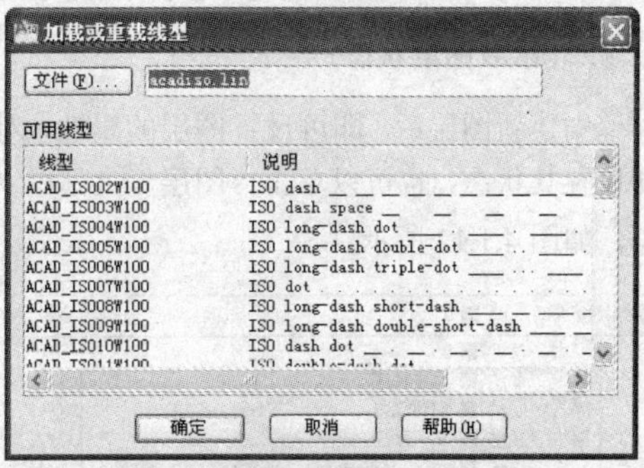

图 4.1.7　“加载或重载线型”对话框

4.1.4　设置图层线宽

不同的线宽在工程图中有着不同的意义。单击 图层特性管理器 对话框 线宽 列表中的 默认 图标，弹出 线宽 对话框，如图 4.1.8 所示。通过该对话框，用户可以设置线宽。另外，还可以通过选择 格式(O) → 线宽(W)... 命令，在弹出的 线宽设置 对话框中设置线宽的显示和显示比例，如图 4.1.9 所示。

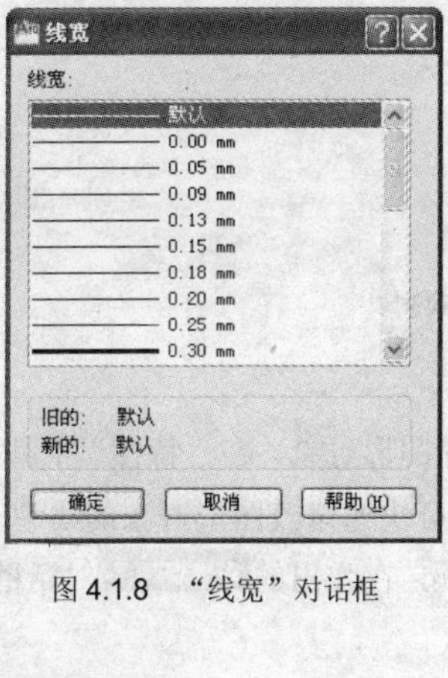

图 4.1.8　“线宽”对话框

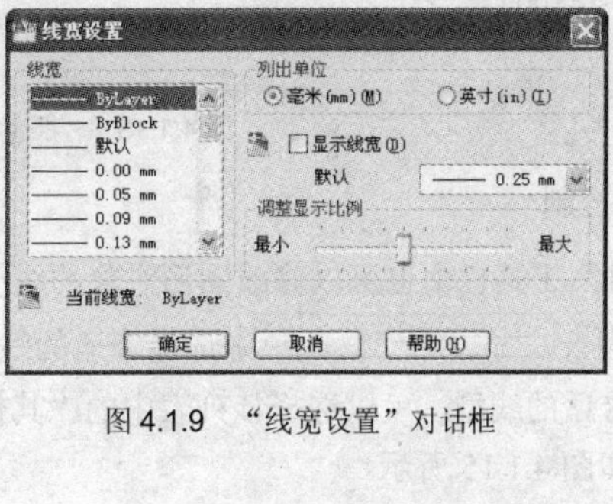

图 4.1.9　“线宽设置”对话框

4.1.5　管理图层

在 图层特性管理器 对话框中列出了当前图形中图层的所有属性，用户可以通过该对话框对这些属性进行重新设置，如“开”“冻结”“锁定”等，从而有效地管理图层。

另外，通过“图层”和“特性”工具栏也可以对图层进行管理，而且比用 图层特性管理器 对话框方便很多，如图 4.1.10 所示。

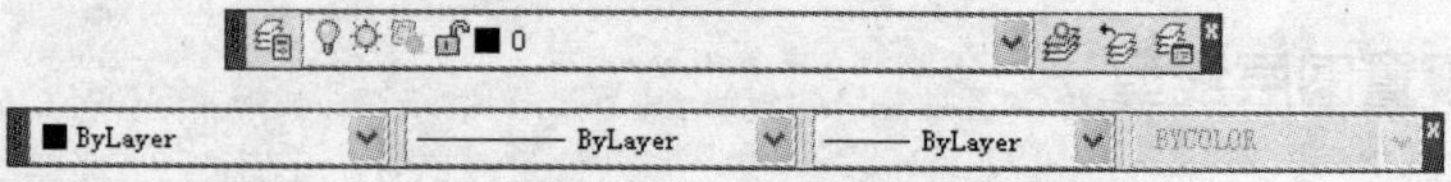

图 4.1.10 “图层”和“特性”工具栏

1．切换当前层

单击“图层”工具栏“图层状态”下拉列表框右边的按钮，在弹出的下拉列表中选择需要切换到当前层的图层名称，即可快速地将某个图层设置为当前图层，如图 4.1.11 所示。

2．修改图层状态

创建新图层后，即可设置图层的属性，对于已经创建的图层，可以通过图层特性管理器对话框重新设置其状态，也可以单击“图层”工具栏“图层状态”下拉列表中的状态图标，快速修改图层的状态，如图 4.1.12 所示。

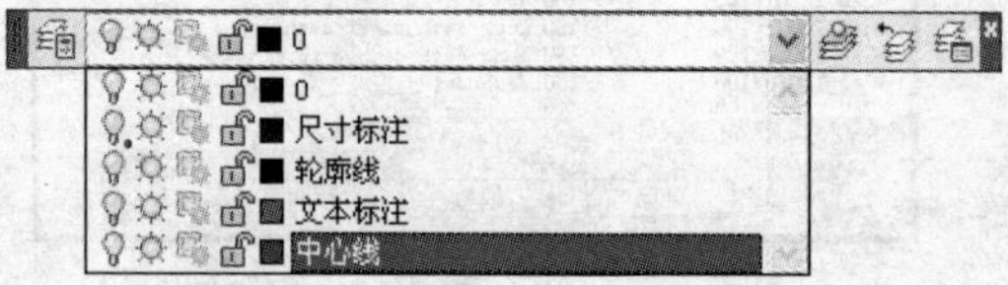

图 4.1.11 “图层状态”下拉列表

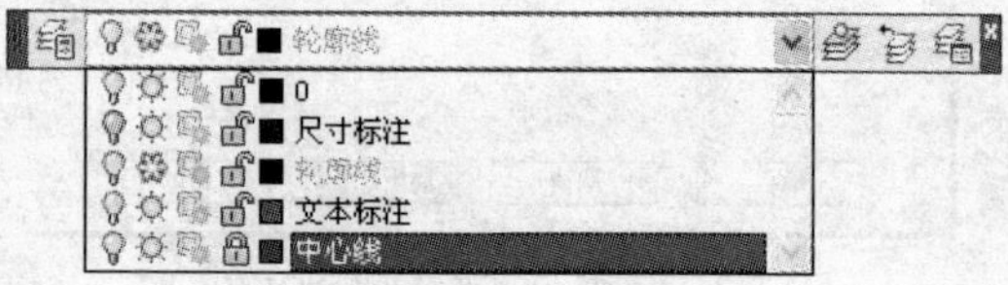

图 4.1.12 修改图层状态

3．颜色控制

选择图形对象后，在“特性”工具栏的“颜色控制”下拉列表 ByLayer 中选择要更换的颜色，即可快速修改图形对象的颜色，如图 4.1.13 所示。

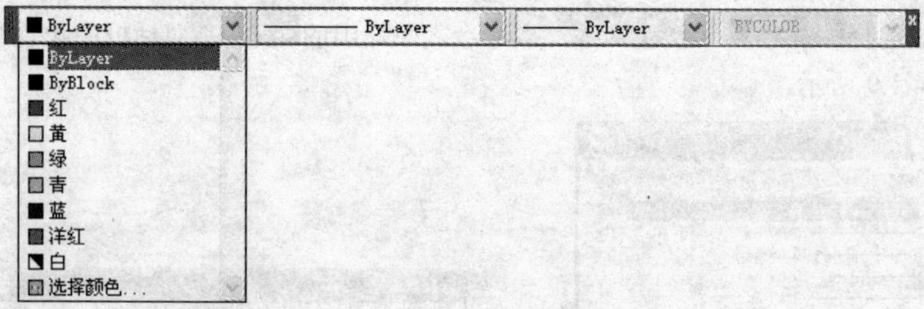

图 4.1.13 “颜色控制”下拉列表

4．线型控制

在“特性”工具栏中也可以修改图形对象的线型。选择图形对象，在“特性”工具栏中的“线型控制”下拉列表 ByLayer 中选择合适的线型，即可快速修改图形对象的线型。如果该下拉列表中没有合适的线型，可以选择该列表中的“其他”选项，在弹出的线型管理器对话框中进行加载，如图 4.1.14 和图 4.1.15 所示。

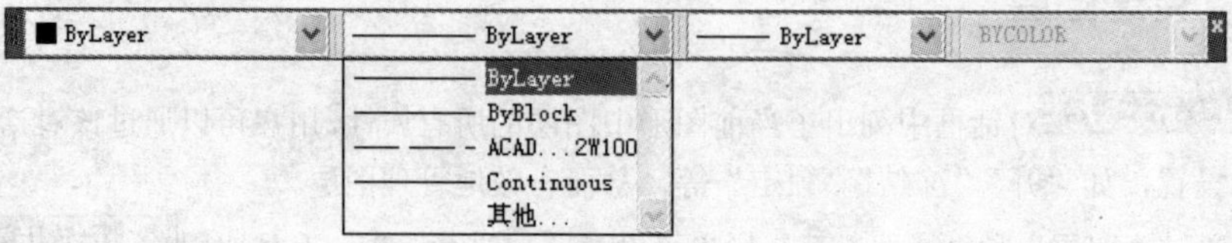

图 4.1.14 “线型控制”下拉列表

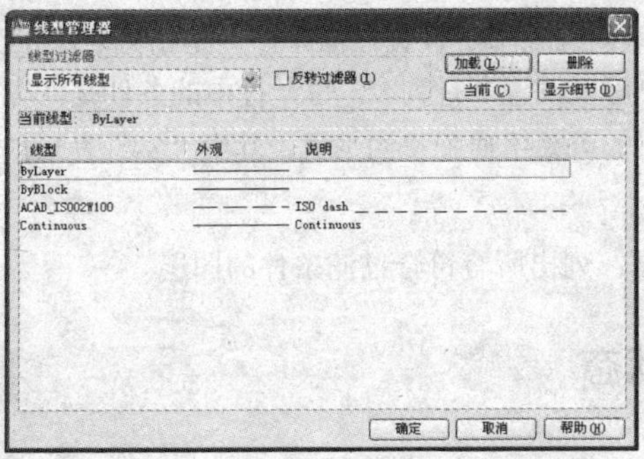

图 4.1.15　“线型管理器”对话框

5. 线宽控制

通过“特性”工具栏也可以修改图形对象的线宽。选择图形对象后，在“特性”工具栏中的“线宽控制”下拉列表 ByLayer 中选择合适的线宽即可，如图 4.1.16 所示。只有打开线宽显示后，才能看到设置的线宽效果。

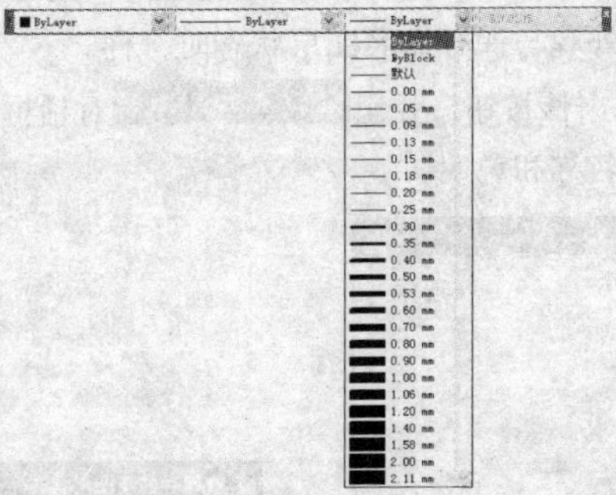

图 4.1.16　“线宽控制”下拉列表

4.1.6　过滤图层

当图形中含有大量图层时，可以使用 AutoCAD 2009 改进的图层过滤功能方便用户操作图层。单击 图层特性管理器 对话框中的“新特性过滤器”按钮，弹出 图层特性管理器 对话框，如图 4.1.17 所示。使用该对话框，用户可以根据图层特性创建图层过滤器。

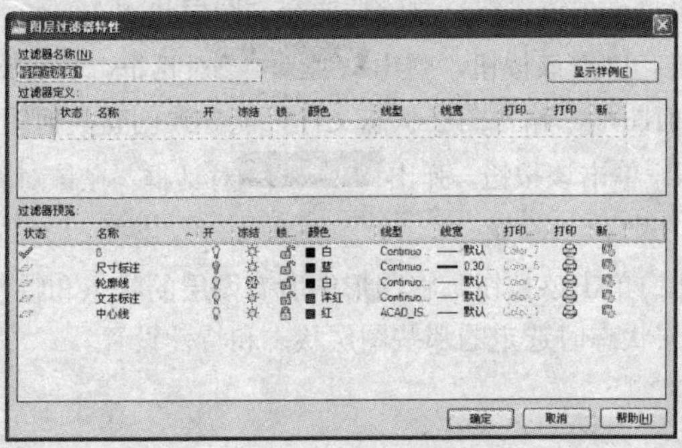

图 4.1.17　“图层过滤器特性”对话框

该对话框中各选项功能介绍如下：

（1）过滤器名称(N): 文本框：输入过滤器的名称。

（2）过滤器定义: 列表：该列表用于设置过滤条件。单击列表中的文本框，可以在下拉列表或对话框中设置过滤条件。用户可以设置多行列表，每一行中的条件是“与”的关系，行与行之间是“或”的关系。当指定图层名称时，可采用通配符的形式，其中“？”表示任意一个字符，“*”表示任意多个字符。

（3）过滤器预览: 列表框：列出所有符合过滤条件的图层。

4.1.7 管理图层状态

单击 图层特性管理器 对话框中的“图层状态管理器”按钮，弹出 图层状态管理器 对话框，如图 4.1.18 所示。

该对话框中各选项功能介绍如下：

（1）图层状态(E) 列表框：列出保存在图形中的命名图层状态、保存它们的空间及可选说明。

（2）恢复选项 选项组：指定恢复选定命名图层状态时所要恢复的图层状态设置和图层特性。

（3）☑不列出外部参照中的图层状态(F) 复选框：选中此复选框，则在恢复命名图层状态时，关闭未保存设置的新图层，以便图形的外观与保存命名图层状态时一样。

（4）新建(N)... 按钮：单击该按钮，弹出 要保存的新图层状态 对话框，如图 4.1.19 所示，在该对话框中可以输入新命名图层状态的名称和说明。

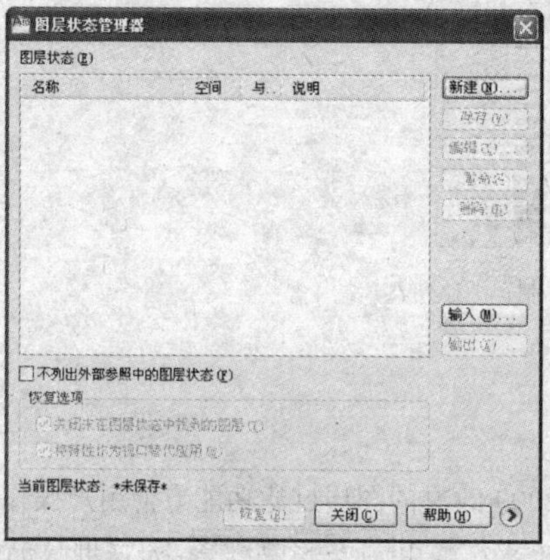

图 4.1.18 “图层状态管理器”对话框

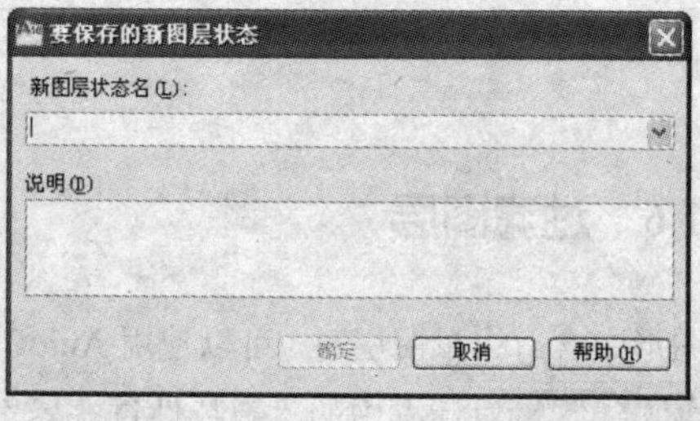

图 4.1.19 “要保存的新图层状态”对话框

（5）删除(D) 按钮：单击该按钮，删除选定命名图层状态。

（6）输入(M)... 按钮：单击该按钮，弹出 输入图层状态 对话框，在该对话框中可以将上一次输出的图层状态文件加载到当前图形。输入图层状态文件可能导致创建其他图层。

（7）输出(X)... 按钮：单击该按钮，弹出 输出图层状态 对话框，在该对话框中可以将选定的命名图层状态保存到图层状态文件中。

（8）恢复(R) 按钮：单击该按钮，将图形中所有图层的状态和特性设置恢复为先前保存的设置。仅恢复保存该命名图层状态时选定的那些图层状态和特性设置。

4.1.8 转换图层

使用图层转换器可以修改图形的图层，使其与用户设置的图层标准相匹配。选择 工具(T) → CAD 标准(S) → 图层转换器(L)... 命令，弹出 图层转换器 对话框，如图 4.1.20 所示。

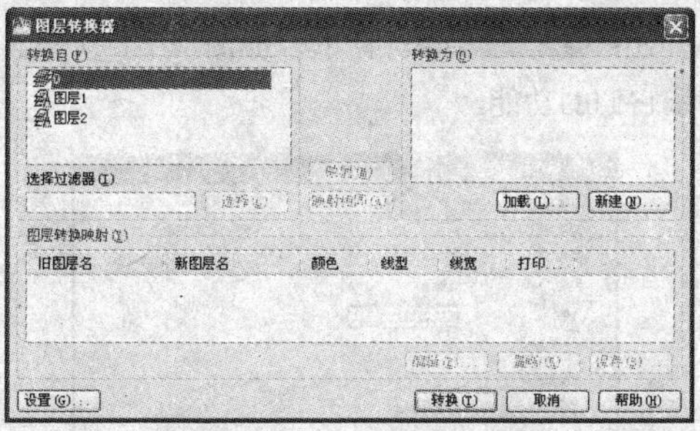

图 4.1.20　“图层转换器”对话框

该对话框中各选项功能介绍如下：

（1）转换自(F)列表框：显示了当前图形中即将被转换的图层结构，用户可以在列表框中选择，也可以通过选择过滤器来选择。

（2）转换为(O)列表框：显示将当前图层转换成其他图层的名称。单击加载(L)...按钮，弹出选择图形文件对话框，在该对话框中可以选择作为图层标准的图形文件，并将该图层结构显示在转换为(O)列表框中；单击新建(N)...按钮，弹出新图层对话框，如图 4.1.21 所示。在该对话框中可创建新的图层作为转换匹配图层，新建的图层也会显示在转换为(O)列表框中。

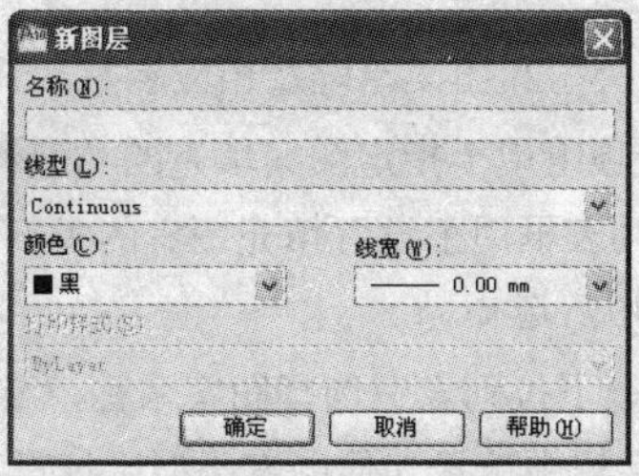

图 4.1.21　“新图层”对话框

（3）映射(M)按钮：单击该按钮，可以将在转换自(F)列表框中选中的图层映射到转换为(O)列表框中，并且当图层被映射后，它将从转换自(F)列表框中被删除。

（4）转换(T)按钮：单击该按钮，开始转换图层，并关闭图层转换器对话框。

4.2　图 案 填 充

图案填充是指用图案填充图形中的某些特殊区域，以显示该区域不同于其他区域的特征。在 AutoCAD 中，图案填充的应用非常广泛，如机械图中的剖视图，建筑图中的地板、断层等，不同的图案可以表达不同的材料或属性。

4.2.1　填充图案

在 AutoCAD 2009 中，图案填充命令的执行方法有以下 3 种：

（1）单击“绘图”工具栏中的“图案填充”按钮或“渐变色”按钮。

（2）选择绘图(D)→图案填充(H)...命令。

（3）在命令行中输入命令 bhatch。

执行图案填充命令后，弹出“图案填充和渐变色”对话框，如图 4.2.1 所示。该对话框中包括两个选项卡和一个选项区，下面分别介绍它们的功能。

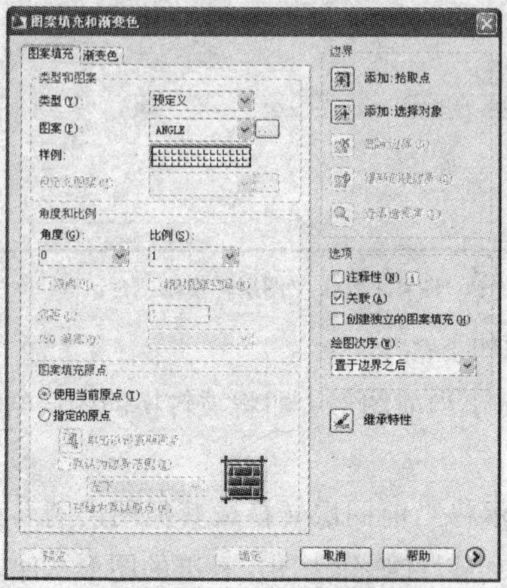

图 4.2.1 “图案填充和渐变色”对话框

1.“图案填充”选项卡

该选项卡用于设置图案填充的类型和图案，以及相应参数。其中各选项功能介绍如下：

（1）类型和图案选项组：该选项组用于指定图案填充的类型和图案。

1）类型(Y):下拉列表框：该列表框用于设置填充图案的类型。AutoCAD 提供了“预定义”“用户定义”和“自定义”3 种类型供用户选择。

2）图案(P):下拉列表框：在该下拉列表中选择图案名称，或单击该下拉列表框右边的“预览”按钮，在弹出的“填充图案选项板”对话框中选择其他图案类型进行设置，如图 4.2.2 所示。

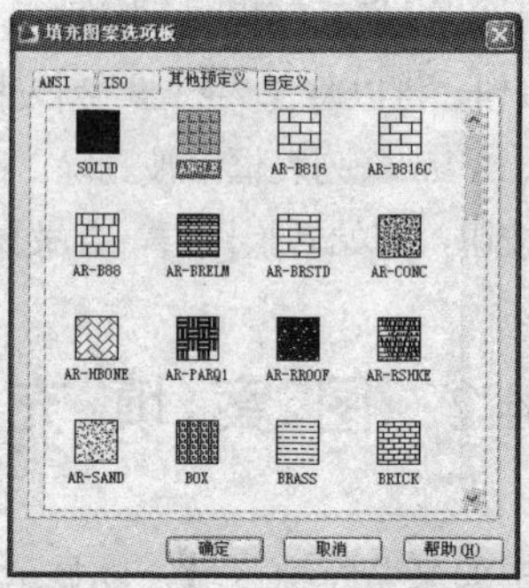

图 4.2.2 “填充图案选项板”对话框

3）样例:列表框：该列表框用于显示选定的图案，单击该列表框中的图案也可以弹出“填充图案选项板”对话框，并可以选择其他图案进行设置。

4）自定义图案(M):下拉列表框：该列表框用于将填充的图案设置为用户自定义的图案，其用法与图案(P):下拉列表框相同。该选项只有在类型(Y):下拉列表中选择“自定义”选项后才可用。

（2）角度和比例选项组：该选项组用于指定选定填充图案的角度和比例。

1）角度(G):下拉列表框：设置图案的填充角度，可以直接在文本框中输入角度或在下拉列表中选择。

2）比例(S):下拉列表框：设置图案的填充比例，可以直接在文本框中输入角度或在下拉列表中选择。

3）☑双向(U) 复选框：选中该复选框，将对用户定义的图案绘制第二组直线，这些直线与原来的直线成 90° 角，从而构成交叉线。该选项只有在“图案填充”选项卡中将“类型”设置为“用户定义”时才可用。

4）☑相对图纸空间(E) 复选框：选中该复选框，将相对于图纸空间单位缩放填充图案，并以适合布局的比例显示填充的图案。该选项仅适用于布局空间。

5）间距(C): 文本框：设置图案填充中的直线间距。该选项只有在选择“用户定义”类型时才有效。

6）ISO 笔宽(O): 下拉列表框：该列表框用于设置 ISO 预定义图案的笔宽缩放。该选项只有在填充图案选项板对话框中选择 ISO 选项卡中的图案时才有效。

2．“渐变色”选项卡

该选项卡用于定义要应用的渐变填充的外观。在图案填充和渐变色对话框中打开“渐变色”选项卡，如图 4.2.3 所示。

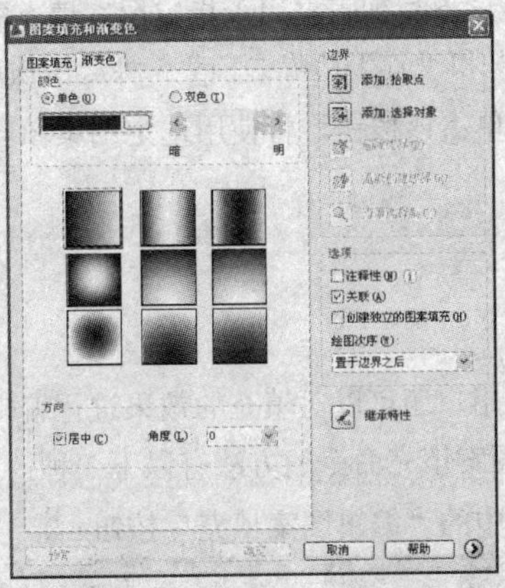

图 4.2.3 “渐变色”选项卡

该选项卡中各选项功能介绍如下：

（1）颜色 选项组：该选项组用于设置渐变填充的颜色。

1）◉单色(O) 单选按钮：选中该单选按钮，指定使用从较深着色到较浅色调平滑过渡的单色填充。选择“单色”选项时，图案填充将显示带有浏览按钮和“着色”与“渐浅”滑块的颜色样本。

2）◉双色(T) 单选按钮：选中该单选按钮，指定在两种颜色之间平滑过渡的双色渐变填充。选择“双色”选项时，图案填充将分别为颜色 1 和颜色 2 显示带有浏览按钮的颜色样本。

（2）方向 选项组：该选项组用于指定渐变色的角度以及其是否对称。

1）☑居中(C) 复选框：选中该复选框，指定对称的渐变配置。如果没有选中此复选框，渐变填充将朝左上方变化，创建光源在对象左边的图案。

2）角度(L): 下拉列表：该下拉列表用于指定渐变填充的角度。此选项与指定给图案填充的角度互不影响。

3．其他选项

在图案填充和渐变色对话框右边有一个选项区，该选项区中包括了多个选项，其中各选项功能介绍如下：

（1）边界 选项组：该选项组用于定义图案填充的边界。

1）“添加：拾取点”按钮：单击该按钮，系统临时关闭对话框，命令行提示用户拾取内部点，然后围绕指定点构成封闭区域的现有对象确定边界。

2)“添加：选择对象”按钮：单击该按钮，系统临时关闭对话框，命令行提示用户选择对象，然后根据构成封闭区域的对象确定边界。

3)“删除边界”按钮：单击该按钮，从边界定义中删除以前添加的任何对象。

4)“重新创建边界”按钮：单击该按钮，围绕选定的图案填充对象创建多段线或面域，并使其与图案填充对象相关联。

5)“查看选择集”按钮：单击该按钮，暂时关闭对话框，并使用当前的图案填充或填充设置显示当前定义的边界。如果未定义边界，则此选项不可用。

(2) 选项 选项组：该选项组用于控制几个常用的图案填充选项。

1) ☑关联(A) 复选框：选中此复选框，将创建与边界相关联的图案填充。

2) ☑创建独立的图案填充(H) 复选框：选中此复选框，当选中几个独立的封闭边界时，将创建单个图案填充对象。

3) 绘图次序(W): 下拉列表框：该下拉列表框用于指定图案填充的绘图次序。系统提供了“不指定”“后置”“前置”“置于边界之后”和“置于边界之前”5 种绘图次序。

(3)“继承特性”按钮：单击该按钮，将使用选定图案填充对象的图案填充特性对指定的边界进行图案填充。

4.2.2 编辑图案填充

对封闭区域进行图案填充后，用户还可以对填充的效果进行编辑，可编辑的内容包括填充的图案、填充角度和填充比例。执行编辑图案填充命令的方法有以下 3 种：

(1) 单击“修改Ⅱ”工具栏中的“编辑图案填充”按钮。

(2) 选择 修改(M) → 对象(O) → 图案填充(H)... 命令。

(3) 在命令行中输入命令 hatchedit。

执行该命令后，命令行提示如下：

选择关联填充对象: //选择填充的图案

选中要编辑的填充图案后，弹出 图案填充编辑 对话框，如图 4.2.4 所示，该对话框中的选项与 图案填充和渐变色 对话框中的选项相同，只是在右边的选项区中有很多选项不能用，用户可以在该对话框中对图案填充的效果进行修改。

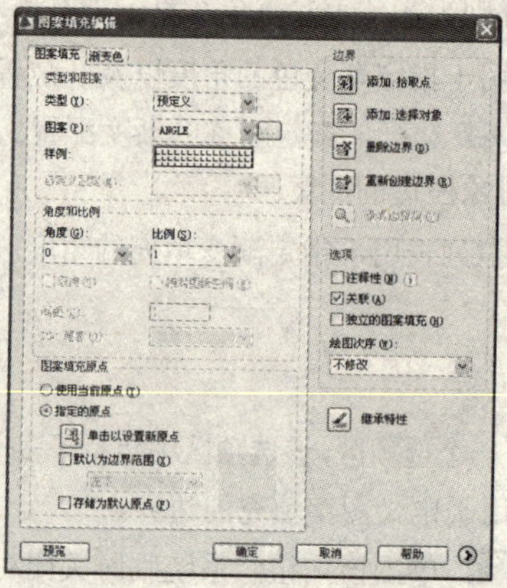

图 4.2.4 “图案填充编辑”对话框

4.2.3 控制图案填充的可见性

图案填充的可见性是可以控制的，在 AutoCAD 2009 中，用户可以通过以下 3 种方法来控制图案填充的可见性。

（1）利用命令 FILL 控制图案填充的可见性。在命令行中输入命令 FILL 后按回车键，命令行提示如下：

输入模式 [开(ON)/关(OFF)] <开>: //选择可见性模式

系统默认的模式为“开”，如果用户需要关闭图案填充的可见性，可以在命令行中输入命令 ON 后按回车键关闭图案填充的可见性。

（2）利用命令 FILLMODE 控制图案填充的可见性。在命令行中输入命令 FILLMODE 后按回车键，命令行提示如下：

输入 FILLMODE 的新值 <1>: //输入系统变量的新值

系统默认 FILLMODE 的值为 1，表示显示图案填充的可见性，如果用户需要关闭图案填充的可见性，可以在命令行的提示下设置 FILLMODE 的值为 0，关闭图案填充的可见性。

（3）利用图层控制图案填充的可见性。在 AutoCAD 中，所有的图形对象都具有图层属性，在进行图案填充前，为填充的图案创建独立的图层，这样通过关闭、冻结或锁定图层即可控制图案填充的可见性。

4.3 上机实战——填充沙发平面图

本节主要介绍为沙发平面图填充图案的方法，效果如图 4.3.1 所示。

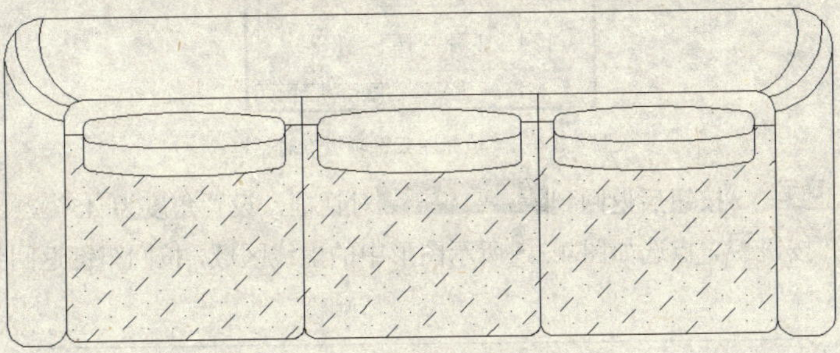

图 4.3.1 沙发平面图

操作步骤

（1）使用各种绘图命令和编辑命令绘制如图 4.3.2 所示图形。

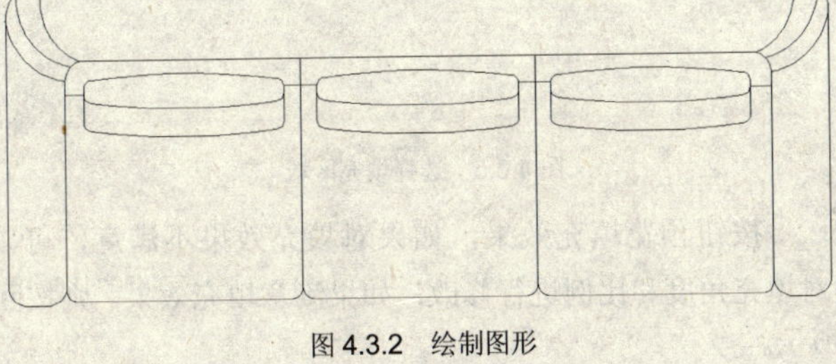

图 4.3.2 绘制图形

（2）单击“绘图”工具栏中的“图案填充”按钮，在弹出的图案填充和渐变色对话框中打开“图案填充”选项卡，如图 4.3.3 所示。

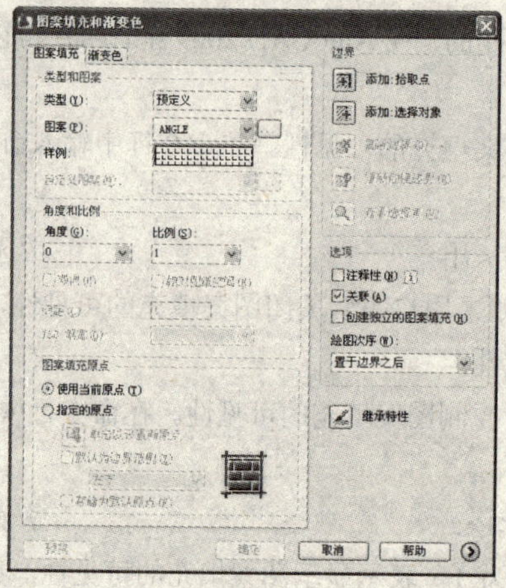

图 4.3.3 “图案填充和渐变色”对话框

（3）单击该选项卡中“样例”右边的图标，打开填充图案选项板对话框，在该对话框中的其他预定义选项卡中选择“MUDST”图案，如图 4.3.4 所示。

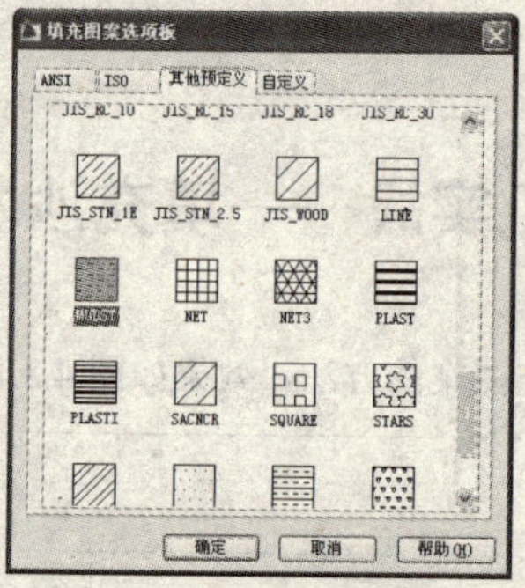

图 4.3.4 “填充图案选项板”对话框

（4）单击确定按钮后返回到图案填充和渐变色对话框，设置角度为 45°，比例为 7，然后单击“添加：拾取点”按钮，点选如图 4.3.5 所示图形中的虚线区域，按回车键返回到图案填充和渐变色对话框。

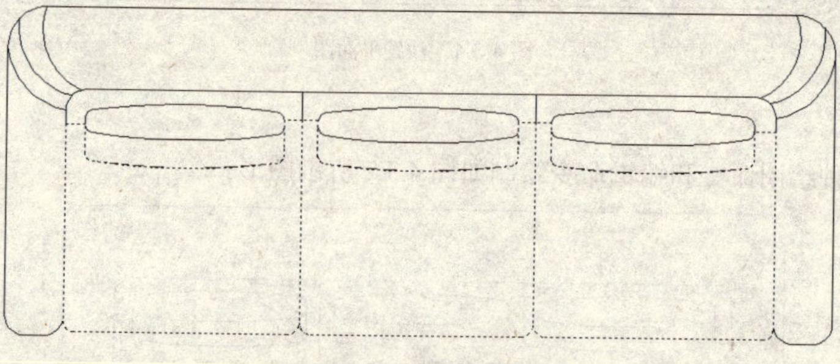

图 4.3.5 选择填充区域

（5）单击预览按钮预览填充效果，如果对填充效果不满意，可以按“Esc”键返回到图案填充和渐变色对话框中对填充角度和比例进行修改；如果满意填充效果，则按回车键结束命令。最后填充的效果如图 4.3.1 所示。

本章小结

本章主要介绍了 AutoCAD 2009 中图层和图案填充的使用方法，主要包括创建图层、设置图层属性、组织与管理图层、填充和编辑图案的方法。通过本章的学习，用户可熟练掌握图层和图案填充的使用方法。

操作练习

一、填空题

1．在 AutoCAD 中，用户可以通过________、________和________3 种配色方案设置图层的颜色。

2．在图层特性管理器对话框中选中一个图层后，单击________按钮可以将选中的图层设置为当前图层。

3．创建图案填充时可以对填充的效果进行预览，如果不满意填充效果，可以按________键返回进行修改。

二、选择题

1．（　）不是图层的属性。

（A）名称　　　　（B）线型

（C）颜色　　　　（D）线宽

2．在 AutoCAD 2009 中可以使用（　）对图案填充。

（A）图案填充　　　　（B）单色填充

（C）渐变色填充　　　　（D）双色填充

三、简答题

1．简述如何创建并设置图层属性。

2．图案填充和渐变色填充有何异同？

四、上机操作题

绘制如题图 4.1 所示的图形，为不同的图形对象创建图层并填充图案。

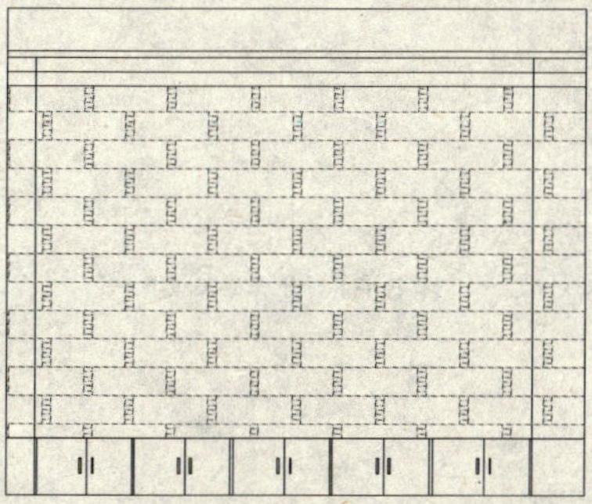

题图　4.1

第 5 章　辅助绘图工具与设计中心

AutoCAD 2009 具有多种辅助绘图工具，例如图层、坐标系、图形显示等，熟练运用这些辅助绘图工具，能提高绘制复杂图形的效率和准确性。对于图形数量庞大、类型复杂的工程来说，AutoCAD 设计中心是一个很好的管理图形资源的助手。

知识要点

- 坐标系统
- 绘图设置
- 动态输入的使用
- AutoCAD 设计中心

5.1 坐 标 系 统

当精确绘制图形时，经常要用到坐标系作为参照。在 AutoCAD 2009 中，系统提供了世界坐标系（WCS）和用户坐标系（UCS），在绘制图形时，用户可以使用这两种坐标系绘制精度非常高的图形。

5.1.1　世界坐标系

在 AutoCAD 2009 中，系统默认世界坐标系为当前坐标系，其位于绘图窗口的左下角。它由 3 个相互垂直的坐标轴（X 轴、Y 轴和 Z 轴，在二维图形中，Z 轴隐藏没有显示）组成，在绘图过程中所有的位移都是相对于该坐标系的原点计算的，如图 5.1.1 所示为二维空间中的世界坐标系。

图 5.1.1　世界坐标系

5.1.2　用户坐标系

为了能够更加方便地绘制图形，用户经常需要改变坐标系的原点和方向，这时的坐标系就变成了用户坐标系。用户坐标系的原点及坐标轴都是可以移动和旋转的，用户可以根据绘图的需要，选择工具(T) → 新建 UCS(W) 菜单的子命令移动或创建用户坐标系。如图 5.1.2 所示为创建的用户坐标系。

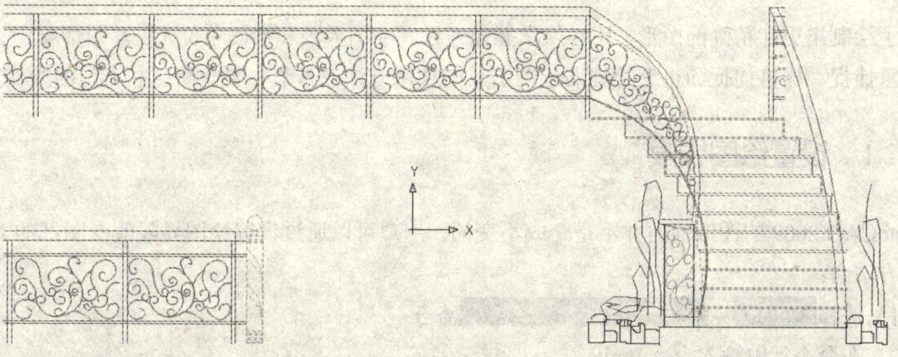

图 5.1.2 用户坐标系

5.1.3 坐标输入方法

在 AutoCAD 中，用户可以通过鼠标指定点的位置，也可以通过键盘输入点的坐标。当精确定位点的坐标时，一般都是通过键盘输入，最基本的两种坐标输入方式是绝对坐标输入和相对坐标输入。

1. 绝对坐标输入

绝对坐标是指输入点的坐标是相对于当前坐标系原点的坐标，分为直角坐标和极坐标。

（1）直角坐标：以坐标系原点为基点，坐标系内所有的点都可以表示为（X，Y，Z）的形式，其中 X，Y，Z 表示该点的坐标值，如 A（10，10，0）。

（2）极坐标：以坐标系原点为极点，X 轴正方向为极轴，坐标系内所有的点都可以表示为（d<α）的形式，其中 d 表示极轴的长度，α 表示极轴角，如 100<30°。

2. 相对坐标输入

相对坐标是指以最近一次输入的坐标点为基点来指定当前点的坐标值。相对坐标也有直角坐标和极坐标两种形式，输入方法是在绝对坐标值前加上符号@，如（@10，10，0）。

5.1.4 控制坐标显示

在状态栏最左边有一组数值，该组数值表示的是当前指针在绘图窗口中的坐标值，从左到右分别为 X 轴坐标值、Y 轴坐标值和 Z 轴坐标值。在 AutoCAD 2009 中，该坐标值的显示取决于所选择的模式和程序中运行的命令。默认情况下，该模式处于“开”状态，当光标在绘图窗口中移动时，状态栏中的坐标值也会随光标的移动而动态改变，用鼠标单击状态栏中坐标值显示的区域，即可改变坐标显示模式；当该模式处于“关”状态时，该坐标值不会随光标的移动而动态变化，只有在指针确定一点后才发生变化。另外，当指针处于拾取点状态时，系统将显示光标所在位置相对于上一个点的距离和角度，此时的状态为相对极坐标状态。这 3 种状态下的显示方式如图 5.1.3 所示。

开 关 相对极坐标

图 5.1.3 坐标显示方式

5.2 绘 图 设 置

为了绘制出更加精确的图形，还必须掌握如何设置绘图界限和绘图单位，以及图形显示、对象追踪、对象捕捉、栅格捕捉和正交等辅助绘图工具的使用方法，本节主要介绍这些工具的操作方法。

5.2.1 设置绘图界限

AutoCAD 2009 的图纸幅面并不是一成不变的，用户可以通过设置绘图界限改变图纸的大小。具体操作方法为：

（1）选择 格式(O) → 图形界限(I) 命令

（2）在命令行中输入命令 limits。

执行上述命令后，命令行提示如下：

指定左下角点或[开（ON）/关（OFF）]<0.0000,0.0000>: //输入左下角点坐标

指定右上角点<420.0000,297.0000>: //输入右上角点坐标

通过输入左下角点和右上角点坐标，就确定了新的图形界限。

以上操作完成后，需要在命令行中输入“Z（zoom）”命令，再选择“A（all）”选项，这样设置才会启用。“开（on）”表示不执行图形校对，绘制的图形可以超出图形界限；“关（off）”表示执行图形校对，绘制的图形限制在图形界限以内。

5.2.2 设置绘图单位

绘图单位是绘制图形时的一个基本要素，AutoCAD 2009 提供了设置绘图单位的方法，通过以下 2 种方法可以进行设置。

（1）选择 格式(O) → 单位(U)... 命令

（2）在命令行中输入命令 units，弹出 图形单位 对话框，如图 5.2.1 所示。

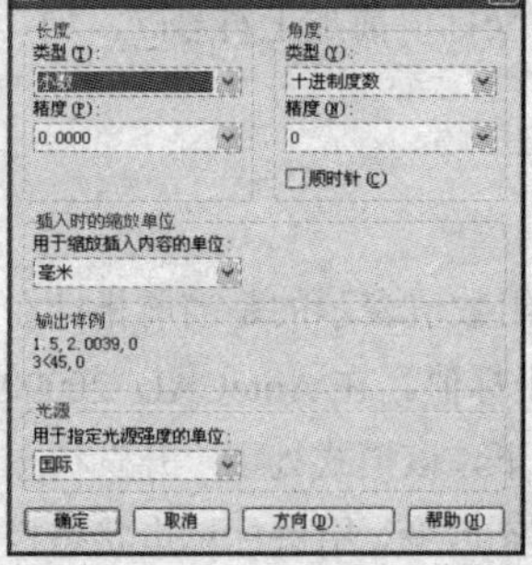

图 5.2.1 “图形单位”对话框

根据绘制图形时的实际需要，用户可以对长度单位、角度单位、缩放单位和光源等进行设置。

1. 长度

在“长度”选项组中可以设置长度单位的类型和精度。单击 类型(T): 下拉列表框右侧的下三角按钮，在弹出的下拉列表中可以选择“分数”“工程”“建筑”“科学”“小数”中的一种，默认情况

下选择“小数”。单击精度(P):下拉列表框右侧的按钮，在弹出的下拉列表中可以选择 9 种精度中的一种。

2．角度

在“角度”选项组中可以设置角度单位的类型和精度。单击类型(T):下拉列表框右侧的按钮，在弹出的下拉列表中可以选择“百分度”“度/分/秒”“弧度”“勘测单位”“十进制度数”5 种类型中的一种，默认情况下选择“十进制度数”。单击精度(P):下拉列表框右侧的按钮，在弹出的下拉列表中同样提供了 9 种精度可供选择，系统默认测量角度方向为逆时针方向，用户也可以选择“顺时针”选项来改变测量方向。

3．设置插入比例

此选项区可以设置插入时的图形单位，单击用于缩放插入内容的单位:下拉列表框右侧的按钮，在弹出的下拉列表中选择插入时的图形单位。AutoCAD 2009 提供了“英寸”“英尺”“毫米”“厘米”等 21 种单位，默认设置为“毫米”。

4．光源

此选项区可以设置图形中光度控制光源强度的测量单位。单击用于指定光源强度的单位:下拉列表框右侧的按钮，在弹出的下拉列表中选择光源强度的单位。AutoCAD 2009 提供了“国际”“美国”和“常规”3 种光源单位，默认设置为“国际”。

5．方向

单击方向(D)...按钮，弹出方向控制对话框，如图 5.2.2 所示。该对话框用于设置零角度的方向，系统默认零角度方向为正东。用户也可以设置正北、正西、正南或选择“其他”自定义零角度方向。

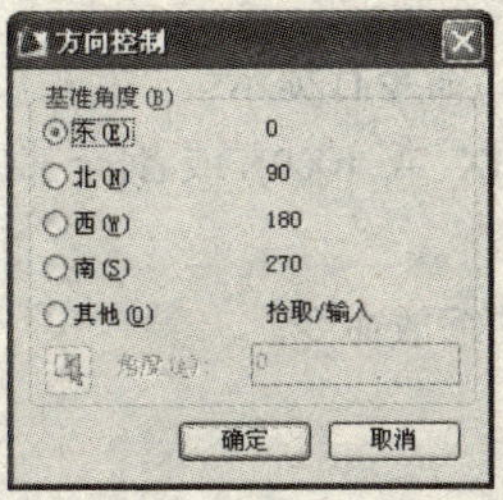

图 5.2.2　“方向控制”对话框

5.2.3　图形显示

绘图时往往需要对图形的局部或全貌进行细致的观察，以便绘制出精确、高质量的图形。AutoCAD 2009 为用户提供了图形缩放显示功能，不改变图形的实际尺寸，即可对图形进行缩放控制。AutoCAD 2009 的“标准”工具栏中的缩放按钮如图 5.2.3 所示，包括“实时平移”按钮，“实时缩放”按钮，“窗口缩放”按钮和“缩放上一个”按钮，在“窗口缩放”按钮上按下鼠标不放，弹出其下拉菜单，如图 5.2.4 所示，其中包括更多的缩放更能。

（1）平移。单击“标准”工具栏中的“实时平移”按钮，绘图窗口中的光标变成形状，再单击鼠标并拖动，图形就会平行移动，而且图形的大小和比例不会改变，若单击鼠标右键，选择“确定”命令退出。

图 5.2.3 “标准”工具栏上的缩放按钮

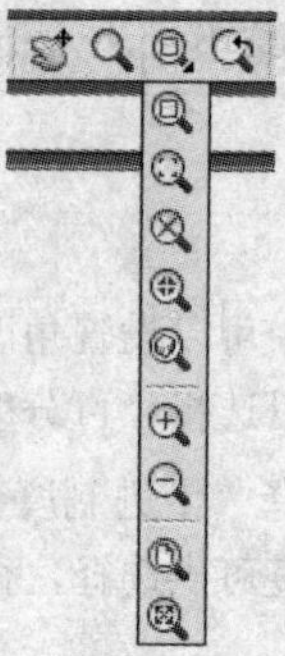

图 5.2.4 更多的缩放工具

（2）缩放。AutoCAD 2009 提供了多种缩放工具，包括“范围”“窗口”“上一个”“实时”“全部”“动态”“缩放”“中心”“对象”“放大”和“缩小”等。

1）范围：显示图形范围。

2）窗口：缩放显示由两个角点定义的矩形窗口框定的区域。

3）上一个：缩放显示上一个视图。最多可恢复此前的 10 个视图。

4）实时：放大或缩小显示当前视口对象的外观尺寸。

5）全部：显示图形范围或栅格界限。

6）动态：缩放显示图形的生成部分。

7）缩放：按指定的比例缩放显示图形。

8）中心：显示由中心点及比例或高度指定的视图。

9）对象：缩放为显示对象的范围。

10）放大：放大显示对象的外观尺寸。

11）缩小：缩小显示对象的外观尺寸。

在命令行中输入命令 ZOOM 或 Z，命令行提示：

指定窗口的角点，输入比例因子 (nX 或 nXP)，或者[全部(A)/中心(C)/动态(D)/范围(E)/上一个(P)/比例(S)/窗口(W)/对象(O)] <实时>：

选择相应的选项就可以执行相应的缩放命令。

5.2.4 栅格显示

单击状态栏上的“栅格显示”按钮，可以显示和隐藏栅格。栅格是由一些有着特定距离的点所组成的网格，类似于坐标纸，如图 5.2.5 所示。

图 5.2.5 显示栅格

在状态栏上单击鼠标右键，在弹出的快捷菜单中选择 设置(S)... 命令，打开 草图设置 对话框，在该对话框中选择 捕捉和栅格 选项卡，该选项卡中的 栅格间距 选项组用于设置栅格点在 X 轴和 Y 轴上的间距，如图 5.2.6 所示。

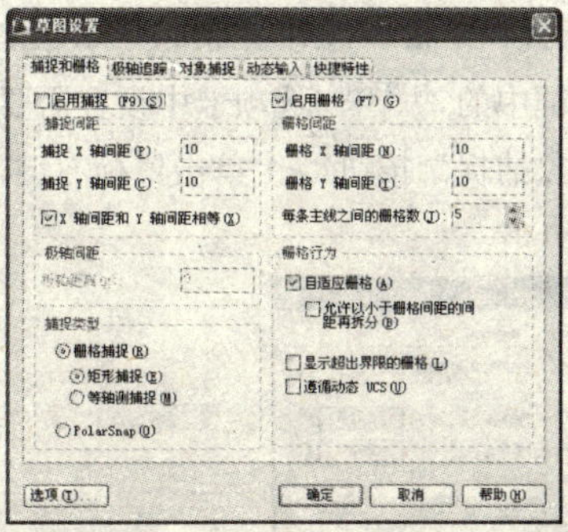

图 5.2.6　“草图设置”对话框

5.2.5　正交模式

单击状态栏上的“正交模式”按钮，可以打开和关闭正交功能。在正交模式下，光标只能在水平和垂直方向上移动，同时也可以捕捉特定的点绘制具有倾斜角度的直线，但不能直接绘制具有倾斜角度的直线。打开正交模式后，如果用户不通过捕捉特定点绘制具有倾斜角度的直线，那么只能通过输入直线的端点坐标来确定直线的长度和角度。

5.2.6　极轴追踪

单击状态栏上的“极轴追踪”按钮，可以打开和关闭极轴追踪功能。极轴追踪是按事先给定的角度增量来追踪点。在 草图设置 对话框中的 极轴追踪 选项卡中可以设置极轴追踪的极轴角，如图 5.2.7 所示。

在 AutoCAD 2009 中，系统默认提供了多个极轴角，在状态栏上的“极轴追踪”按钮上单击鼠标右键，在弹出的快捷菜单中可以快速设置极轴追踪的极轴角，如图 5.2.8 所示。

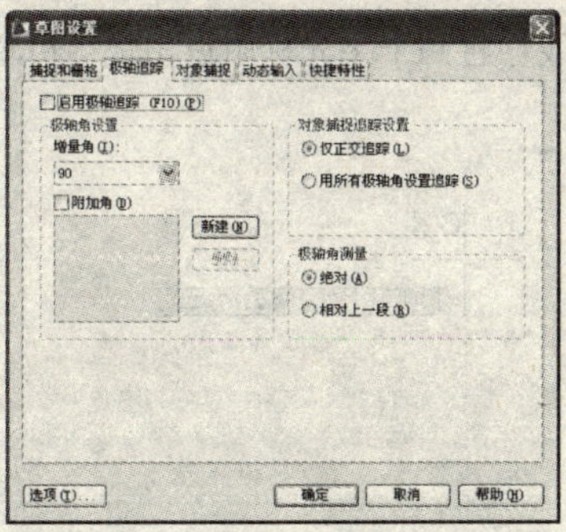

图 5.2.7　设置极轴追踪的极轴角

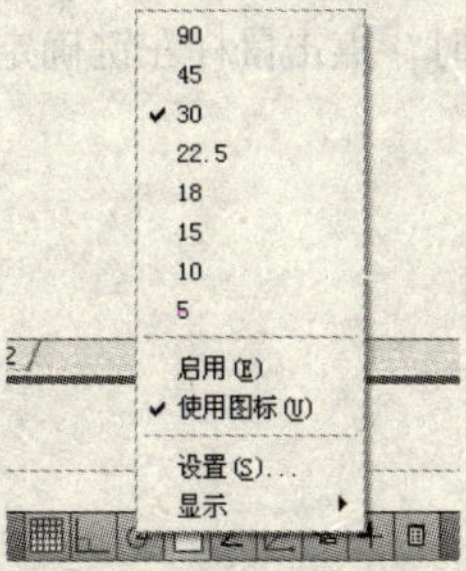

图 5.2.8　设置极轴角的快捷菜单

5.2.7　对象捕捉

单击状态栏上的“对象捕捉”按钮，可以打开和关闭对象捕捉功能。对象捕捉是指在绘制图形时，将十字光标强制性定位在对象的特殊位置上。例如要从一个圆心处开始绘制一条直线，就可以打开对象捕捉功能，当光标移动到圆心处，系统会强制行将十字光标定位到圆心上，此时就可以定位直线的起点位置为圆心。

在 AutoCAD 2009 中，系统提供了很多种对象捕捉模式，包括端点、中点、圆心、节点等共计 13 种，用户可以在草图设置对话框中的对象捕捉选项卡中设置需要捕捉的对象，如图 5.2.9 所示。另外，用户还可以在状态栏的“对象捕捉”按钮上单击鼠标右键，在弹出的快捷菜单中选择或取消选择对象捕捉模式，如图 5.2.10 所示。

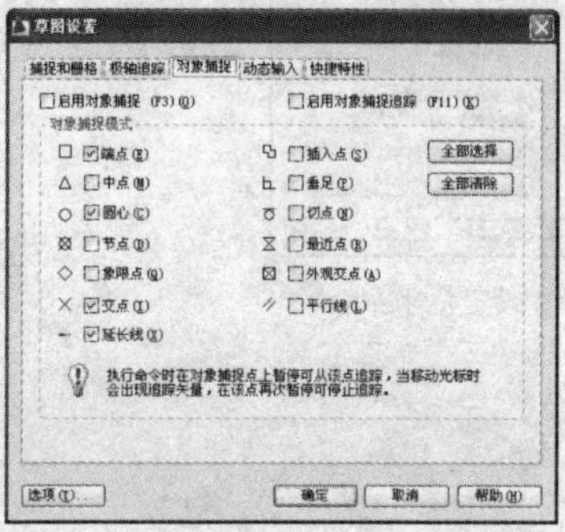

图 5.2.9　设置对象捕捉模式

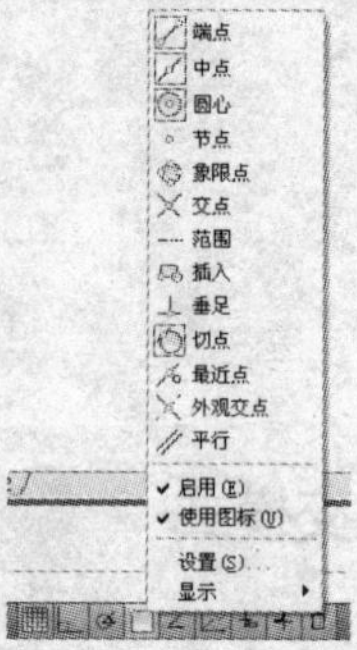

图 5.2.10　设置对象捕捉模式的快捷菜单

5.2.8　对象捕捉追踪

单击状态栏上的“对象捕捉追踪”按钮，可以打开和关闭对象捕捉追踪功能。使用对象捕捉追踪功能，可以基于对象捕捉点沿着对齐路径进行追踪。

如图 5.2.11 所示，以 A 点为起点，绘制一条直线 AC，直线 AB 与直线 AC 的夹角为 30°，直线 CB 与直线 AB 垂直于 B 点。可以使用对象捕捉追踪功能，非常方便的绘制满足以上条件的图形，具体操作步骤如下：

（1）启用对象捕捉和极轴追踪功能，设置极轴角为 30° 和 90°。

（2）执行绘制直线命令，捕捉 A 点为直线的起点，移动十字光标到 B 点，系统自动捕捉到 B 点，此时 B 点上出现一个方框。

（3）垂直向上移动十字光标，出现极轴追踪线，直到十字光标附近出现“极轴：<30°，断点 <90°”的提示时，点击鼠标左键确定 C 点。

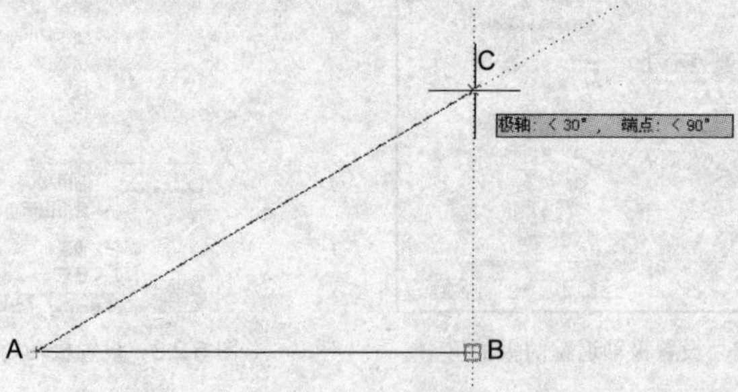

图 5.2.11　使用对象捕捉追踪绘制图形

如果不使用极轴追踪功能，要绘制以上的图形，则需要使用好几个绘制命令才能实现。

5.2.9　启动/禁止动态 UCS

单击状态栏上的“启动/禁止动态 UCS”按钮，可以启动和禁止动态 UCS 功能。当绘制的图形与系统默认的用户坐标系不相同时，可以启用动态 UCS 对用户坐标系进行设置，在命令行中输入命令 UCS，命令行提示：

当前 UCS 名称：*世界*

指定 UCS 的原点或 [面(F)/命名(NA)/对象(OB)/上一个(P)/视图(V)/世界(W)/X/Y/Z/Z 轴(ZA)] <世界>：x

指定绕 X 轴的旋转角度 <90>:

此时用户坐标系的 X 轴会旋转 90°，如图 5.2.12 所示为动态设置 UCS 前后用户坐标系的状态。

动态设置 UCS 前　　动态设置 UCS 后

图 5.2.12　动态 UCS

5.2.10　动态输入

单击状态栏上的“动态输入”按钮，可以启动和禁止动态输入功能。动态输入功能可以辅助用户在绘制图形时对图形的各种参数进行调整，如图 5.2.13 所示为启动动态输入后绘制直线时的效果，如果禁止动态输入功能，绘制直线时的效果如图 5.2.14 所示。

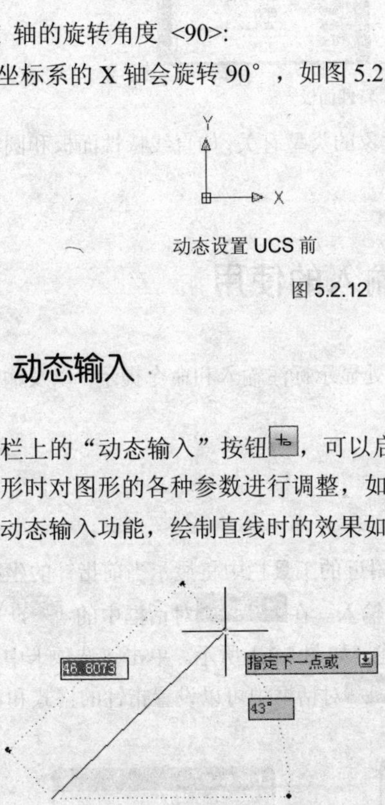

图 5.2.13　启动动态输入的效果

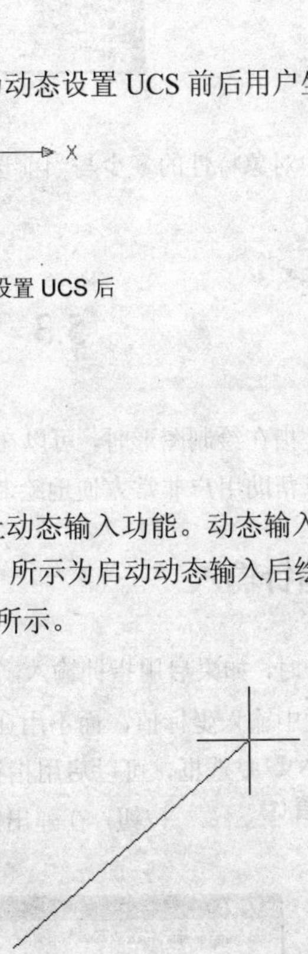

图 5.2.14　禁用动态输入的效果

5.2.11　显示/隐藏线宽

单击状态栏上的“显示/隐藏线宽”按钮，可以显示和隐藏线宽功能。在绘制图形时，如果用户设置了图形的线宽，那么必须启动显示线宽功能才能看到线宽效果，否则只能看到默认线宽的效果，如图 5.2.15 所示。

显示线宽效果　　隐藏线宽效果

图 5.2.15　显示和隐藏线宽的效果

在绘制图形时，如果要使用多种线宽绘制图形，那么有必要给每种线宽对象创建一个图层，并将图层设置为当前图层绘制图形。

5.2.12 快捷特性

单击状态栏上的“快捷特性”按钮，可以打开或关闭特性面板。特性面板显示用户选中对象的各种特性，用户可以通过特性面板快速设置图形对象的特性，如图 5.2.16 所示。

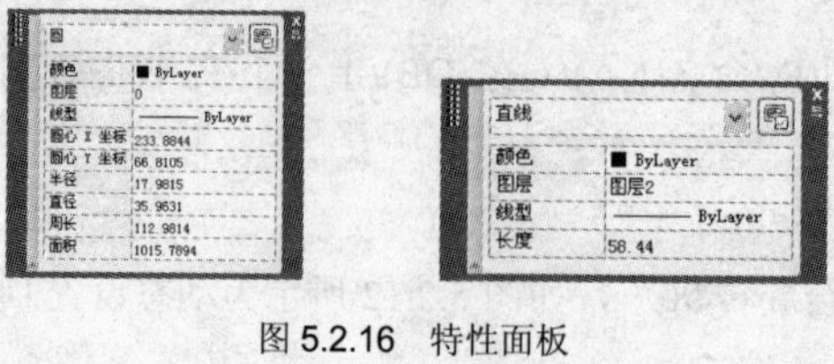

图 5.2.16　特性面板

特性面板中对象特性的多少与当前选中图形对象的类型有关，如直线特性面板和圆特性面板的特性有很大区别。

5.3　动态输入的使用

动态输入是指在绘制图形时，可以在指针位置处显示标注输入和命令提示，以及输入命令等，使用动态输入可以帮助用户非常方便地绘制图形。

5.3.1 指针输入

在执行命令时，如果启用指针输入，十字光标附近的工具栏中将显示当前指针的坐标，用户可以直接在该工具栏中输入坐标值，而不用在命令行中输入。在“草图设置”对话框中的“动态输入”选项卡中选中“启用指针输入(P)”复选框，可以启用指针输入功能，如图 5.3.1 所示。单击该选项卡中的“指针输入”选项区中的“设置(S)...”按钮，在弹出的“指针输入设置”对话框中可以设置指针的格式和可见性，如图 5.3.2 所示。

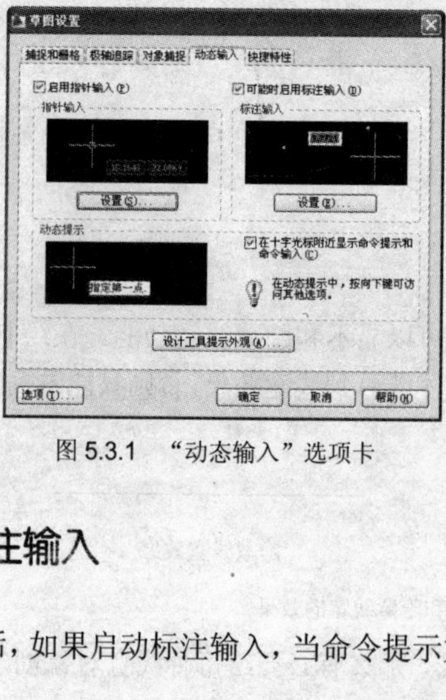

图 5.3.1　“动态输入”选项卡

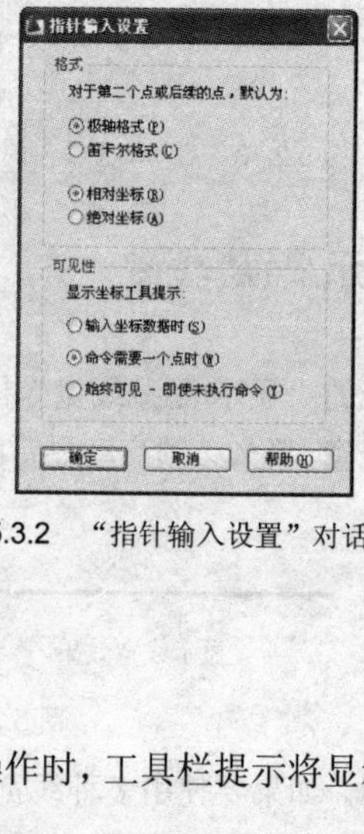

图 5.3.2　“指针输入设置”对话框

5.3.2 标注输入

在执行命令后，如果启动标注输入，当命令提示第二步操作时，工具栏提示将显示距离和角度值。

在 动态输入 选项卡中选中 ☑可能时启用标注输入(P) 复选框即可启动标注输入。单击 标注输入 选项区中的 设置(E)... 按钮，弹出 标注输入的设置 对话框，如图 5.3.3 所示，用户可以在该对话框中设置使用夹点拉伸时标注输入的可见性。

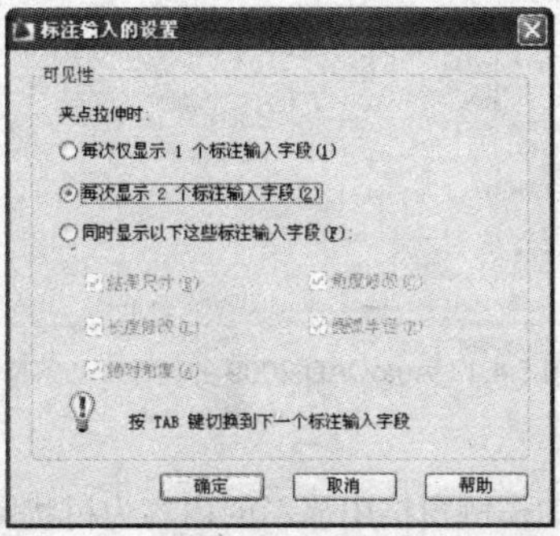

图 5.3.3　“标注输入的设置”对话框

5.3.3　动态输入

在绘制图形时，如果启动动态输入功能，则在十字光标附近显示命令提示。在 动态输入 选项卡中选中 ☑在十字光标附近显示命令提示和命令输入(C) 复选框，即可启动动态输入功能。启动动态输入功能后，用户可以按键盘上的上、下方向键选择命令提示的选项，如图 5.3.4 所示。

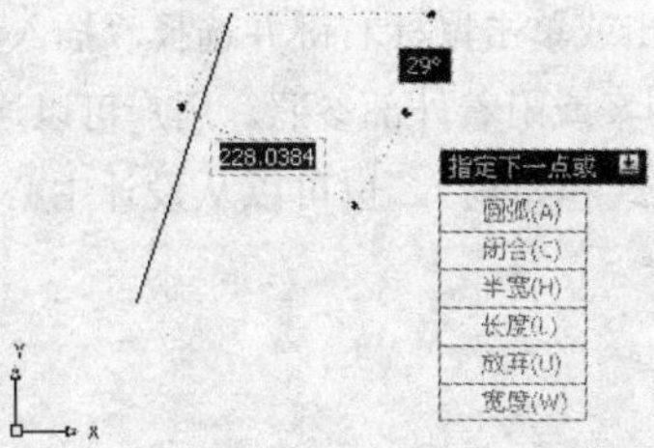

图 5.3.4　显示动态输入

5.4　AutoCAD 设计中心

在 AutoCAD 2009 中，使用设计中心可以很方便地对块、图层、外部参照、文字和标注样式等内容进行访问，还可以实现不同图形内容的相互利用，可以有效地组织与管理设计内容。

5.4.1　设计中心窗口

打开设计中心窗口的方法有以下 3 种：

（1）单击“标准”工具栏中的“设计中心”按钮。

（2）选择 工具(T) → 选项板 → 设计中心(D) Ctrl+2 命令。

（3）在命令行中输入命令 adcenter。

执行该命令后，打开 设计中心 窗口，如图 5.4.1 所示。

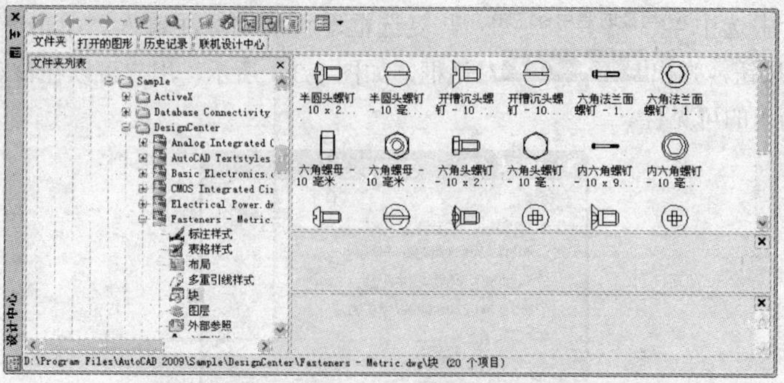

图 5.4.1　AutoCAD 2009 的设计中心窗口

该窗口中各项功能介绍如下：

（1）树状图。设计中心窗口的左侧窗格中显示的内容为树状图，树状图显示了用户计算机和网络驱动器上的文件与文件夹的层次结构、打开图形的列表、自定义内容以及上次访问过的位置的历史记录。选择树状图中的项目以便在内容区域中显示其内容。

（2）内容区域。设计中心窗口的右侧窗格中显示的内容为内容区域，显示树状图中当前选定“容器”的内容。容器是包含设计中心可以访问信息的网络、计算机、磁盘、文件夹、文件或网址(URL)。根据树状图中选定的容器，内容区域显示的内容有含有图形或其他文件的文件夹、图形文件、图形中包含的命名对象（命名对象包括块、外部参照、布局、图层、标注样式和文字样式）、图像或图标表示块或填充图案、基于 Web 的内容和由第三方开发的自定义内容。

在内容区域中，通过拖动、双击或单击鼠标右键并选择“插入为块”“附着为外部参照”或“复制”，可以在图形中插入块、填充图案或附着外部参照。用户可以通过拖动或单击鼠标右键向图形中添加其他内容（例如图层、标注样式和布局），也可以从设计中心将块和填充图案拖动到工具选项板中。

5.4.2　查找文件

使用 AutoCAD 设计中心可以快速查找图形、填充图案、填充图案文件、图层、块、外部参照、文字样式、线型、标注样式和布局等内容。单击“设计中心”工具栏中的“搜索”按钮，弹出搜索对话框，如图 5.4.2 所示。

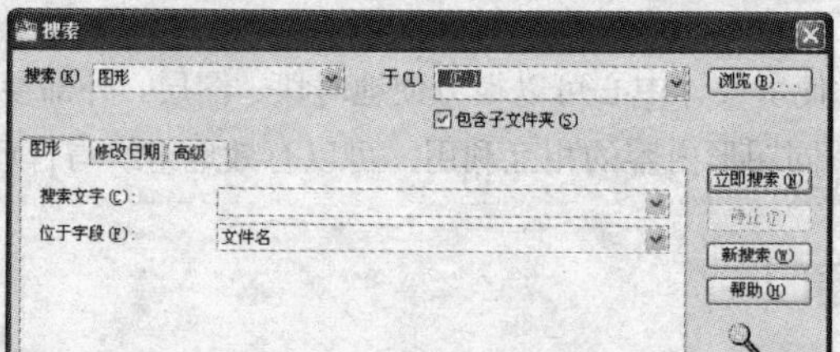

图 5.4.2　“搜索”对话框

在该对话框中的 搜索(K) 下拉列表中选择搜索文件的类型，在 于(I) 下拉列表中选择搜索范围，然后在搜索文字(C):文本框中输入要搜索的文件名，单击立即搜索(N)按钮开始进行搜索，搜索的结果将显示在对话框下边的列表框中。如果要进行详细的搜索，可以在该对话框中的修改时间和高级选项卡中设置详细的搜索条件。

5.4.3　在图形文档中插入设计中心内容

利用设计中心可以在图形文档中插入已经创建的块、图片、外部参照、文字样式等内容，这样不仅可以提高绘图效率，还可以统一绘图标准。

1．插入块

从设计中心向当前图形文档中插入块有两种方法：自动换算比例插入块和指定比例插入块。

（1）自动换算比例插入块。在设计中心内容区域中选中要插入的块后，按住鼠标左键拖动图块到绘图窗口中指定的位置后释放鼠标，系统会自动换算比例插入选中的块，如图 5.4.3 所示。

（2）指定比例插入块。在设计中心内容区域中选中要插入的块后，按住鼠标右键拖动图块到绘图窗口指定的位置后释放鼠标，然后在弹出的快捷菜单中选择“插入块”命令，弹出插入对话框，如图 5.4.4 所示。在该对话框中可以设置块的插入点、缩放比例和旋转角度。

图 5.4.3　自动换算比例插入图块

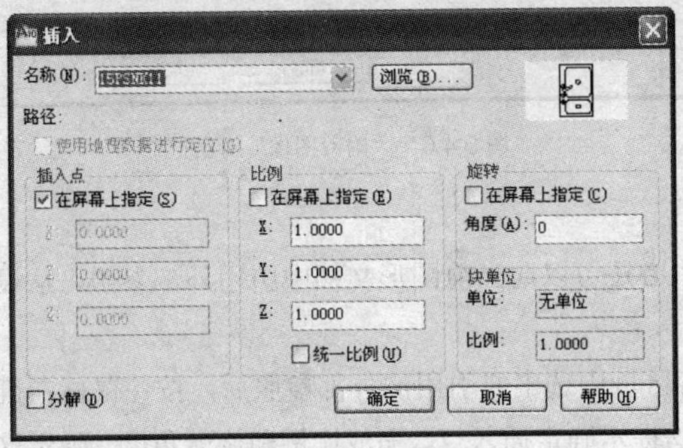

图 5.4.4　“插入”对话框

2．插入图片

利用 AutoCAD 设计中心可以向当前图形文档中插入图片。在插入图片时需要确定插入点、插入比例和旋转角度。插入图片的方法有以下两种：

（1）在设计中心内容区域中选中要插入的图片后，按住鼠标左键拖动图片到绘图窗口中后释放鼠标，系统会依次提示确定插入点、缩放比例和旋转角度，确定这 3 个参数后即可将图片插入到当前图形文档中，如图 5.4.5 所示。

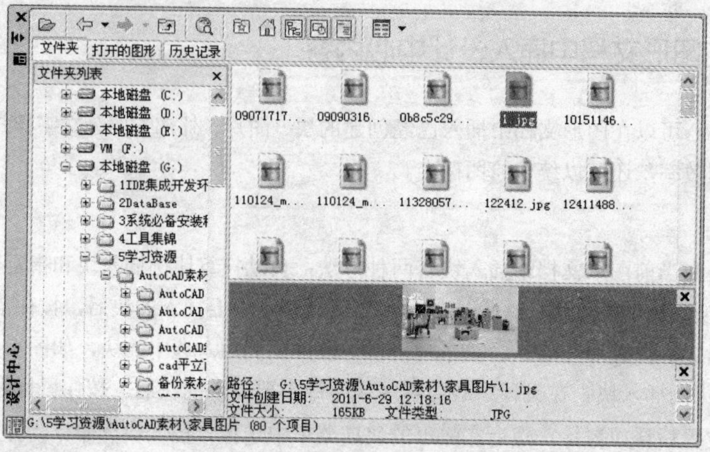

图 5.4.5　拖动图片到当前文档

（2）在设计中心内容区域中选中要插入的块后，按住鼠标右键拖动图片到绘图窗口中后释放鼠标，在弹出的快捷菜单中选择“附着图像”命令，弹出附着图像对话框，如图 5.4.6 所示。在该对话框中可以设置图片的插入点、缩放比例和旋转角度。

图 5.4.6　“附着图像”对话框

3. 引用外部参照

利用 AutoCAD 设计中心还可以向当前图形文档中引用外部参照。从设计中心引用外部参照的方法有以下两种：

（1）在设计中心内容区域中选中要引用的外部参照后，按住鼠标左键拖动参照对象到绘图窗口中后释放鼠标，系统会依次提示确定插入点、缩放比例和旋转角度，确定这 3 个参数后即可在当前图形文档中引用此参照对象。

（2）在设计中心内容区域中选中要引用的外部参照后，按住鼠标右键拖动参照对象到绘图窗口中后释放鼠标，在弹出的快捷菜单中选择“附着为外部参照”命令，弹出附着外部参照对话框，如图 5.4.7 所示。在该对话框中可以设置图片的插入点、缩放比例和旋转角度。

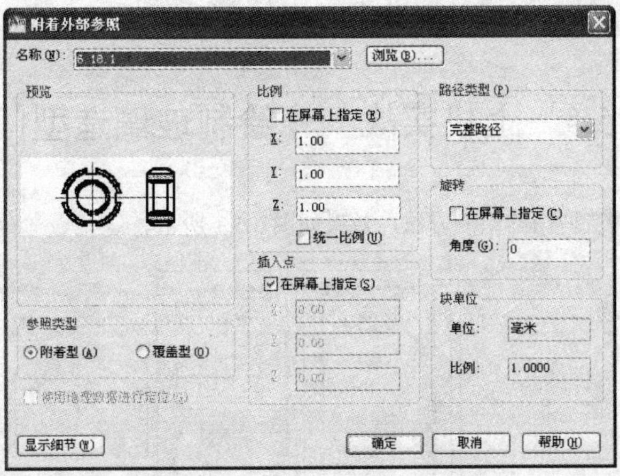

图 5.4.7　“附着外部参照”对话框

4．从设计中心复制其他内容

在 AutoCAD 设计中心左边的树状图中选中一个图形文件后，在右边的内容窗口中会显示该图形文件中的标注样式、表格样式、布局、块、图层、外部参照、文字样式和线型等图标，如图 5.4.8 所示，用鼠标左键拖动相应的图标到当前图形文档中，即可将其复制到该图形中。

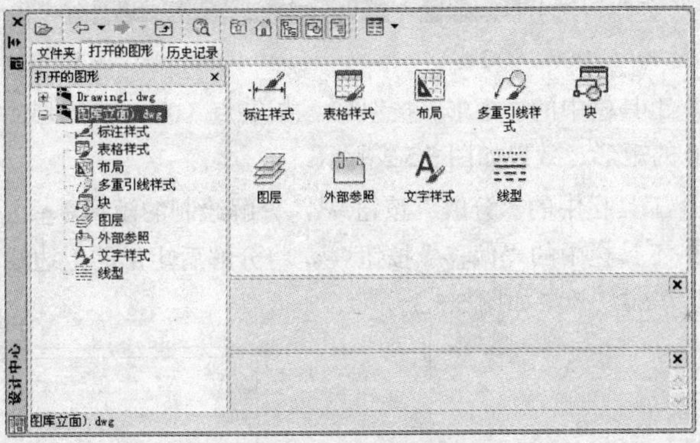

图 5.4.8　设计中心中的其他内容

5.4.4　利用收藏夹功能管理内容

AutoCAD 设计中心提供了收藏夹功能，用户可以将经常访问的内容放到收藏夹中，这样就可以快速访问到需要的内容了。

1．向收藏夹中添加内容

向收藏夹中添加内容就是在收藏夹中建立访问内容的快捷访问路径。在 AutoCAD 设计中心的树状图或内容区域中选中要添加的内容后，单击鼠标右键，在弹出的快捷菜单中选择“添加到收藏夹”命令即可。

2．组织收藏夹中的内容

对于已经添加到收藏夹中的内容，还可以对其进行移动、复制或删除等操作。在 AutoCAD 设计中心树状图或内容区域空白处单击鼠标右键，在弹出的快捷菜单中选择“组织收藏夹”命令，打开窗口，用户可以在该窗口中组织和管理收藏夹中的内容。

5.5 上机实战——绘制玻璃造型门

本节主要介绍玻璃造型门的绘制方法，效果如图 5.5.1 所示。

图 5.5.1 玻璃造型门

操作步骤

（1）新建一个图形文件，选择 格式(O) → 图形界限(I) 命令，设置图形左下角点坐标为（0,0），右上角点坐标为（2000,2000）。

（2）单击“绘图”工具栏中的“矩形”按钮，指定点（0,0）为矩形的第一个角点，绘制一个长为 1 920，宽为 1 960 的矩形，效果如图 5.5.2 所示。

（3）单击“修改”工具栏中的“分解”按钮，分解绘制的矩形。

（4）单击“修改”工具栏中的“偏移”按钮，将分解后矩形的上边线向下偏移，左右边线向中间偏移，偏移距离均为 60，效果如图 5.5.3 所示。

图 5.5.2 绘制矩形

图 5.5.3 偏移直线

（5）继续执行绘制矩形命令，以点（0,0）为矩形的第一个角点，绘制一个长为 700，宽为 810 的矩形，效果如图 5.5.4 所示。

（6）单击“修改”工具栏中的“移动”按钮，将绘制的矩形移动到点（@160,150），效果如图 5.5.5 所示。

（7）执行偏移命令，设置偏移距离为 15，将移动后的矩形向内偏移，偏移后的效果如图 5.5.6 所示。

（8）单击“绘图”工具栏中的“直线”按钮，用直线连接偏移矩形的角点，效果如图 5.5.7 所示。

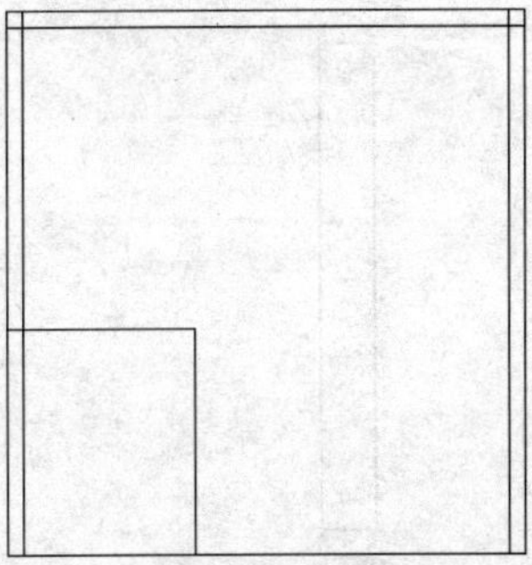

图 5.5.4　绘制矩形

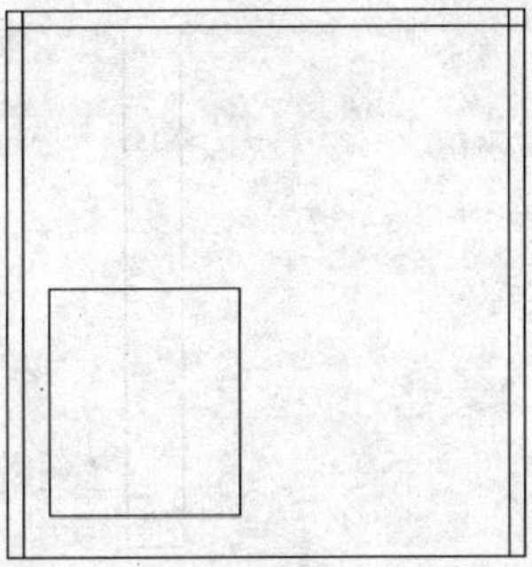

图 5.5.5　移动矩形

图 5.5.6　偏移矩形

图 5.5.7　绘制直线

（9）单击“修改”工具栏中的“复制”按钮，垂直向上复制偏移的矩形和绘制的直线，复制距离为 840，效果如图 5.5.8 所示。

（10）执行偏移命令，设置偏移距离为 960，将右边的边线向中间偏移，并用修剪工具对偏移后的直线进行修剪，效果如图 5.5.9 所示。

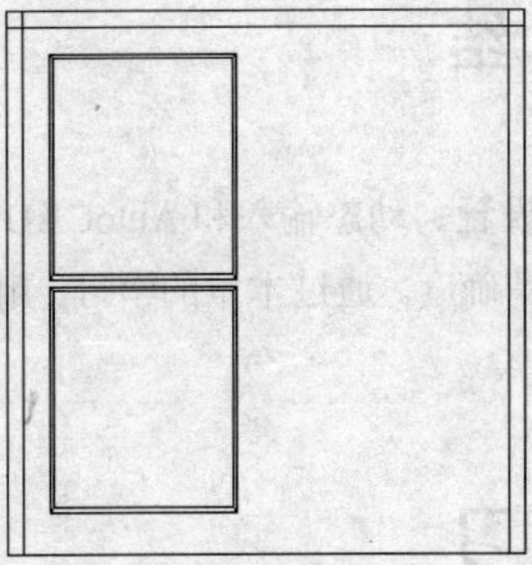

图 5.5.8　复制图形

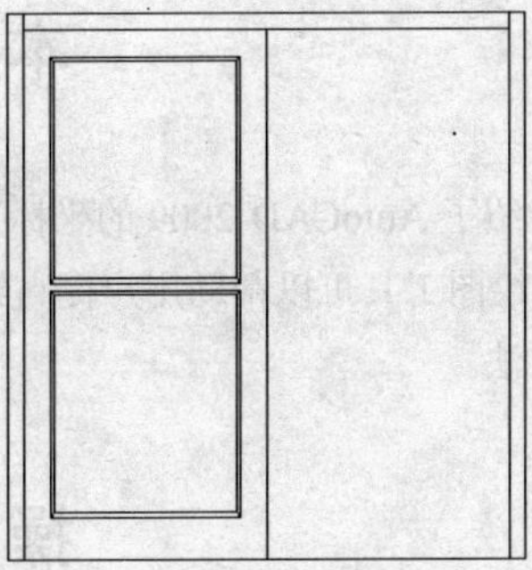

图 5.5.9　偏移并修剪直线

（11）执行绘制矩形命令，在偏移后直线的左侧绘制一个长为 17，宽为 145 的矩形，效果如图 5.5.10 所示。

（12）单击“绘图”工具栏中的“圆”按钮，以矩形上下边线中点为圆心，分别绘制两个半径为 8.5 的圆，效果如图 5.5.11 所示。

（13）单击“修改”工具栏中的“修剪”按钮，对绘制的矩形和圆进行修剪，效果如图 5.5.12 所示。

（14）单击“修改”工具栏中的“镜像”按钮，以图形中间垂直直线为镜像线，对绘制的图形进行镜像操作，效果如图 5.5.13 所示。

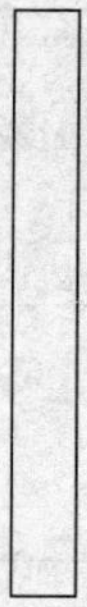

图 5.5.10　绘制矩形

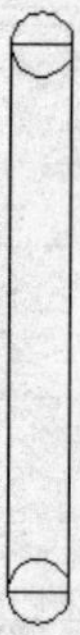

图 5.5.11　绘制圆

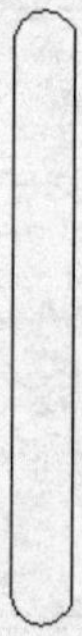

图 5.5.12　修剪图形

图 5.5.13　镜像图形

（15）执行绘制直线命令，以如图 5.5.13 所示左下角点和右上角点为直线的端点绘制一条直线，用偏移命令将绘制的直线随意向上和向下偏移，并用修剪命令修剪偏移后的直线，绘制出玻璃效果，如图 5.5.1 所示。

本 章 小 结

本章主要介绍了 AutoCAD 2009 的坐标系统、绘图设置、动态输入和 AutoCAD 设计中心的使用方法，这些辅助绘图工具可以帮助用户提高绘图效率和精确度。通过本章的学习，用户可熟练掌握这些工具的使用方法。

操 作 练 习

一、填空题

1．在 AutoCAD 2009 中，系统提供了＿＿＿＿＿和＿＿＿＿＿两种坐标系统。

2．在 AutoCAD 2009 中，最基本的两种坐标输入方式是：＿＿＿＿＿和＿＿＿＿＿。

3．在＿＿＿＿＿模式下，光标只能在水平和垂直方向上移动。

4．使用动态输入时，可以在指针位置处显示＿＿＿＿＿和＿＿＿＿＿。

二、选择题

1．（　）是错误的坐标输入方法。

（A）（10,10,0）　　（B）（@10,10,0）

（C）（10，@10,0）　　（D）100<30°

2．在 AutoCAD 2009 中可以捕捉（　）对象。

（A）端点　　（B）节点

（C）垂足　　（D）象限点

3．（　）组合键用于打开和关闭设计中心窗口。

（A）Ctrl+1　　（B）Ctrl+2

（C）Ctrl+3　　（D）Ctrl+4

三、简答题

1．简述 AutoCAD 坐标系统的组成。

2．对象捕捉和对象捕捉追踪有什么区别？

3．如何使用动态输入绘制图形？

四、上机操作题

使用辅助绘图工具绘制如题图 5.1 所示的图形。

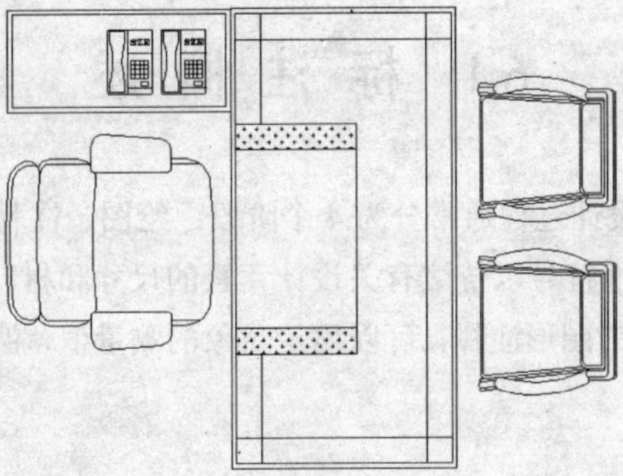

题图　5.1

第 6 章　标注图形尺寸

无论用多精确的设备打印图形，都不足以向生产人员传达足够的设计信息。因此通常要添加注释标记对象的测量值，注明对象间的距离和角度。

标注是向图形中添加测量注释的过程，AutoCAD 提供了许多标注对象及设置标注格式的方法，可以在各个方向上为各类对象创建标注，也可以方便快速地以一定格式创建符合行业或项目标准的标注。

知识要点

- 标注概述
- 创建尺寸标注样式
- 创建标注

6.1 标 注 概 述

在 AutoCAD 中绘图时，设计过程通常分为 4 个阶段：绘图、注释、查看和打印。在注释阶段，设计者要添加文字、数字和其他符号以传达有关设计元素的尺寸和材料的信息，或者对施工或制造工艺进行注解。标注是一种通用的图形注释，可以显示对象的测量值，例如墙的长度、柱的直径或建筑物的面积。

6.1.1 标注元素

尽管标注在类型和外观上多种多样，但绝大多数标注都包含标注文字、尺寸线、尺寸界线、箭头和圆心标记，如图 6.1.1 所示。

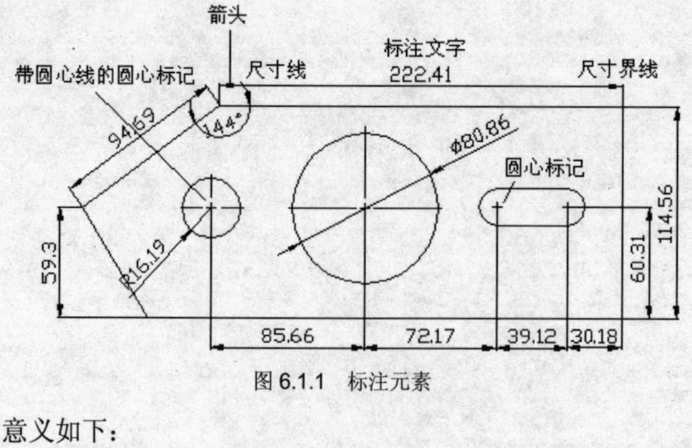

图 6.1.1　标注元素

这些标注元素的意义如下：

（1）标注文字：表明实际测量值。可以使用由 AutoCAD 自动计算出的测量值，提供自定义的文字或完全不用文字。如果使用生成的文字，则可以附加加/减公差、前缀和后缀。

（2）尺寸线：表明标注的范围。尺寸线的末端通常有箭头，指出尺寸线的起点和端点。标注文字沿尺寸线放置，尺寸线通常被分割成两条线。AutoCAD 通常将尺寸线放置在测量区域中。如果空间不足，AutoCAD 将尺寸线或文字移到测量区域的外部。对于角度标注，尺寸线是一段圆弧。

（3）箭头：箭头显示在尺寸线的末端，用于指出测量的开始和结束位置。AutoCAD 缺省使用闭合的填充箭头符号。同时，AutoCAD 还提供了多种符号可供选择，包括建筑标记、小斜线箭头、点和斜杠。用户也可以创建自定义符号。

（4）尺寸界线：从被标注的对象延伸到尺寸线。尺寸界线一般要垂直于尺寸线，但也可以将尺寸界线倾斜。

（5）圆心标记：标记圆或圆弧的圆心。中心线从圆心向外延伸。用户可以只使用圆心标记，也可以同时使用圆心标记和中心线。

6.1.2 标注类型

AutoCAD 提供了多种标注样式和多种设置标注格式的方法。用户可以指定所有图形对象和图形的测量值，也可以测量垂直和水平距离、角度、直径和半径，创建一系列从公共基准线引出的尺寸线，或者采用连续标注，如图 6.1.2 所示。

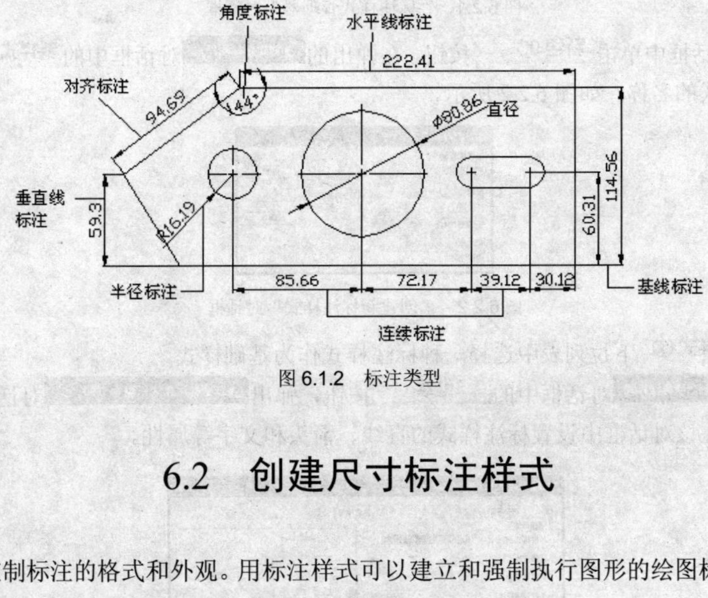

图 6.1.2 标注类型

6.2 创建尺寸标注样式

标注样式控制标注的格式和外观。用标注样式可以建立和强制执行图形的绘图标准，并使对标注格式及其用途的修改更易于实施。标注样式定义了如下项目：

（1）尺寸线、尺寸界线、箭头和圆心标记的格式和位置。

（2）标注文字的外观、位置和行为。

（3）AutoCAD 放置文字和尺寸线的管理规则。

（4）全局标注比例。

（5）主单位、换算单位和角度标注单位的格式和精度。

（6）公差值的格式和精度。

在创建标注时，AutoCAD 使用当前的标注样式。AutoCAD 为标注指定缺省的 STANDARD 样式，直到将另一种样式设置为当前样式为止。STANDARD 样式是根据但不是完全按照美国国家标准协会

（ANSI）标注标准设计的。如果开始绘制新的图形并选择公制单位，ISO-25（国际标准化组织）是缺省的标注样式。DIN（德国）和 JIS（日本工业标准）样式分别由 AutoCAD DIN 和 JIS 图形样板提供。

6.2.1 创建标注样式

在 AutoCAD 2009 中，系统提供了默认的标注样式“ISO-25”，用户可以以该标注样式为基础样式，创建自定义的尺寸标注样式。创建尺寸标注样式的具体操作步骤如下：

（1）选择 格式(O) → 标注样式(D)... 命令，弹出 标注样式管理器 对话框，如图 6.2.1 所示。

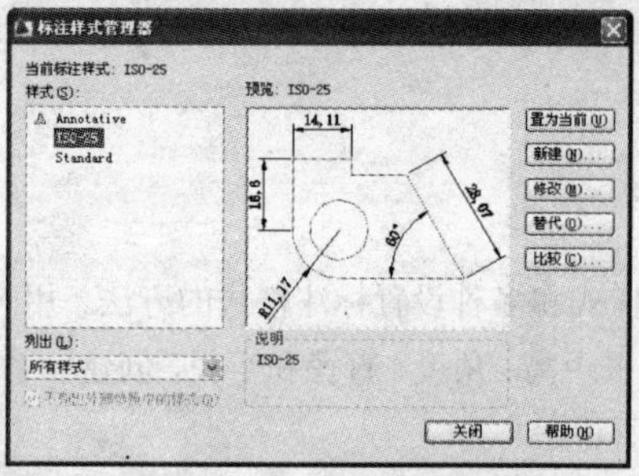

图 6.2.1 “标注样式管理器”对话框

（2）在该对话框中单击 新建(N)... 按钮，在弹出的 创建新标注样式 对话框中的 新样式名(N)： 文本框中输入新建标注样式的名称，如图 6.2.2 所示。

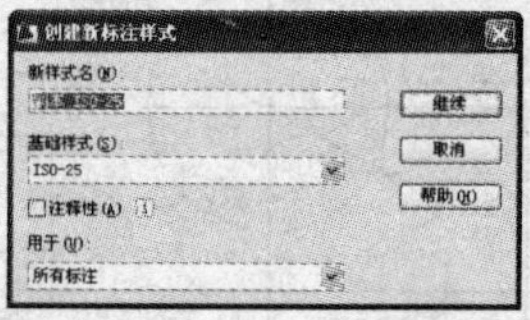

图 6.2.2 “创建新标注样式”对话框

（3）在 基础样式(S)： 下拉列表中选择一种标注样式作为基础样式。

（4）单击 创建新标注样式 对话框中的 继续 按钮，弹出 新建标注样式：副本 ISO-25 对话框，如图 6.2.3 所示，用户可以在该对话框中设置标注样式的直线、箭头和文字等属性。

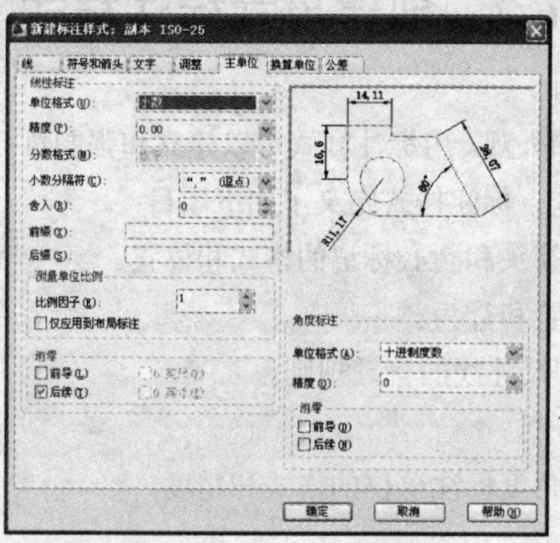

图 6.2.3 “新建标注样式：副本 ISO-25”对话框

（5）最后单击 确定 按钮完成新标注样式的创建。

创建新的尺寸标注样式后，必须在 标注样式管理器 对话框中的 样式(S): 列表框中选中新建的尺寸标注样式，然后单击该对话框中的 置为当前(U) 按钮，将其设置为当前尺寸标注样式后才能使用。

6.2.2 设置标注直线格式

打开 新建标注样式：副本 ISO-25 对话框中的 线 选项卡，设置尺寸线和尺寸界线的格式和特性，如图 6.2.4 所示。

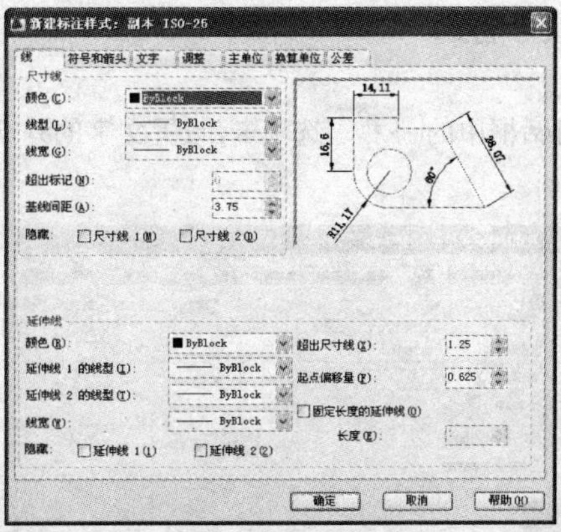

图 6.2.4 “线”选项卡

该选项卡中各选项功能介绍如下：

（1）尺寸线 选项组：该选项组用于设置尺寸线的特性，包括尺寸线的颜色、线型、线宽、超出标记、基线间距和是否将尺寸线隐藏等。

（2）延伸线 选项组：该选项组用于控制尺寸界线的外观，包括尺寸界线的颜色、线型、线宽和是否将尺寸界线隐藏等。

6.2.3 设置符号和箭头格式

打开 新建标注样式：副本 ISO-25 对话框中的 符号和箭头 选项卡，设置箭头、圆心标记、弧长符号和折弯半径标注的格式和位置，如图 6.2.5 所示。

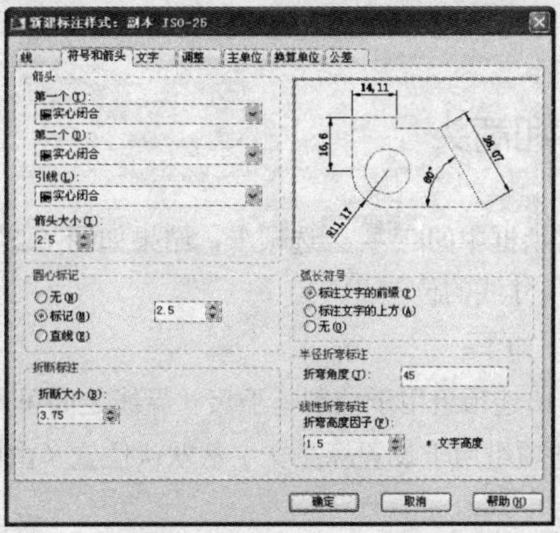

图 6.2.5 “符号和箭头”选项卡

该选项卡中各选项功能介绍如下：

（1）箭头选项组：该选项组用于控制标注箭头的外观，包括两个箭头和引线的类型以及箭头的大小。

（2）圆心标记选项组：该选项组用于控制直径标注和半径标注的圆心标记和中心线的外观。

（3）弧长符号选项组：该选项组用于控制弧长标注中圆弧符号的显示。

（4）半径折弯标注选项组：该选项组用于控制折弯（Z 字型）半径标注的显示。

6.2.4 设置标注文字的格式

打开新建标注样式：副本 ISO-25对话框中的文字选项卡，设置文字的外观、位置和对齐方式，如图 6.2.6 所示。

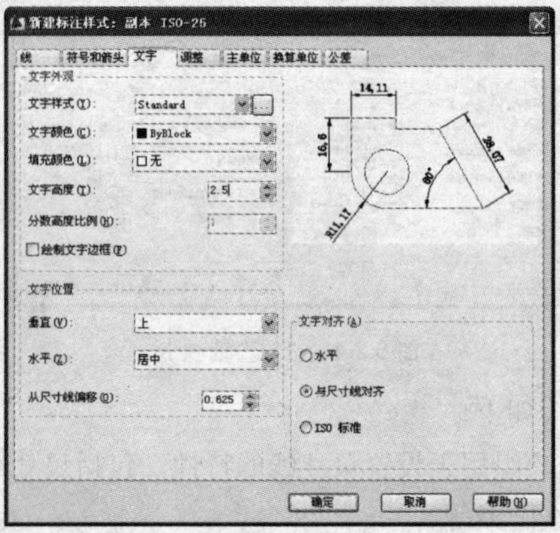

图 6.2.6 “文字”选项卡

该选项卡中各选项功能介绍如下：

（1）文字外观选项组：该选项组用于控制标注文字的格式和大小，包括文字的样式、颜色、高度等。

（2）文字位置选项组：该选项组用于控制标注文字的位置，包括垂直方向和水平方向上的位置，以及文字从尺寸线偏移的距离。

（3）文字对齐(A)选项组：该选项组用于控制标注文字放在尺寸界线外边或里边时的方向是保持水平还是与尺寸界线平行。

6.2.5 调整标注文字和箭头

打开新建标注样式：副本 ISO-25对话框中的调整选项卡，结果如图 6.2.7 所示。用户可利用该选项卡控制标注文字、箭头、引线和尺寸线的位置。

该选项卡中各选项功能介绍如下：

（1）调整选项(F)选项组：该选项组用于控制基于尺寸界线之间可用空间的文字和箭头的位置。

（2）文字位置选项组：该选项组用于设置标注文字从默认位置（由标注样式定义的位置）移动时标注文字的位置。

（3）标注特征比例选项组：该选项组用于设置全局标注比例或图纸空间比例。

（4）优化(T)选项组：该选项组提供用于设置标注文字的其他选项，包括☑手动放置文字(P)和

☑在延伸线之间绘制尺寸线(D)两个复选框。

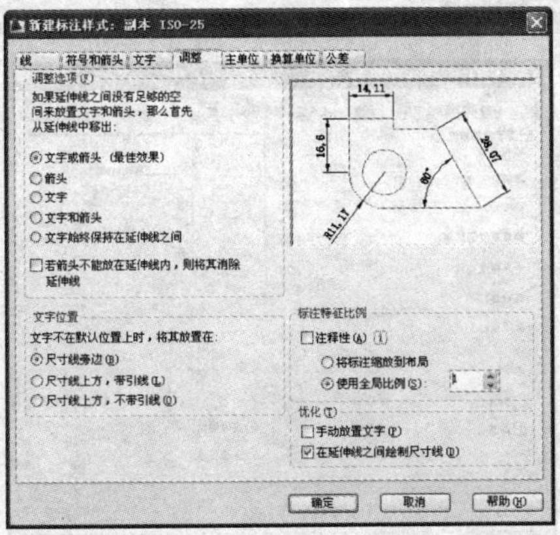

图 6.2.7 “调整”选项卡

6.2.6 设置主标注单位的格式

AutoCAD 提供了多种方法设置标注单位的格式，可以设置单位类型、精度、分数格式和小数格式，还可以添加前缀和后缀。例如，可以将一个直径符号作为前缀添加到测量值中，或者添加一个单位缩写作为后缀，例如毫米。在新建标注样式：副本 ISO-25对话框的主单位选项卡中可以设置主标注单位的格式，如图 6.2.8 所示。

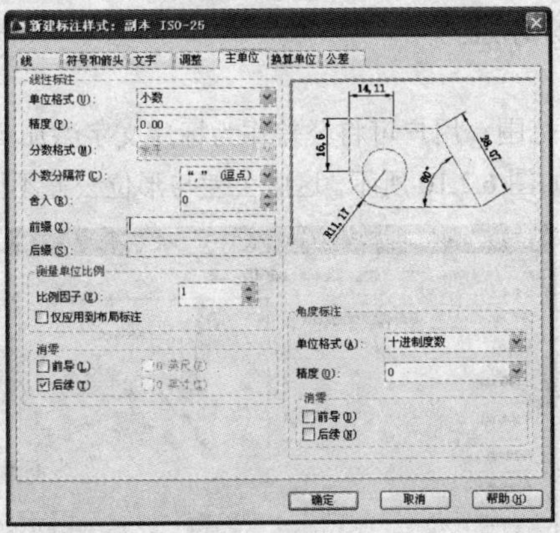

图 6.2.8 “主单位”选项卡

该选项卡中各选项功能介绍如下：

（1）线性标注选项组：该选项组用于设置线性标注的格式和精度。

（2）测量单位比例选项组：该选项组用于定义线性比例选项。

（3）消零选项组：该选项组用于控制不输出前导零和后续零以及零英尺和零英寸部分。

（4）角度标注选项组：该选项组用于显示和设置角度标注的当前角度格式。

6.2.7 添加换算标注单位

换算标注单位转换使用不同测量单位制的标注，通常是显示英制标注的等效公制标注，或公制标注的等效英制标注。在标注文字中，换算标注单位显示在主单位旁边的方括号[ ]中。可以选择 新建标注样式：副本 ISO-25 对话框中的 换算单位 选项卡设置换算标注单位的格式，如图 6.2.9 所示。

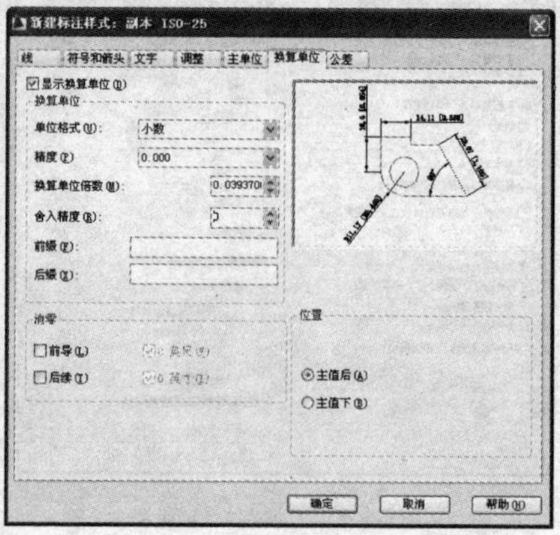

图 6.2.9 “换算单位”选项卡

该选项卡中各选项功能介绍如下：

（1）显示换算单位(D) 复选框：选中该复选框，向标注文字添加换算测量单位。

（2）换算单位 选项组：该选项组用于显示和设置除角度之外的所有标注类型的当前换算单位格式。

（3）消零 选项组：该选项组用于控制不输出前导零和后续零以及零英尺和零英寸部分。

（4）位置 选项组：该选项组用于控制标注文字中换算单位的位置。

6.2.8 将公差添加到标注

公差显示允许尺寸变化的范围。用户可将公差作为标注文字添加到图形中，选择 公差 选项卡上的选项可设置公差的格式，如图 6.2.10 所示。这些公差与形位公差不同，形位公差特性控制框显示。

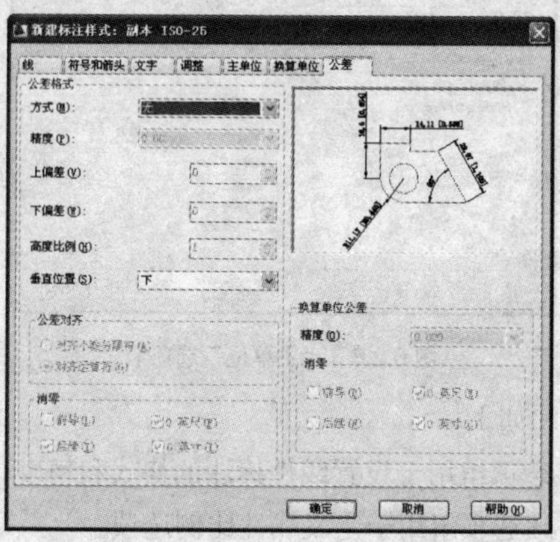

图 6.2.10 “公差”选项卡

该选项卡中各选项功能介绍如下：

（1）公差格式 选项组：该选项组用于控制公差格式，包括采用公差的方式、精度、上偏差、下偏差、高度比例和垂直位置。

（2）换算单位公差 选项组：该选项组用于设置换算公差单位的格式，包括精度和消零的设置。

6.3　创 建 标 注

AutoCAD 2009 提供了丰富的标注以测量设计对象。在开始进行标注时，可以用 标注(N) 菜单或工具栏，或者在命令行中输入标注命令。

表 6.1 列出了 AutoCAD 标注及开始标注的常用方法。在创建标注时，可能要用到多个方法，它取决于用户的经验、个人偏好或设计任务。

表 6.1　AutoCAD 标注类型

菜 单	工具栏按钮	命 令	说 明
线性		DIMLINEAR	测量两点间的直线距离。可以创建水平、垂直或旋转线性标注
对齐		DIMALIGNED	创建尺寸线平行于尺寸界线原点的线性标注。此标注创建对象的真实长度测量值
坐标		DIMORDINATE	创建标注，显示从给定原点测量出来的点的 X 轴坐标或 Y 轴坐标
半径		DIMRADIUS	测量圆或圆弧的半径
直径		DIMDIAMETER	测量圆或圆弧的直径
角度		DIMANGULAR	测量角度
基线		DIMBASELINE	创建一系列线性、角度或坐标标注，都从相同原点测量尺寸
连续		DIMCONTINUE	创建一系列连续的线性、对齐、角度或坐标标注。每个标注都从前一个或最后一个选定的标注的第二个尺寸界线处创建，共享公共的尺寸线
公差		TOLERANCE	创建形位公差标注
圆心标记		DIMCENTER	创建圆心和中心线，指出圆或圆弧的圆心
快速标注		QDIM	通过一次选择多个对象，创建标注阵列，例如基线、连续和坐标标注

6.3.1　创建线性标注

线性标注表示当前用户坐标系（UCS）XY 平面中的两个点之间的距离测量值，可以指定点或选择一个对象。线性标注有 3 种类型：

（1）“水平”：测量平行于 X 轴的两个点之间的距离。

（2）“垂直”：测量平行于 Y 轴的两个点之间的距离。

（3）“旋转”：测量当前 UCS 中指定方向上的两个点之间的距离。

即使 AutoCAD 从相同的点测量，3 种标注的测量值也会不同，因为线性距离不同，如图 6.3.1 所示。

当开始创建一个线性标注时，AutoCAD 基于放置标注的位置自动创建一个水平或垂直的测量值，也可以明确地指定线性标注的类型。

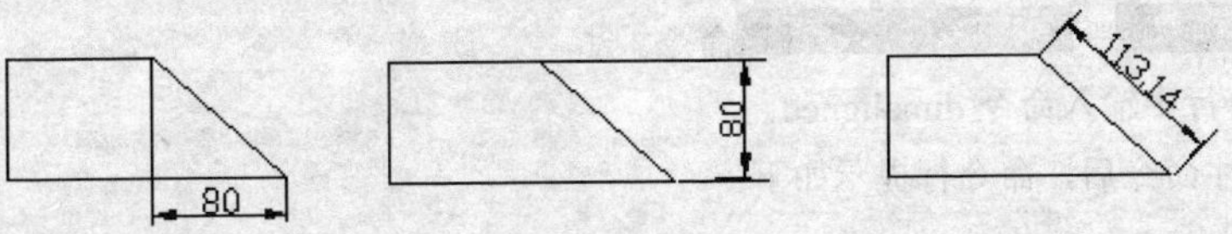

图 6.3.1　线性标注示例

创建线性标注的步骤如下：

（1）单击“标注”工具栏中的“线性标注”按钮。

（2）选择 标注(N) → 线性(L) 命令。

（3）在命令行中输入命令 dimlinear。

执行线性标注命令后，命令行提示如下：

命令: _dimlinear

指定第一条尺寸界线原点或 <选择对象>: //指定第一条尺寸界线的端点

指定第二条尺寸界线原点: //指定第二条尺寸界线的端点

指定尺寸线位置或[多行文字(M)/文字(T)/角度(A)/水平(H)/垂直(V)/旋转(R)]:

//拖动鼠标指定尺寸线的位置

标注文字 =20 //系统提示测量数据

其中各命令选项的功能介绍如下：

（1）指定尺寸线位置：拖动鼠标确定尺寸线位置即可。

（2）多行文字(M)：选择此命令选项将弹出 文字格式 编辑器，其中尺寸测量的数据已经被固定，用户可以在数据的前面或后面输入文本。

（3）文字(T)：将以单行文字的形式输入标注文字。

（4）角度(A)：将修改标注文字的角度。

（5）水平(H)：将设置标注文字的水平位置。

（6）垂直(V)：将设置标注文字的垂直位置。

（7）旋转(R)：将创建旋转线性标注。

6.3.2 创建对齐标注

可以用对齐标注（也称为实际长度标注）创建一个与标注点对齐的线性标注。对齐标注的例子如图 6.3.2 所示。点 1 表示对象选择点，点 2 表示标注位置点。

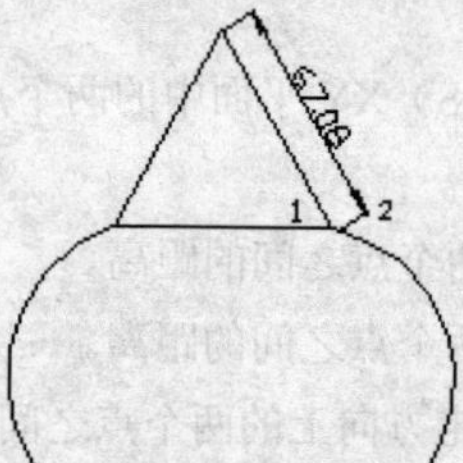

图 6.3.2 对齐标注

创建对齐标注的步骤如下：

（1）单击“标注”工具栏中的“对齐标注”按钮。

（2）选择 标注(N) → 对齐(G) 命令。

（3）在命令行中输入命令 dimaligned。

执行对齐标注命令后，命令行提示如下：

命令: _dimaligned //执行对齐标注命令

指定第一条尺寸界线原点或 <选择对象>: //指定第一条尺寸界线原点

指定第二条尺寸界线原点: //指定第二条尺寸界线原点

指定尺寸线位置或[多行文字(M)/文字(T)/角度(A)]: //拖动鼠标确定尺寸线的位置或选择其他命令选项

标注文字 =50 //系统显示测量数据

6.3.3 创建坐标标注

坐标标注基于一个原点（称为基准）显示任意图形点的 X 坐标或 Y 坐标。AutoCAD 使用当前 UCS 的原点计算每个坐标，也可设置一个不同的原点。X 基准坐标标注沿 X 轴测量一个点与基准点的距离；Y 基准坐标标注沿 Y 轴测量距离。AutoCAD 将坐标标注文字与坐标引线对齐，如图 6.3.3 所示。

创建坐标标注的步骤如下：

（1）单击“标注”工具栏中的“坐标标注”按钮。

（2）选择 标注(N) → 坐标(O) 命令。

（3）在命令行中输入命令 dimordinate。

执行坐标标注命令后，命令行提示如下：

命令:_dimordinate

指定点坐标: //指定要测量的坐标点

指定引线端点或[X 基准(X)/Y 基准(Y)/多行文字(M)/文字(T)/角度(A)]: //指定引线端点或选择其他命令选项

其中各命令选项的功能介绍如下：

1）指定引线端点：选择此命令选项，使用点坐标和引线端点的坐标差可确定它是 X 坐标标注还是 Y 坐标标注。如果 Y 坐标的坐标差较大，标注就测量 X 坐标，否则就测量 Y 坐标。

2）X 基准(X)：选择此命令选项，测量 X 坐标并确定引线和标注文字的方向。

3）Y 基准(Y)：选择此命令选项，测量 Y 坐标并确定引线和标注文字的方向。

4）多行文字(M)：选择此命令选项，弹出 文字格式 编辑器，向其中输入要标注的文字后，再确定引线端点。

5）文字(T)：选择此命令选项，在命令行自定义标注文字。

6）角度(A)：选择此命令选项，修改标注文字的角度。

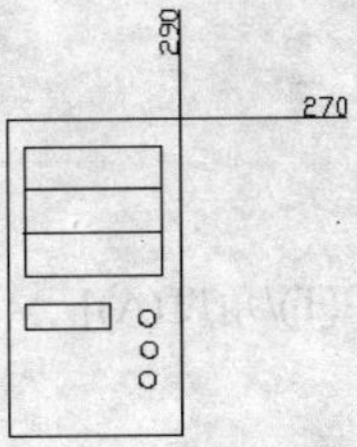

图 6.3.3 坐标标注

可以通过移动 UCS 或使用 QDIM 的基准点选项改变坐标标注基准。改变基准用于以特定的偏移将坐标标注指定给另一个对象点。

6.3.4 创建半径标注

使用半径标注来测量圆和圆弧的半径。创建半径标注的步骤如下：

（1）单击“标注”工具栏中的“半径标注”按钮。

（2）选择 标注(N) → 半径(R) 命令。

（3）在命令行中输入命令 dimradius。

执行半径标注命令后，命令行提示如下：

命令:_dimradius　　//执行半径标注命令
选择圆弧或圆:　　//选择要测量的圆弧或圆
标注文字=10　　//系统显示测量数据
指定尺寸线位置或[多行文字(M)/文字(T)/角度(A)]:　　//拖动鼠标确定尺寸线位置或选择其他命令选项

半径标注效果如图 6.3.4 所示。

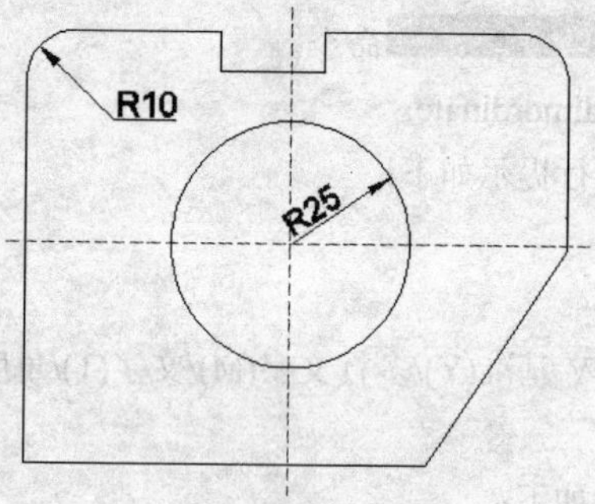

图 6.3.4　半径标注

6.3.5　创建直径标注

使用直径标注来测量圆和圆弧的直径。创建直径标注的步骤如下：

（1）单击“标注”工具栏中的“直径标注”按钮。

（2）选择 标注(N) → 直径(D) 命令。

（3）在命令行中输入命令 dimdiameter。

执行直径标注命令后，命令行提示如下：

命令:_dimdiameter　　//执行直径标注命令
选择圆弧或圆:　　//用拾取框指定要测量的圆弧或圆
标注文字=100　　//系统显示测量数据
指定尺寸线位置或[多行文字(M)/文字(T)/角度(A)]:　　//拖动鼠标确定尺寸线位置或选择其他命令选项

例如，用直径标注命令标注如图 6.3.5 所示图形中的圆弧和圆。具体操作步骤如下：

命令: _dimdiameter　　//执行直径标注命令
选择圆弧或圆:　　//选择如图 6.3.5 所示图形中最外边的圆弧
标注文字 =52　　//系统显示测量的数据
指定尺寸线位置或 [多行文字(M)/文字(T)/角度(A)]:　　//拖动鼠标确定尺寸线的位置
命令: _dimdiameter　　//执行直径标注命令
选择圆弧或圆:　　//选择如图 6.3.5 所示图形中的大圆
标注文字 =42　　//系统显示测量的数据

指定尺寸线位置或 [多行文字(M)/文字(T)/角度(A)]:　　//拖动鼠标确定尺寸线的位置
命令: _dimdiameter　　//执行直径标注命令
选择圆弧或圆:　　//选择如图 6.3.5 所示图形中的小圆
标注文字 =32　　//系统显示测量的数据
指定尺寸线位置或 [多行文字(M)/文字(T)/角度(A)]:　　//拖动鼠标确定尺寸线的位置

直径标注的图形效果如图 6.3.6 所示。

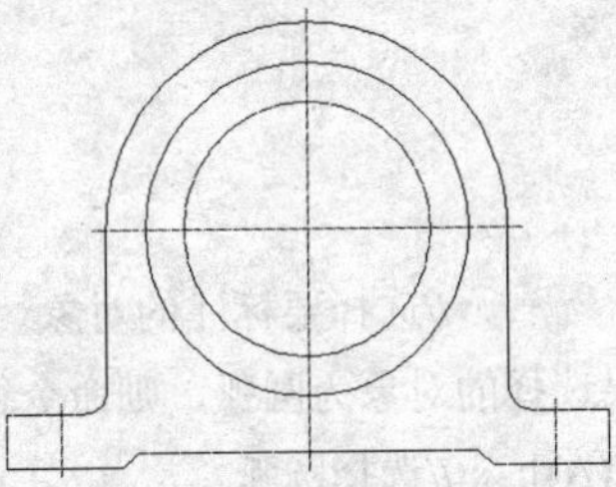

图 6.3.5　原始图像

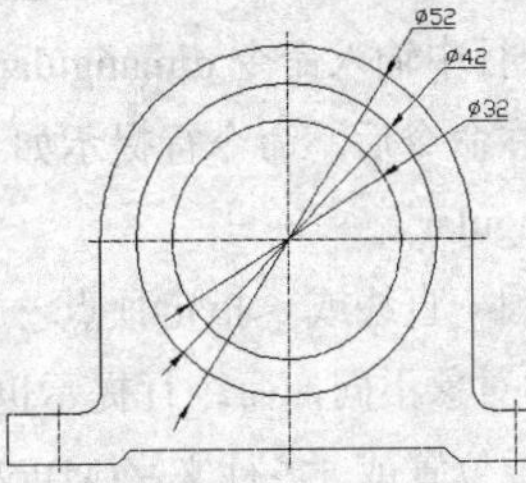

图 6.3.6　直径标注

6.3.6　创建圆心标记

使用圆心标记和中心线可以指出圆和圆弧的圆心，也可以设置圆心标记和中心线的尺寸格式，如图 6.3.7 所示。

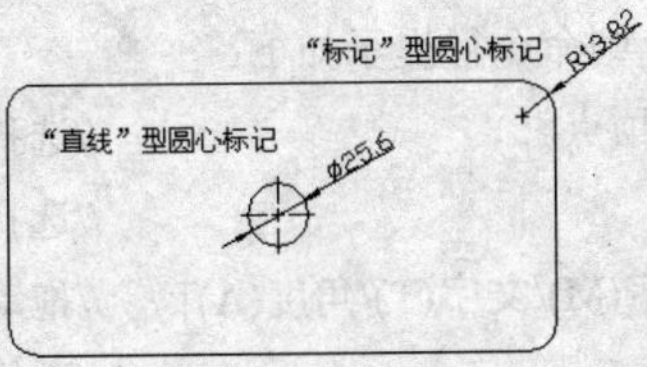

图 6.3.7　圆心标记

创建圆心标记的步骤如下：

（1）单击“标注”工具栏中的“圆心标记”按钮。

（2）选择 标注(N) → 圆心标记(M) 命令。

（3）在命令行中输入命令 dimcenter。

执行圆心标记命令后，命令行提示如下：

命令：_dimcenter
选择圆弧或圆:　　//选择要标记的圆弧或圆

圆心标记的样式有 3 种，如图 6.3.8 所示。该样式可以通过“新建标注样式”对话框中的“符号和箭头”选项卡中的“圆心标记”选项组对其类型和大小进行设置。

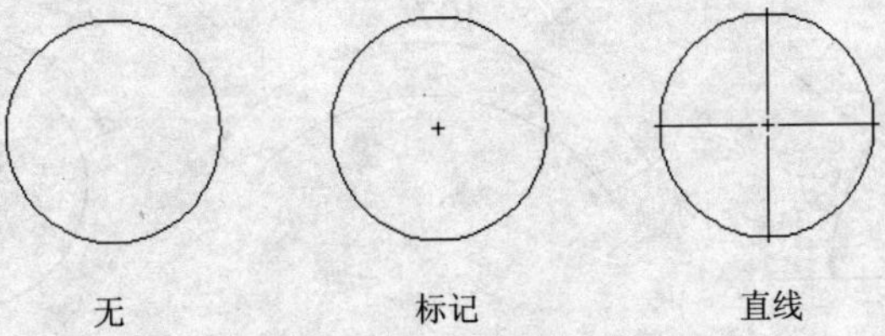

图 6.3.8　圆心标记样式

6.3.7 创建角度标注

角度标注测量圆和圆弧的角度、两条直线间的角度，或者三点间的角度。创建角度标注的步骤如下：

（1）单击“标注”工具栏中的“角度标注”按钮。

（2）选择 标注(N) → 角度(A) 命令。

（3）在命令行中输入命令 dimangular。

执行角度标注命令后，命令行提示如下：

命令: _dimangular

选择圆弧、圆、直线或 <指定顶点>: //选择要标注的对象

（1）选择的对象不同，命令行提示也不同。如果选择的对象为圆弧，则命令行提示如下：

指定标注弧线位置或 [多行文字(M)/文字(T)/角度(A)]: //选择圆弧

标注文字 =168 //系统显示测量数据

（2）如果选择的对象为圆，则命令行提示如下：

选择圆弧、圆、直线或 <指定顶点>: //选择圆

指定角的第二个端点: //在该圆上指定另一个测量端点

指定标注弧线位置或 [多行文字(M)/文字(T)/角度(A)]: //拖动鼠标确定尺寸线的位置

标注文字 =84 //系统显示测量数据

（3）如果选择的对象为直线，则命令行提示如下：

选择圆弧、圆、直线或 <指定顶点>: //选择角的一条边

选择第二条直线: //选择角的另一条边

指定标注弧线位置或 [多行文字(M)/文字(T)/角度(A)]: //拖动鼠标确定尺寸线的位置

标注文字 =30 //系统显示测量数据

（4）执行角度标注命令后，如果直接按回车键，则选择“指定顶点”选项，命令行提示如下：

命令: _dimangular

选择圆弧、圆、直线或 <指定顶点>: //直接按回车键

指定角的顶点: //捕捉测量角的顶点

指定角的第一个端点: //捕捉测量角的第一个端点

指定角的第二个端点: //捕捉测量角的第二个端点

指定标注弧线位置或 [多行文字(M)/文字(T)/角度(A)]: //拖动鼠标确定尺寸线的位置

标注文字 =125 //系统显示测量数据

如图 6.3.9 所示若干角度标注的样例。

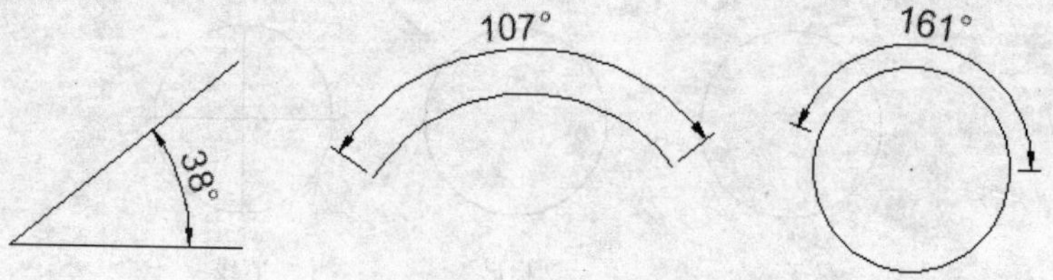

图 6.3.9 角度标注示例

6.3.8　创建基线和连续标注

在设计标注时，可能需要创建一系列标注，这些标注都从同一个基准面或基准引出，或者将几个标注相加得出总测量值。基线和连续标注可以完成这些任务：基线标注创建一系列由相同的标注原点测量出来的标注；连续标注创建一系列端对端放置的标注，每个连续标注都从前一个标注的第二个尺寸界线处开始。

1．创建基线标注

要创建基线或连续标注，必须先创建（或选择）一个线性、坐标或角度标注作为基准标注。AutoCAD 将从基准标注的第一个尺寸界线处测量基线标注。

创建基线标注的步骤如下：

（1）单击“标注”工具栏中的“基线标注”按钮。

（2）选择 标注(N) → 基线(B) 命令。

（3）在命令行中输入命令 dimbaseline。

在进行基线标注之前，必须先建立或选择一个线性、坐标或角度标注作为基准标注，然后执行基线标注命令。命令行提示如下：

命令:_dimbaseline

指定第二条尺寸界线原点或[放弃(U)/选择(S)]<选择>:　　//指定下一个尺寸标注原点

标注文字=245.32　　//系统显示测量数据

其中各命令选项的功能介绍如下：

（1）指定第二条尺寸界线原点：选择此命令选项，确定第二条尺寸界线。

（2）放弃(U)：选择此命令选项，返回到最近上一次操作。

（3）选择(S)：选择此命令选项，确定基准尺寸标注。

当标注一系列相连的对象时，使用对象捕捉模式（如端点和交点）来精确定位基线标注，也可以使用快速标注来标注多个对象。图 6.3.10 显示了两个基线标注示例。

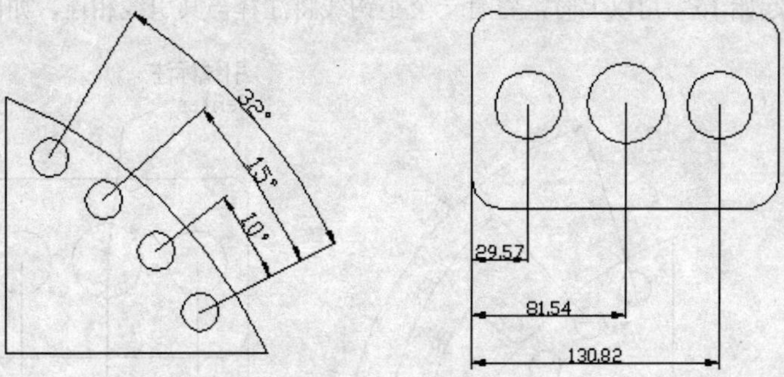

图 6.3.10　基线标注示例

2．创建连续标注

创建连续标注与创建基线标注类似。第一个连续标注从基准标注的第二个尺寸界线引出，然后下一个连续标注从前一个连续标注的第二个尺寸界线处开始测量。虽然基线标注都是基于同一个标注原点，但是 AutoCAD 使用每个连续标注的第二个尺寸界线作为下一个标注的原点。连续标注共享一条公共的尺寸线，如图 6.3.11 所示。

创建连续标注的步骤如下：

（1）单击“标注”工具栏中的“连续标注”按钮。

（2）选择 标注(N) → 连续(C) 命令。

（3）在命令行中输入命令 dimcontinue。

和基线标注一样，在执行连续标注之前要建立或选择一个线性、坐标或角度标注作为基准标注，然后执行连续标注命令。执行该命令后，命令行提示如下：

命令: _dimcontinue　　//执行连续标注命令

指定第二条延伸线原点或 [放弃(U)/选择(S)] <选择>:　　//指定第二条尺寸界线原点或选择其他命令选项

标注文字 =292.33　　//系统显示测量数据

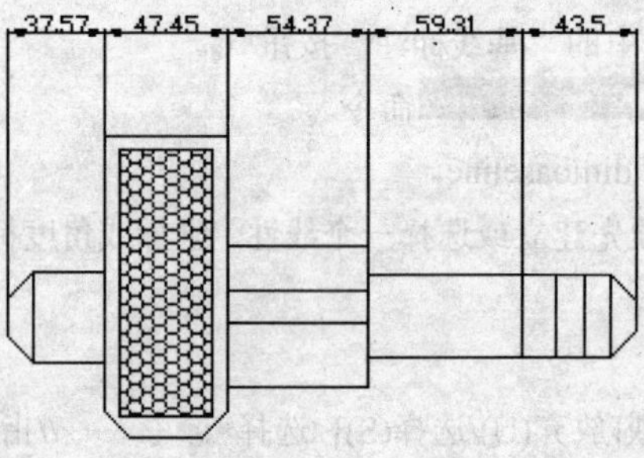

图 6.3.11　连续标注

6.3.9　创建引线和注释

引线是连接注释和图形对象的线，文字是最普通的注释。但是，可以在引线上附着块参照和特征控制框。

用户可以从图形的任意点或对象上创建引线，引线可以由直线段或平滑的样条曲线构成。当最后的引线线段位于水平起始 15° 角以上时，将有一个小钩线将注释与其引线相连，如图 6.3.12 所示。

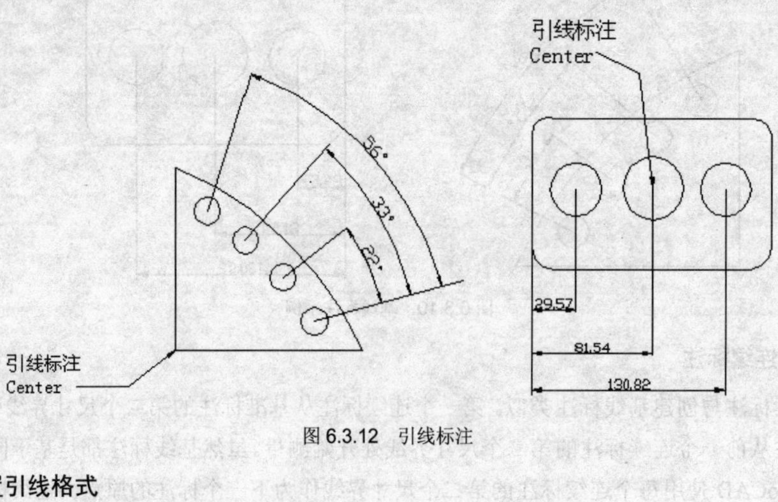

图 6.3.12　引线标注

1. 设置引线格式

创建引线时，它的颜色、线宽、缩放比例、箭头类型、尺寸和其他特性都由当前标注样式定义。

除非为引线单独创建一种样式或使用特性窗口修改引线特性，否则引线将具有与尺寸线相同的特性。尺寸线特性定义了注释与引线端点之间的偏移、文字注释相对于引线的位置以及文字在引线上的附着点。

在创建引线时，如果直接按“Enter”键，系统将打开如图 6.3.13 所示引线设置对话框。用户可以利用该对话框设置注释、引线、箭头及附着选项。

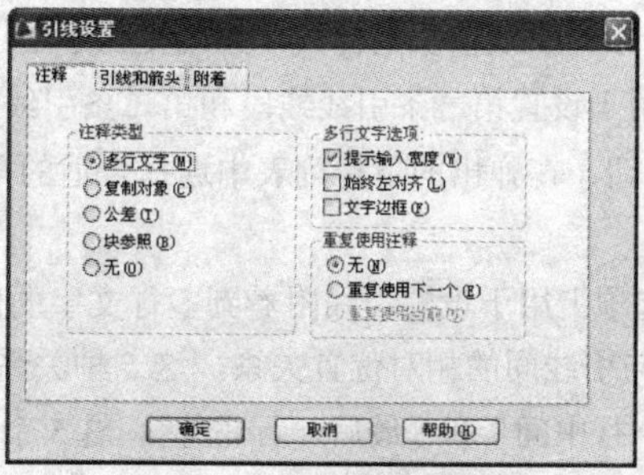

图 6.3.13 “引线设置”对话框

该对话框中包含 3 个选项卡，其功能介绍如下：

（1）注释选项卡：该选项卡用于设置注释类型、多行文字和重复使用注释选项，如图 6.3.13 所示。

其中各选项含义介绍如下：

1）注释类型：该选项组用于设置引线注释类型，其中包括 5 个选项。如果选中多行文字(M)单选按钮，则提示创建多行文字注释，并弹出多行文字编辑器；如果选中复制对象(C)单选按钮，则提示为引线注释复制多行文字、文字、公差或块参照对象；如果选中公差(T)单选按钮，则弹出形位公差对话框，用于创建要附着到引线上的特性控制框；如果选中块参照(B)单选按钮，则提示为引线注释插入块参照；如果选中无(O)单选按钮，则创建不包含注释的引线。

2）多行文字选项：该选项组用于对多行文字进行设置，并且只有选择了多行文字注释类型时，该选项才可用。其中包括 3 个选项，如果选中提示输入宽度(W)复选框，在使用引线标注时，系统提示指定字宽；如果选中始终左对齐(L)复选框，则多行文字采用左对齐方式，该选项不与提示输入宽度(W)复选框同时使用；如果选中文字边框(F)复选框，注释文字时在文字上加边框。

3）重复使用注释：该选项组用于设置引线注释重复使用的选项。其中包括 3 个选项，如果选中无(N)单选按钮，则不重复使用引线注释；如果选中重复使用下一个(E)单选按钮，则重复使用为所有后继引线创建的下一个注释；如果选中重复使用当前(U)单选按钮，则重复使用当前注释。选择重复使用下一个(E)单选按钮之后，重复使用注释时将自动选择此选项。

（2）引线和箭头选项卡：该选项卡用于设置引线和箭头特性，如图 6.3.14 所示。

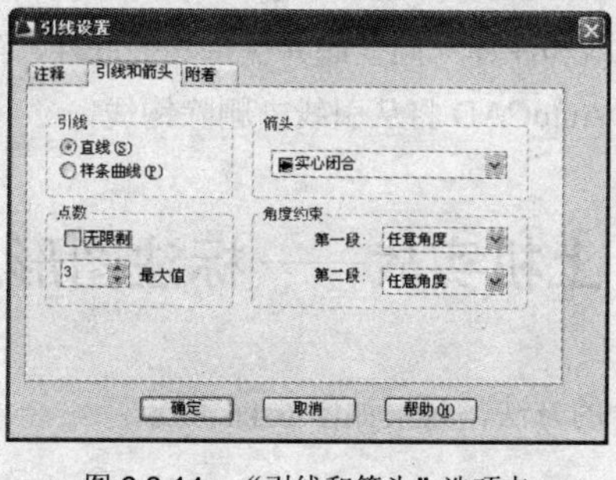

图 6.3.14 “引线和箭头”选项卡

其中各选项含义介绍如下：

1）引线：该选项组用于设置引线格式。其中包括两种格式，如果选中 ◉直线(S) 单选按钮，则标注的引线是直线；如果选中 ◉样条曲线(P) 单选按钮，则标注的引线是样条曲线。

2）点数：该选项组用于设置引线的节点数。系统默认为 3，最少为 2，即引线为一条线段，也可以在 最大值 微调框中输入节点数。如果选中 ☑无限制 复选框，则引线可以任意曲折。

3）箭头：该选项组用于指定引线箭头的样式，系统提供了 21 种箭头样式。

4）角度约束：该选项组用于设置第一条引线线段和第二条引线线段的角度约束。单击 第一段: 和 第二段: 下拉列表框右边的 按钮，在弹出的下拉列表中选择合适的角度，系统分别提供了 6 种角度供用户选择。

（3）附着 选项卡：该选项卡用于设置引线附着到多行文字的位置，如图 6.3.15 所示。

该选项卡中包括 5 种文字与引线间的相对位置关系，这 5 种关系分别是“第一行顶部”“第一行中间”“多行文字中间”“最后一行中间”和“最后一行底部”，这 5 个选项都有“文字在左边”和“文字在右边”之分。如果选中 ☑最后一行加下划线(U) 复选框，则前面这 5 项均不可用。

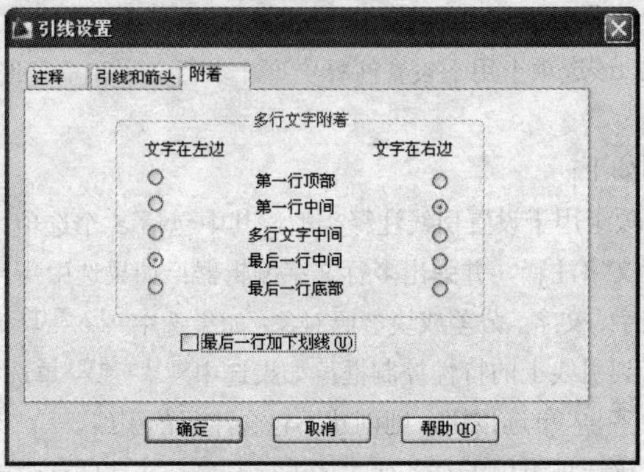

图 6.3.15 “附着”选项卡

2．编辑引线和注释

引线及其注释是独立但又相互关联的对象。编辑一个对象的特性不会影响其他对象的特性。例如：可以改变引线的颜色而不改变注释的颜色。但是，如果移动文字，则引线端点也随之移动。端点附着在注释的左侧还是右侧取决于注释相对于倒数第二个引线点的位置。如果将注释定位在该点的右侧，引线附着在右侧，反之，引线将附着在左侧。可以通过夹取和移动最后一个引线端点，或通过在 引线设置 对话框中改变附着设置来改变文字附着在引线上的点的位置。

使用 ERASE，BLOCK，WBLOCK 或 EXPLODE 命令从图形中删除引线或注释将消除它们之间的关联性。可以用一个操作将引线和注释一同复制并保持其关联性，而分别复制引线和注释将消除这种关联性。如果消除了关联性，AutoCAD 将从引线中删除钩线。

6.4 上机实战——标注图形尺寸

本节主要介绍标注图形尺寸的方法，效果如图 6.4.1 所示。

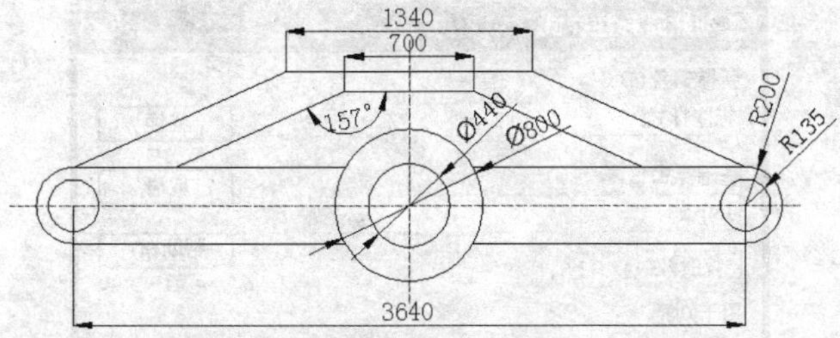

图 6.4.1　标注图形尺寸

操作步骤

（1）选择 格式(O) → 文字样式(S)... 命令，弹出 文字样式 对话框，单击该对话框中的 新建(N)... 按钮，在弹出的 新建文字样式 对话框中的“样式名”文本框中输入新建文字样式的名称“标注文本”，效果如图 6.4.2 所示，单击 确定 按钮返回到 文字样式 对话框，参数设置如图 6.4.3 所示。

图 6.4.2　“新建文字样式”对话框

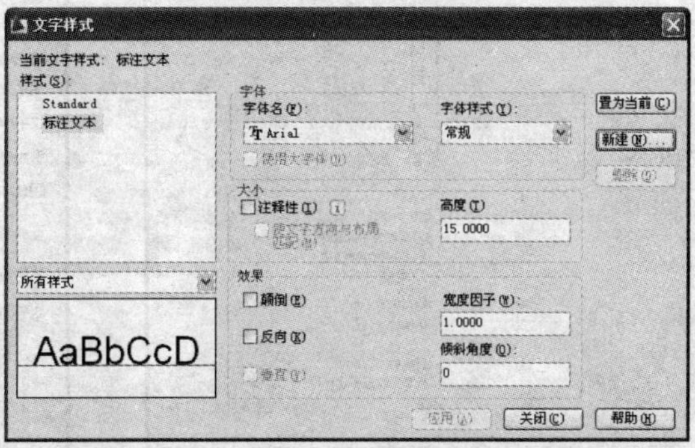

图 6.4.3　“文字样式”对话框

（2）单击 关闭(C) 按钮关闭 文字样式 对话框。选择 格式(O) → 标注样式(D)... 命令，弹出 标注样式管理器 对话框，如图 6.4.4 所示。

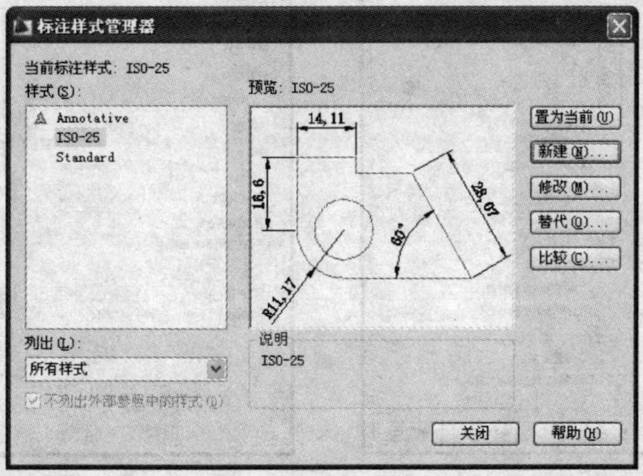

图 6.4.4　“标注样式管理器”对话框

（3）单击 标注样式管理器 对话框中的 新建(N)... 按钮，弹出 创建新标注样式 对话框，在该对话框中的 新样式名(N): 文本框中输入新建标注样式的名称“标注样式”，然后在 基础样式(S): 下拉列表中选择系统默认的“ISO-25”样式为基础样式，如图 6.4.5 所示。

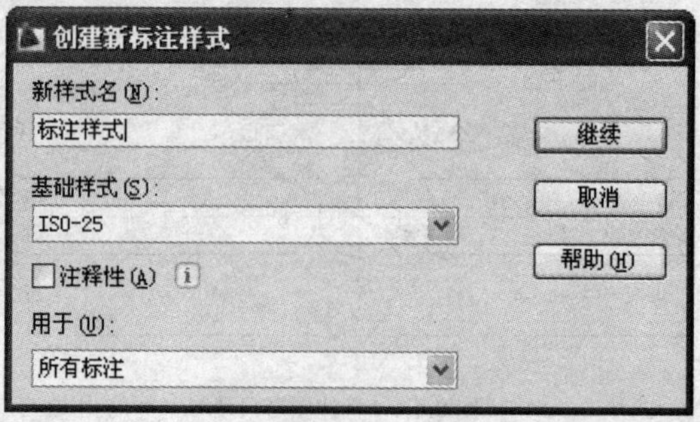

图 6.4.5 “创建新标注样式”对话框

（4）单击“创建新标注样式”对话框中的“继续”按钮，在弹出的“新建标注样式：机械图形”对话框中对各个选项卡进行设置，如图 6.4.6 至图 6.4.9 所示。设置完成后，单击“确定”按钮。

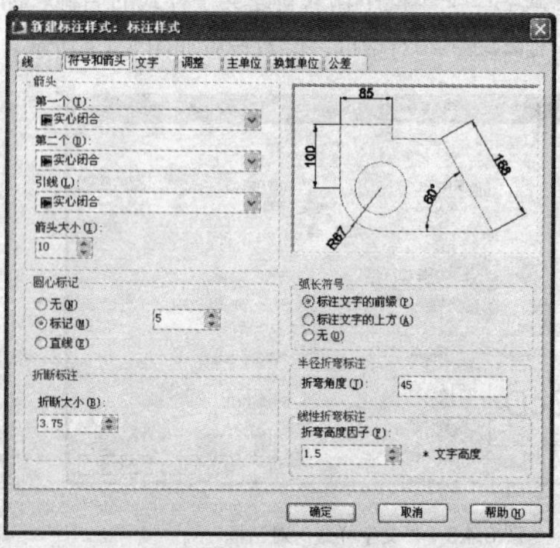

图 6.4.6 “符号和箭头”选项卡

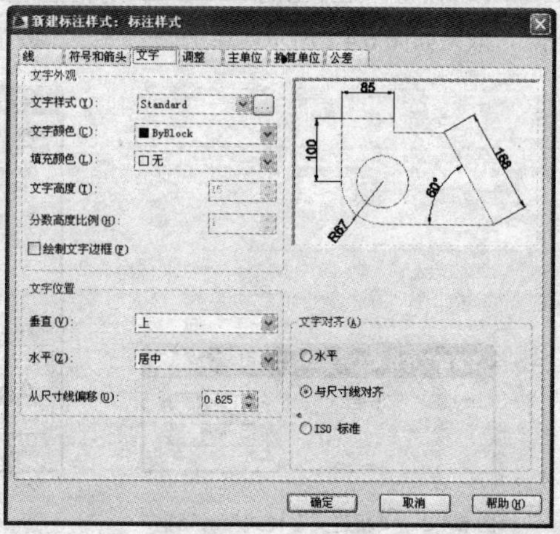

图 6.4.7 “文字”选项卡

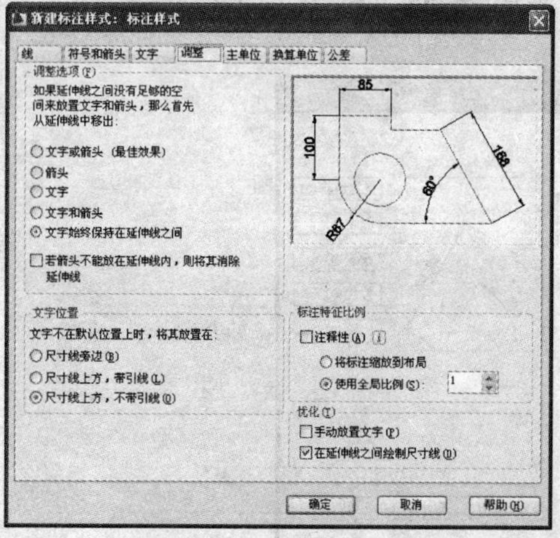

图 6.4.8 “调整”选项卡

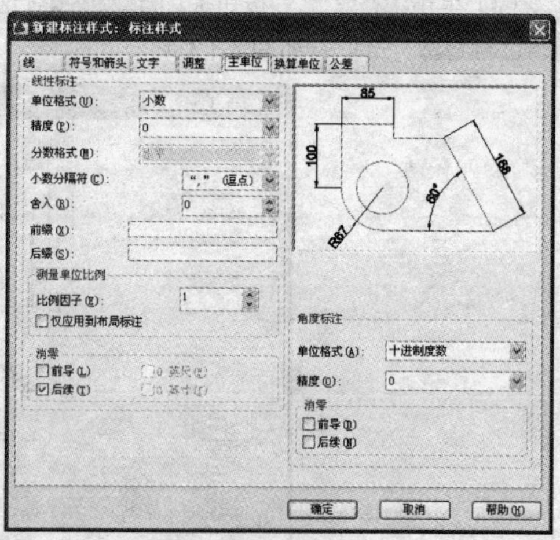

图 6.4.9 “主单位”选项卡

（5）在“标注样式管理器”对话框中选中新建的标注样式，然后单击该对话框中的“置为当前(U)”按钮，将其设置为当前标注样式。单击“标注”工具栏中的“线性”按钮，标注如图 6.4.10 所示图形中的线性尺寸。

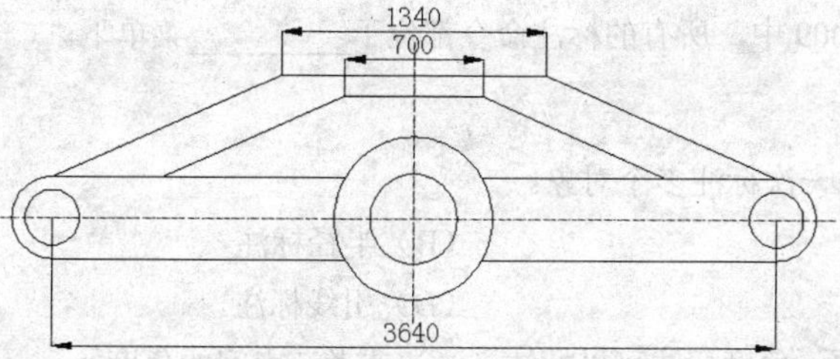

图 6.4.10　标注线性尺寸

（6）单击“标注”工具栏中的“半径”按钮，标注图形中的半径尺寸，效果如图 6.4.11 所示。

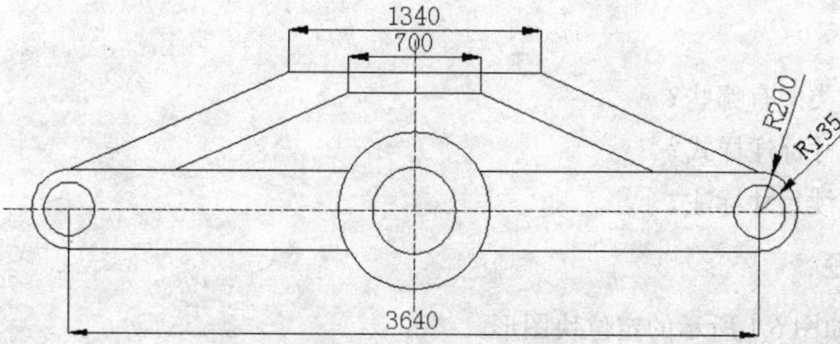

图 6.4.11　标注半径尺寸

（7）单击“标注”工具栏中的“直径”按钮，标注图形中的直径尺寸，效果如图 6.4.12 所示。

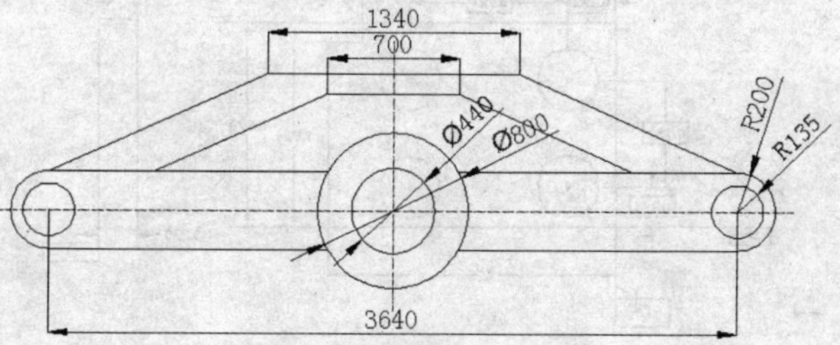

图 6.4.12　标注直径尺寸

（8）单击“标注”工具栏中的“角度”按钮，标注图形中的角度，最终效果如图 6.4.1 所示。

本 章 小 结

本章主要介绍了 AutoCAD 2009 的尺寸标注方法。在标注图形尺寸之前，首先要创建合适的尺寸标注样式，设置尺寸标注样式的各项参数，然后根据实际标注对象选择合适的标注方法进行标注。通过本章的学习，用户应熟练掌握这些尺寸标注的使用方法。

操 作 练 习

一、填空题

1．在 AutoCAD 2009 中，大多数标注都包含＿＿＿＿＿、＿＿＿＿＿、＿＿＿＿＿、＿＿＿＿＿和＿＿＿＿＿。

2．在 AutoCAD 2009 中，所有的标注命令都位于________菜单下。

二、选择题

1．（ ）命令可以一次标注多个对象。

（A）线性标注　　（B）半径标注

（C）快速标注　　（D）引线标注

2．在 AutoCAD 中，角度标注可以标注（ ）或者三点间的角度。

（A）圆的包含角　　（B）两条直线所成的角度

（C）圆弧的包含角　　（D）以上几项均正确

三、简答题

1．尺寸标注的类型有哪些？

2．如何创建尺寸标注样式？

3．如何创建连续尺寸标注？

四、上机操作题

请绘制并标注如图 6.1 所示的定位块图形。

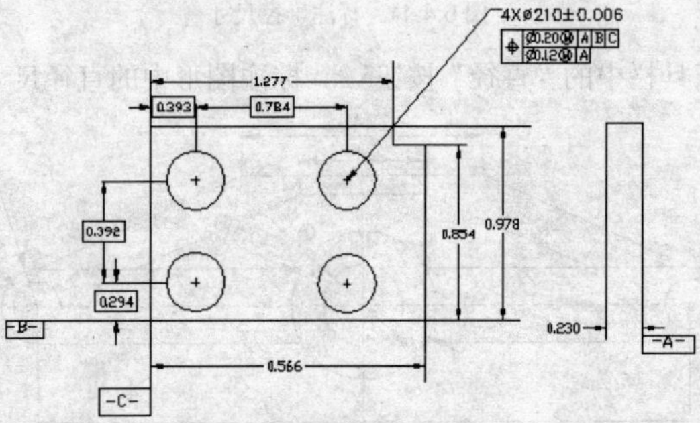

题图　6.1

第 7 章 文字和表格

文字对象是 AutoCAD 图形中很重要的图形元素，也是建筑制图和工程制图中不可缺少的组成部分，在一个完整的图样中，通常都包含一些文字注释，用于标注图样中的一些非图形信息，例如工程制图中的材料说明、施工要求等。中文版 AutoCAD 2009 提供了绘制表的功能，用户不仅可以创建不同类型的表，还可以在其他软件中复制表，以简化制图操作。

知识要点

- 设置文字样式
- 标注文字
- 改变文字样式
- 创建与编辑表格

7.1 设置文字样式

在不同的场合会使用到不同的文字样式，所以设置不同的文字样式是文字注写的首要任务。当设置好文字样式后，可以利用该文字样式和相关的文字注写命令 DTEXT，TEXT，MTEXT 注写文字。

7.1.1 “文字样式”对话框

要注写文字，首先应该确定文字的样式。如注写的英文，可以采用某种英文字体；注写的是汉字，必须采用 AutoCAD 支持的某种汉字字体或大字体。否则，在屏幕上出现的可能是问号“？”。

（1）单击“样式”工具栏中的“文字样式”按钮。

（2）选择 格式(O) → 文字样式(S)... 命令。

（3）在命令行中输入命令 style。

执行该命令后，系统将显示如图 7.1.1 所示的 文字样式 对话框。

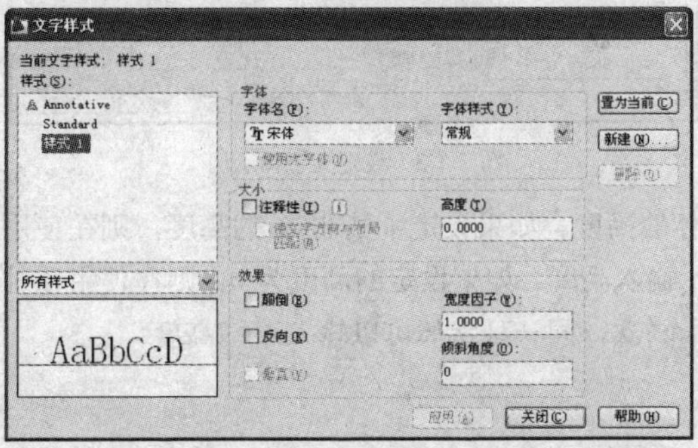

图 7.1.1 “文字样式”对话框

在该对话框中，可以新建文字样式或修改已有文字样式。该对话框包含了“样式名”选项组、“字体”选项组、“效果”选项组、“预览”选项组等。

1.“样式名”选项组

“样式名”下拉列表框：显示当前文字样式，单击下拉列表框的向下小箭头可以弹出所有已建的样式名。选取对应的样式后，其他对应的项目相应显示该样式的设置。其中 Standard 样式为缺省的文字样式，采用的字体为“txt.shx”。该文字样式不可以删除。

新建(N)...：新建一文字样式，单击该按钮后，弹出如图 7.1.2 所示的对话框，要求输入样式名。

图 7.1.2 “新建文字样式”对话框

输入文字样式名，该名称最好具有一定的代表意义，与随即选择的字体对应起来或和它的用途对应起来，这样使用时比较方便，不至于混淆。当然也可以使用缺省的样式名。单击 确定 按钮后返回 新建文字样式 对话框。

删除(D)：删除一文字样式，在图形中已经被使用过的文字样式无法删除，同样 Standard 样式是无法删除的。

2.“字体”选项组

“字体名”下拉列表框：可以在该下拉列表框中选择某种字体。必须是已注册的 TrueType 字体和编译过的字形文件才会显示在该列表框中。

☑使用大字体(U) 复选框：在选择了相应的字体后，该复选框有效，用于指定某种大字体。

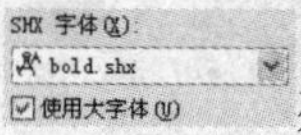

列表框：在选中了 ☑使用大字体(U) 复选框后，该列表框有效，可以选择某种大字体。如图 7.1.3 所示为设定“txt.shx”字体后使用大字体的情况。

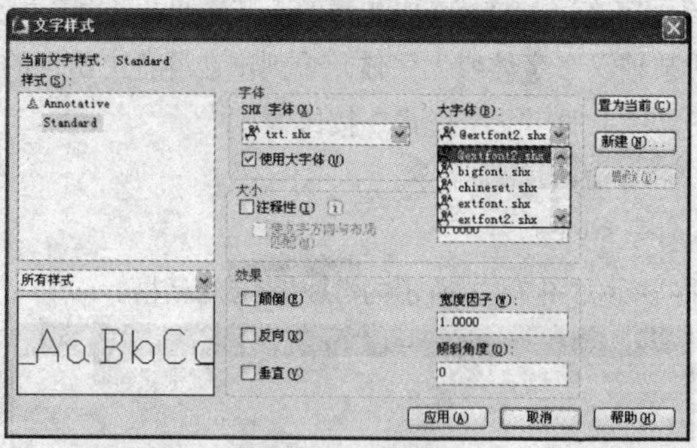

图 7.1.3 设定大字体示例

高度(T)：用于设置字体的高度。如果设定了某非 0 的高度，则在使用该种文字样式注写文字时统一使用该高度，不再提示输入高度。如果设定的高度为 0，则在使用该种样式输入文字时将出现高度提示。每使用一次会提示一次，同一种字体可以输入不同高度。

3.“效果”选项组

☑颠倒(E)：以水平线作为镜像轴线的垂直镜像效果。

☑反向(K)：以垂直线作为镜像轴线的水平镜像效果。

☑垂直(V)：文字垂直书写。

以上 3 种效果有些效果对一些特殊字体是不可选的。

宽度因子(W)：设定文字的宽和高的比例。

倾斜角度(O)：设定文字的倾斜角度，正值向右斜，负值向左斜，角度范围为－84º～84º。

4．“预览”选项组

预览框：直观显示了其中的几个字母的效果。

预览按钮左侧的文本框：可以输入想预览的文字。

应用(A)：将设置的样式应用到图形中。单击该按钮后，取消按钮变成关闭(C)。

取消：在应用之前可以通过该按钮放弃前面的设定。在应用之后，该按钮变成关闭。

关闭(C)：关闭该样式设定对话框，最后选定的样式成为当前文字注写样式。

帮助(H)：提供文字样式对话框内容帮助。

建立样式“新文字样式”，其字体为“华文行楷”，高度为 100，具体操作步骤如下：

（1）选择格式(O)→文字样式(S)...命令，弹出文字样式对话框，如图 7.1.4 所示。

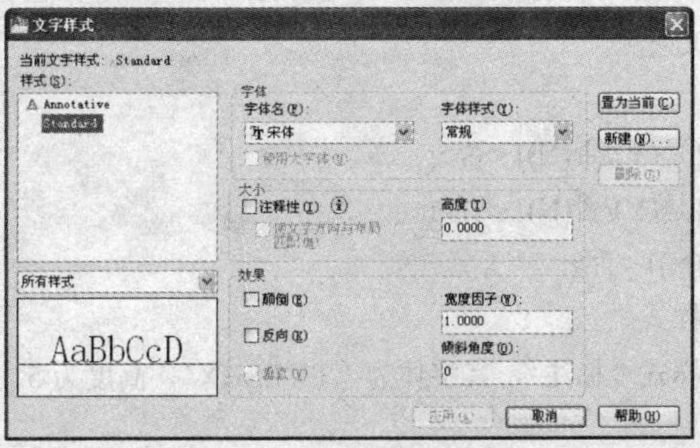

图 7.1.4　“文字样式”对话框

（2）单击新建(N)...按钮，弹出新建文字样式对话框。在“样式名”文本框中键入“新文字样式”，如图 7.1.5 所示。

图 7.1.5　“新建文字样式”对话框

（3）单击确定按钮，回到文字样式对话框。

（4）单击字体名(F)：下拉文本框后的向下箭头，弹出字体列表。利用右侧的滑块，向下搜索，找到“华文行楷”，选中“华文行楷”，在高度(T)栏中设置高度为 100，如图 7.1.6 所示。

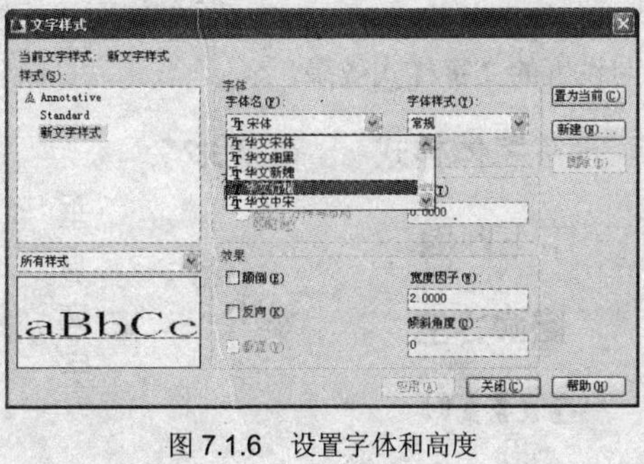

图 7.1.6　设置字体和高度

（5）然后先单击 应用(A) 按钮，再单击 关闭(C) 按钮，则不仅建立了“宋体字”这一新的文字样式，同时该字体变成当前的字体。

7.1.2　命令行设置文字样式

设定文字样式不仅可以通过对话框进行，还可以通过命令行进行。在命令提示下设置文字样式的命令为-STYLE。

执行该命令后，命令行提示如下：

命令: -STYLE
输入文字样式名或 [?] <新文字样式>: 标注
新样式。
指定完整的字体名或字体文件名 (TTF 或 SHX): <txt>:
指定文字高度或 [注释性(A)] <0.0000>:
指定宽度因子 <1.0000>:
指定倾斜角度 <0>:
是否反向显示文字？[是(Y)/否(N)] <否>:
是否颠倒显示文字？[是(Y)/否(N)] <否>:
是否垂直？[是(Y)/否(N)] <否>:
“标注”是当前文字样式。

通过命令行设置文字样式“标注”，其字体为“TXT.SHX”，高度为 5，其他使用缺省值。具体操作步骤如下：

命令: -STYLE
输入文字样式名或 [?] <新文字样式>: 标注　　//要求输入字体名或字体文件名
新样式。
指定完整的字体名或字体文件名 (TTF 或 SHX): <txt>: TXT.SHX　//输入字体名
指定文字高度或 [注释性(A)] <0.0000>: 5　　//输入文字高度
指定宽度因子 <1.0000>:　　//输入宽度比例
指定倾斜角度 <0>:　　//输入倾斜角度
是否反向显示文字？[是(Y)/否(N)] <否>:　　//不反向显示文字
是否颠倒显示文字？[是(Y)/否(N)] <否>:　　//不颠倒显示文字
是否垂直？[是(Y)/否(N)] <否>:　　//不垂直显示文字，水平显示文字
“标注”是当前文字样式。　　//系统提示“标注”文字样式置为当前

如图 7.1.7 所示为几种不同设置的文字样式效果。

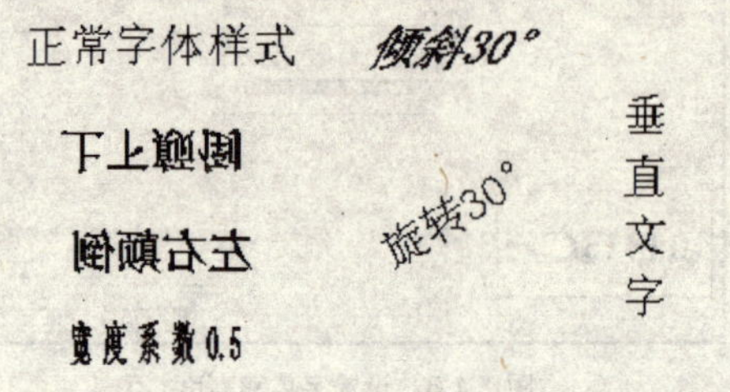

图 7.1.7　文本样式设置的几种效果

7.2　标 注 文 字

利用 AutoCAD 2009，用户可以方便地标注单行文字或多行文字。

7.2.1　标注单行文字

（1）单击“文字”工具栏中的“单行文字”按钮A|。

（2）选择 绘图(D) → 文字(X) → 单行文字(S) 命令。

（3）在命令行中输入命令 dtext 后按回车键。

命令: _dtext

当前文字样式: Standard　当前文字高度: 100.0000

指定文字的起点或[对正(J)/样式(S)]:　　//指定单行文字的起点

指定高度 <100.0000>:　　//输入文字的高度

指定文字的旋转角度 <0>:　　//输入文字的旋转角度

输入文字:　　//输入文字

输入文字:　　//按回车键结束命令

其中各命令选项的功能介绍如下：

（1）指定文字的起始点。确定文字行基线的始点位置，为默认项。

AutoCAD 为文字行定义了顶线、中线、基线和底线 4 条线，用于确定文字行的位置。图 7.2.1 以文字串 Text Sample 为例，说明了这 4 条线与文字串的关系。

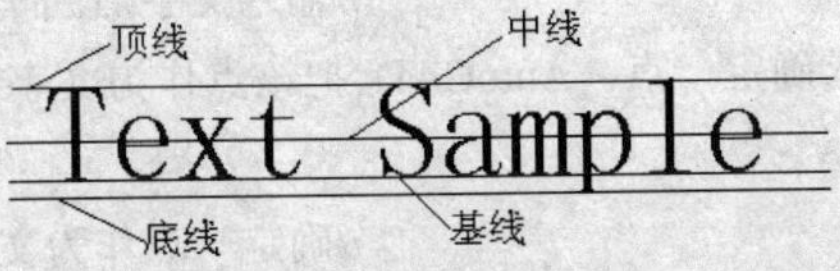

图 7.2.1　文字标注参考线定义

在“指定文字的起点或[对正(J)/样式(S)]”提示下确定文字的起点位置后，AutoCAD 提示：

指定高度<40.0000>　　//输入文字的字高

指定文字的旋转角度<0>:　　//输入文字行的旋转角度

输入文字:

在该提示下输入文字即可。当前文字样式不是固定字高时，AutoCAD 提示指定高度，否则不给出该提示。

（2）对正。确定插入点，以确定文字行的排列方式。执行该选项，AutoCAD 提示：

[对齐(A)/调整(F)/中心(C)/中间(M)/右(R)/左上(TL)/中上(TC)/右上(TR)/左中(ML)/正中(MC)/右中(MR)/左下(BL)/中下(BC)/右下(BR)]:

此提示中的各选项含义如下：

1）对齐。要求确定所标注文字行基线的始点位置与终点位置。执行该选项，AutoCAD 提示：

指定文字基线的第一个端点:　　//确定文字行基线的始点位置

指定文字基线的第二个端点: //确定文字行基线的终点位置

输入文字: //输入文字后回车

执行结果：输入的文字串字符均匀分布于两点之间。文字行的旋转角度由两点间连线的倾斜角度确定，字高、字宽根据两点间的距离、字符的多少按文字的宽度比例自动确定。

2）调整。此选项要求用户确定文字行基线的始点位置、终点位置以及文字的字高。执行该选项，AutoCAD 提示：

指定文字基线的第一个端点: //确定文字行基线的始点位置

指定文字基线的第二个端点: //确定文字行基线的终点位置

输入文字: //输入文字后回车

执行结果：文字字符均匀分布于指定的两点之间，且文字行的旋转角度由两点间连线的倾斜角度确定，字符高度为用户指定的高度，字符宽度由所确定两点间的距离与字符的多少自动确定。

3）中心。此选项要求确定一点，AutoCAD 把该点作为所标注文字行基线的中点。执行该选项，AutoCAD 提示：

指定文字的中心点: //确定作为文字行基线中点的点

指定高度<40.0000>: //输入文字的高度

指定文字的旋转角度<0>: //输入文字行的旋转角度

输入文字: //输入文字后回车

4）中间。此选项要求用户确定一点，AutoCAD 把该点作为所标注文字行中线的中点。执行该选项，AutoCAD 提示：

指定文字的中间点: //确定一点作为文字行在垂直和水平方向的中点

指定高度<40.0000>: //输入文字的高度

指定文字的旋转角度<0>: //输入文字行的旋转角度

输入文字: //输入文字后回车

5）右上。此选项要求确定一点，AutoCAD 把该点作为文字行基线的右端点。执行该选项，AutoCAD 提示：

指定文字基线的右端点: //确定一点作为文字行基线的右端点

指定高度<40.0000>: //输入文字的高度

指定文字的旋转角度<0>: //输入文字行的旋转角度

输入文字: //输入文字后回车

6）左上。此选项要求用户确定一点，AutoCAD 把该点作为文字行顶线的始点。执行该选项，AutoCAD 提示：

指定文字的左上点: //确定一点作为文字行顶线的始点

指定高度<40.0000>: //输入文字的高度

指定文字的旋转角度<0>: //输入文字行的旋转角度

输入文字: //输入文字后回车

7）其他选项。执行某一选项，AutoCAD 均会提示用户确定相应的插入点、文字高度、文字行的旋转角度等，然后输入文字。具体执行过程与左上选项类似，不再叙述。

图 7.2.2 以文字 Specify 为例说明了除“对齐”与“调整”两种文字排列形式以外的其余各选项对应的排列形式（为更形象地说明问题，图中保留了各定义线）。

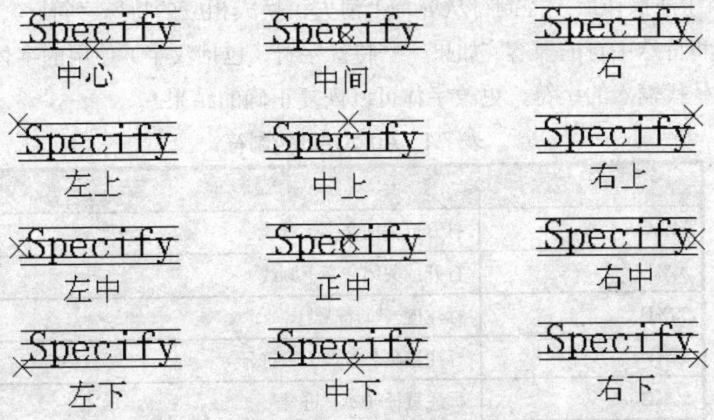

图 7.2.2　文字排列示例

（3）样式。确定当前使用的文字样式。执行该选项，AutoCAD 提示：

输入样式名或[?]<Standard>:

在此提示下，用户可键入当前的文字样式的名字，也可键入“？”，显示当前已有的文字样式。在相关章节将介绍如何定义文字样式。

（1）标注完一行文字后，如果再执行 DTEXT 命令，上一次标注的文字行会以高亮度方式显示。此时若在“指定文字的起点或[对正(J)/样式(S)]:”提示下直接回车，AutoCAD 会根据上一行文字的排列方式另起一行进行标注。

（2）执行 DTEXT 命令后，当提示：输入文字时，屏幕上会出现一个“工”字形标记，它反映将要输入文字的位置、大小以及文字行的旋转角度等。当输入一个字符时，AutoCAD 会在该标记处显示该字符，同时此标记向后移动一个字符的位置，以指明下一个字符的位置。

（3）在一个 DTEXT 命令下，可标注若干行文字。在“输入文字”提示下输入一行文字后，按回车键，AutoCAD 自动换行，即屏幕上的小标记自动移到下一行的起始位置上，同时 AutoCAD 继续提示输入文字，允许用户输入第二行文字。依次类推，用户可以输入若干行文字，直到输完全部文字，并且在“输入文字”提示下回车为止。AutoCAD 将每一行对象看成是一个对象。

（4）在输入文字的过程中，可以随时改变文字的位置。如果在输入文字的过程中想改变后面输入的文字位置，将光标移到新位置并按拾取键，原标注行结束，小标记出现在新确定的位置，而后用户可以在此继续输入文字。

（5）具有实时改错的功能。如果需要改正刚才输入的字符，只要按一次退格键，就能把该字符删除，同时小标记也回退一步。用这种方法可以从后向前删除已输入的多个字符。

（6）标注文字时，不论采用哪种文字排列方式，输入文字时在屏幕上显示的文字都是临时按左对齐的方式排列。结束 DTEXT 命令后，输入的文字从屏幕上消失，然后按指定的排列方式重新生成。

（7）特殊符号。在实际绘图时，有时需要标注一些特殊符号（如希望在一段文字的上方或下方加画线、标注 º（度）、±、ϕ等符号）。由于这些特殊符号不能从键盘上直接输入，AutoCAD 提供了相应的控制符，以实现这些标注要求。AutoCAD 的控制符由两个百分号（%%）以及在其后面紧接一个字符构成，表 7.1 是 AutoCAD 的常用控制符。

AutoCAD 的控制符中，%%O 和%%U 分别是上画线与下画线的开关，即当第一次出现此符号时，表明打开上画线或下画线，而当第二次出现该字符号时，则会关掉上画线或下画线。

在“输入文字”提示下输入控制符时，这些控制符也临时显示在屏幕上，当结束 DTEXT 命令使

AutoCAD 执行重新生成操作后，控制符从屏幕上消失，换成相应的特殊字符。

应该注意字体和特殊字符的兼容。如果一些特殊字符（包括汉字）使用的字体无法辨认时，则会显示若干“？”来替代输入的字符，更改字体可以恢复正确的结果。

表 7.1　AutoCAD 控制符

符　号	功　能
%%O	打开或关闭文字上画线
%%U	打开或关闭文字下画线
%%D	标注度（°）符号
%%P	标注正负公差（±）符号
%%C	标注直径（ϕ）符号

例如，标注文字的具体操作步骤如下：

命令: DTEXT

当前文字样式: “标注” 文字高度: 2.5000 注释性: 否

指定文字的起点或 [对正(J)/样式(S)]:

指定高度 <2.5000>: 25

指定文字的旋转角度 <0>:

执行结果 7.2.3 所示。

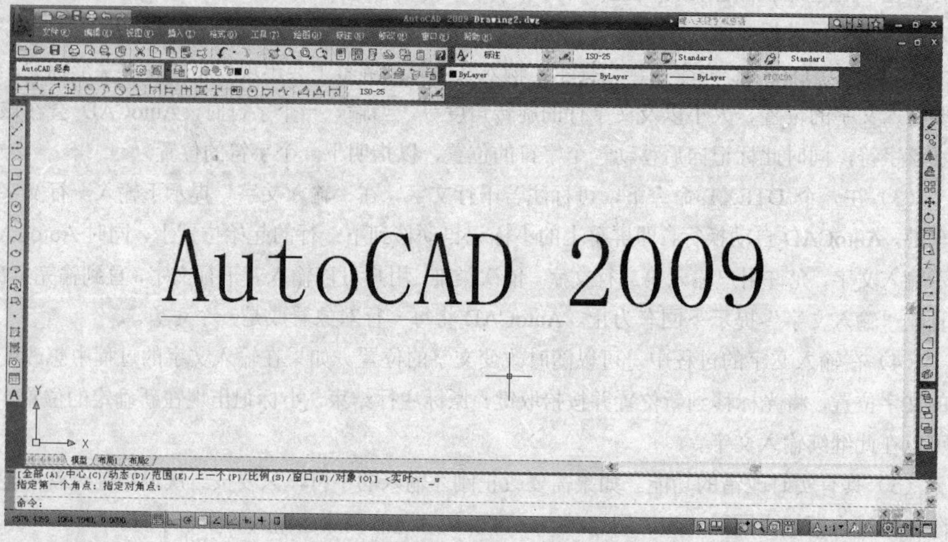

图 7.2.3　标注文字

7.2.2　标注多行文字

（1）单击“文字”工具栏中的“多行文字”按钮A。

（2）选择 绘图(D) → 文字(X) → 多行文字(M)... 命令。

（3）在命令行中输入命令 mtext。

执行创建多行文字命令后，命令行提示如下：

命令: _mtext　　　　//执行创建多行文字命令

当前文字样式:"样式 1"　当前文字高度:50　　　　//系统提示

指定第一角点: //在绘图窗口中指定多行文字编辑窗口的第一个角点

指定对角点或 [高度(H)/对正(J)/行距(L)/旋转(R)/样式(S)/宽度(W)]:

//指定多行文字编辑窗口的第二个角点

其中各命令选项的功能介绍如下：

（1）指定对角点。如果用户响应该默认项，即确定另一角点，AutoCAD 将以这两个点为对角点形成的矩形区域的宽度作为文字行的宽度，以第一个角点作为文字行顶线的起始点，并且弹出如图 7.2.4 所示的**文字格式**对话框。

图 7.2.4 “文字格式”对话框

用户可利用该对话框进行标注设置、输入文字。

（2）高度。确定文字的高度。执行该选项，AutoCAD 提示：

指定高度<0.2000>:

在此提示下输入高度值后回车，AutoCAD 返回到：

指定对角点或 [高度(H)/对正(J)/行距(L)/旋转(R)/样式(S)/宽度(W)]: //系统提示

（3）对正。该选项决定所标注段落文字的排列形式。执行该选项，AutoCAD 提示：

[左上(TL)/中上(TC)/右上(TR)/左中(ML)/正中(MC)/右中(MR)/左下(BL)/中下(BC)/右下(BR)] <左上(TL)>:

各选项表示的排列形式与 DTEXT 命令中的同名排列形式相类似，只不过是相对于整个标注段落而言。当用户选择某一排列形式后，AutoCAD 返回到：

指定对角点或 [高度(H)/对正(J)/行距(L)/旋转(R)/样式(S)/宽度(W)/栏(C)]: //系统提示

（4）行距。确定标注文字的行间距。

（5）旋转。确定文字行的旋转角度。

（6）样式。确定所标注文字的文字样式。执行该选项，AutoCAD 提示：

输入样式名或[?]<Standard>: //输入文字样式的名字，也可以输入？来显示当前已有的文字样式

确定了文字样式后，AutoCAD 返回到：

指定对角点或 [高度(H)/对正(J)/行距(L)/旋转(R)/样式(S)/宽度(W)/栏(C)]: //系统提示

（7）宽度。确定文字行的宽度。执行该选项，AutoCAD 提示：

指定宽度:

此提示要求用户确定文字行的宽度，响应后 AutoCAD 弹出如图 7.2.4 所示的对话框。

练习使用“多行文字”命令输入多行文字，如图 7.2.5 所示。

命令: mtext

当前文字样式: "标注" 文字高度: 25 注释性: 否

指定第一角点: 0,0

指定对角点或 [高度(H)/对正(J)/行距(L)/旋转(R)/样式(S)/宽度(W)/栏(C)]: h

指定高度 <25>: 50

指定对角点或 [高度(H)/对正(J)/行距(L)/旋转(R)/样式(S)/宽度(W)/栏(C)]: 500,500

输入和编辑多行

文字文字样式

图 7.2.5 多行文字

7.2.3 多行文字编辑器

在如图 7.2.4 所示的文字格式对话框中输入文字时，所输入的文字会显示在对话框的大矩形框中。此外，在对话框中主要选项的功能如下：

（1）字体：确定或改变字体。用户可从相应的下拉列表框中选择。

（2）字体的高度：确定或改变字高。用户可从相应的下拉列表框中选择，也可直接在文本框中输入高度值。

（3）加粗：确定文字是否以黑体形式显示，单击相应的按钮可实现是否以黑体形式显示的切换。

（4）倾斜：确定文字是否以斜体形式显示，单击相应的按钮可实现是否以斜体形式显示的切换。

（5）下画线：确定是否给文字加下画线，单击相应的按钮可实现是否给文字加下画线的切换。

（6）取消：取消前一次操作，单击相应的按钮即可。

（7）堆叠/非堆叠：当选中的文字包含有/，^或#符号以不同的格式表示分数时，利用该按钮可以实现相应的堆叠、非堆叠切换。

（8）文字颜色：确定文字的颜色。用户可从相应的下拉列表框中作出选择。

7.2.4 加速文字显示 QTEXT

图形中存在太多的文字，会影响图形的重画、缩放和刷新速度，尤其在使用了 PostScript 字体、TrueType 字体以及其他一些复杂字体时，这一影响会比较明显。针对这种情况，为了减少不必要的时间浪费，AutoCAD 提供了 QTEXT 命令以便加速文字的显示。

QTEXT 命令其实是一个开关，控制了文字的显示速度。命令及提示:

命令: QTEXT

输入模式 [开(ON)/(OFF)] <关>:

参数:

开（ON）：　　　　　　　　　　　　　　　　　　　//QTEXT 处于打开状态

关（OFF）：　　　　　　　　　　　　　　　　　　//QTEXT 处于关闭状态

打开 QTEXT 测试文字显示效果，如图 7.2.6 所示。它反映了 QTEXT 模式关闭和打开后的两种不同的显示方式。在关闭 QTEXT 模式时（缺省状态），文字正常显示。当打开 QTEXT 模式时，AutoCAD 用逼近的小矩形来替代文本的显示，如图 7.2.6 中右侧图形所示。

在 QTEXT 处于打开状态下输入文字，在输入的过程中，文本正常显示，一旦按回车键，结束该行文本输入后，文本即由逼近的矩形替代。如果先输入了文字，再打开 QTEXT，原先输入的文本只有在执行了重生成后才会变成逼近的小矩形。强制图形重生成的命令为 REGEN。

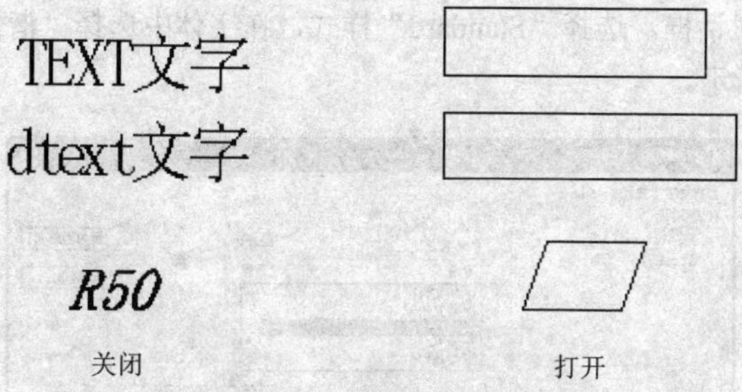

图 7.2.6　QTEXT 对文字显示的影响

7.2.5　文字拼写检查

AutoCAD 像其他的文字处理工具一样，不仅提供了常用的文字处理编辑功能，同时还提供了拼写检查功能。用户可以通过拼写检查，减少文字输入时的失误，可以通过命令或菜单来执行拼写检查。

（1）选择 工具(T) → 拼写检查(E) 命令。

（2）在命令行中输入命令 SPELL。

执行该命令后，首先要求选择文字或属性，选择后如果 AutoCAD 认为没有错误，弹出对话框提示检查完成。

7.3　改变文字样式

文字样式的改变，在一般情况下会直接影响到采用该样式输入的文字。对于 DTEXT 和 TEXT 输入的单行文字，由于在输入时均指定了自己的文字样式，所以一旦在后来改变了该样式，输入的文字会自动更新。

对多行文字而言，有两种情况：如果在输入时采用了多行文字编辑器中的“特性”选项卡，设置了多行文字的样式，则一旦改变该样式，输入的多行文字会自动根据新的样式修改文本。如果在输入时是独立设置字体，未经“特性”选项卡中的样式选择而产生的文本，则在后来修改某种文字样式时，不会影响到多行文字编辑器输入的文本。

修改图 7.3.1 中隶书字体为楷体字，观察对单行文字和多行文字的影响。

（1）如图 7.3.1 所示，原先在文字样式中设定的样式“Standard”采用的字体是宋体，并且采用 TEXT 和 DTEXT 输入前两行文字。采用 MTEXT 输入第三、第四行文字，其中第三行通过“特性”选项卡设定输入的文本样式为“Standard”，第四行则直接在“字符”选项卡中设定为“宋体”。

TEXT文本示例

DTEXT文本示例

MTEXT：使用特性设定的文字样式

MTEXT：单独设置字体

图 7.3.1　修改样式前的文字

（2）打开文字样式对话框，选择“Standard”样式，在字体中选择“楷体_GB2312”来替代原先的“宋体”，如图 7.3.2 所示。

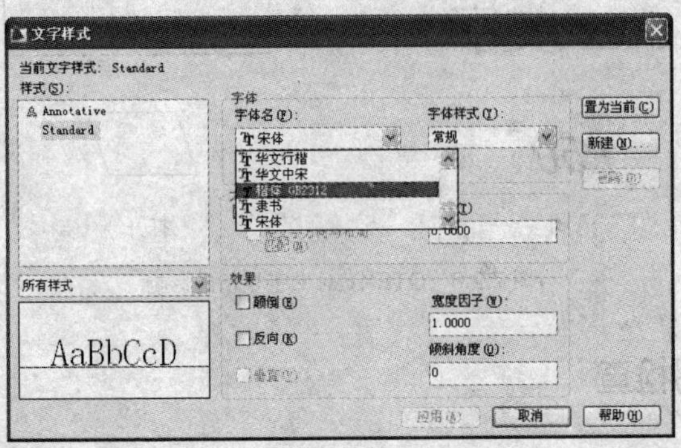

图 7.3.2　“文字样式”对话框

（3）单击应用(A)和关闭(C)，退出文字样式对话框，结果如图 7.3.3 所示。

从图 7.3.1 和 7.3.3 的比较中可以看出，文字样式的改变会影响到采用该样式绘制的文字，和输入的方法无关。

TEXT文本示例

DTEXT文本示例

MTEXT：使用特性设定的文字样式

MTEXT：单独设置字体

图 7.3.3　修改样式后的文字

7.4　创建与编辑表格

在绘制图形时，有时需要绘制一些表格，然后在表格中注释与图形有关的信息。在 AutoCAD 2009 中，用户可以直接在绘图窗口中绘制具有标题栏和数据栏的表格，另外，还可以将表格中的数据以其他格式输出。

7.4.1　创建表格样式

在 AutoCAD 2009 中，执行创建表格样式命令的方法有以下 3 种：

（1）单击“样式”工具栏中的“表格样式”按钮。

（2）选择格式(O) → 表格样式(B)...命令。

（3）在命令行中输入命令 TABLESTYLE。

执行该命令后，弹出表格样式对话框，如图 7.4.1 所示。

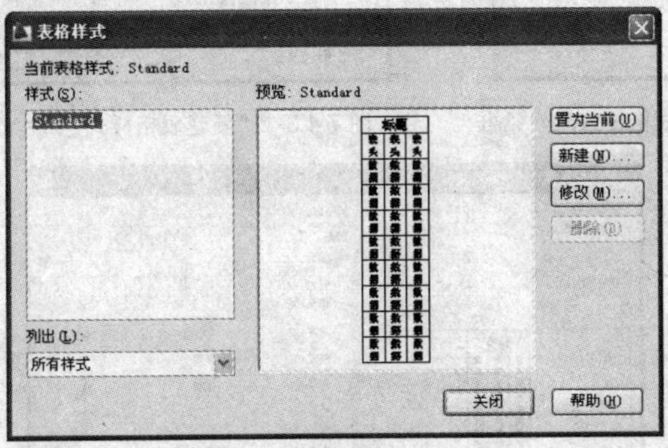

图 7.4.1　“表格样式”对话框

该对话框中各选项功能介绍如下：

（1）样式(S)：列表框：该对话框的左边是样式(S)：列表框，该列表框用于列出当前图形文件中所有的表格样式名。

（2）列出(L)：下拉列表框：该下拉列表框用于控制样式(S)：列表框中显示的内容，系统提供了“所有样式”和“正在使用的样式”两种类型供用户选择。

（3）预览：Standard 预览框：在样式(S)：列表框中选中一种样式的名称后，在该预览框中即可显示该表格样式。

（4）置为当前(U)按钮：在样式(S)：列表框中选中一种表格样式后单击此按钮，即可将选中的表格样式设置为当前样式。

（5）新建(N)...按钮：单击此按钮，即可创建新的表格样式。

（6）修改(M)...按钮：在样式(S)：列表框中选中一种表格样式后单击此按钮，即可对选中的表格样式进行修改。

（7）删除(D)按钮：在样式(S)：列表框中选中一种表格样式后单击此按钮，即可删除选中的表格样式。

参数设置完成后单击该对话框中的关闭按钮，即可关闭该对话框。

7.4.2　设置表格样式参数

表格样式参数可以在新建表格样式：Standard 副本对话框或修改表格样式：Standard对话框中进行设置。单击表格样式对话框中的新建(N)...按钮，弹出创建新的表格样式对话框，如图 7.4.2 所示，在该对话框中的新样式名(N)：文本框中输入新建表格样式的样式名，然后单击继续按钮，即可弹出新建表格样式：Standard 副本对话框，如图 7.4.3 所示，或者在新样式名(N)：列表框中选中一种表格样式，然后单击表格样式对话框中的修改(M)...按钮，即可弹出修改表格样式：Standard对话框，如图 7.4.4 所示。

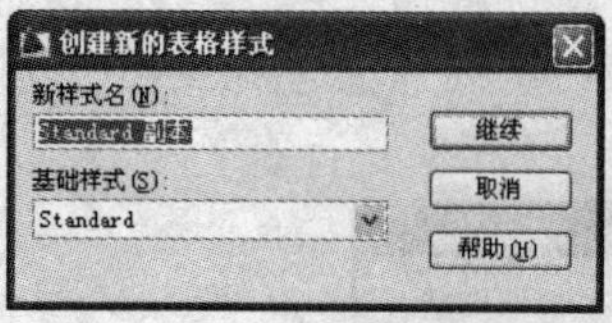

图 7.4.2 “创建新的表格样式”对话框

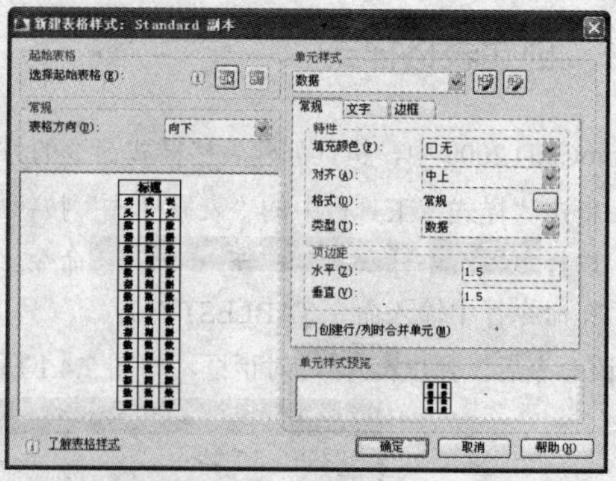

图 7.4.3 “新建表格样式：Standard 副本”对话框

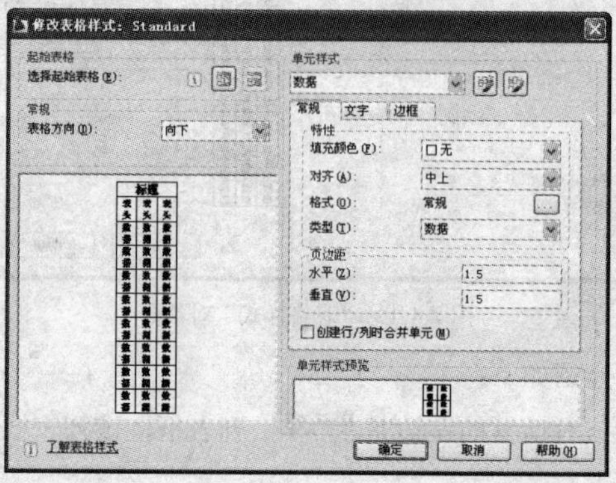

图 7.4.4 “修改表格样式：Standard”对话框

新建表格样式：对话框和修改表格样式：对话框中的选项相同，只是一个用于在新建表格样式时对表格样式的初始值进行设置，而另一个则是对已经创建的表格样式参数进行修改。这两个对话框中都有常规、文字和边框选项卡，如图 7.4.5、图 7.4.6 和图 7.4.7 所示，这 3 个选项卡分别用于设置表格的常规特性、文字特性和边框特性。

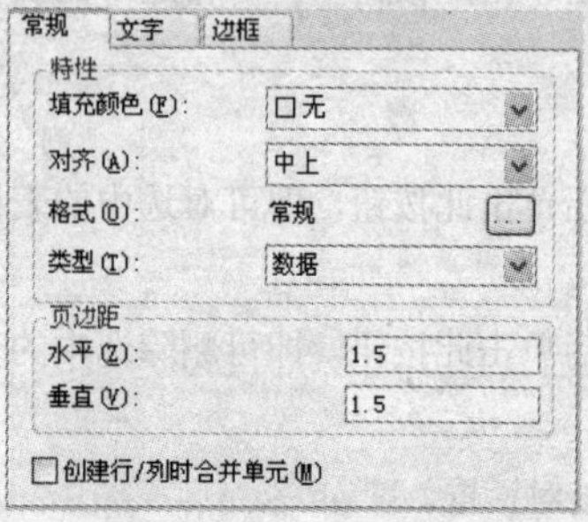

图 7.4.5 “常规”选项卡

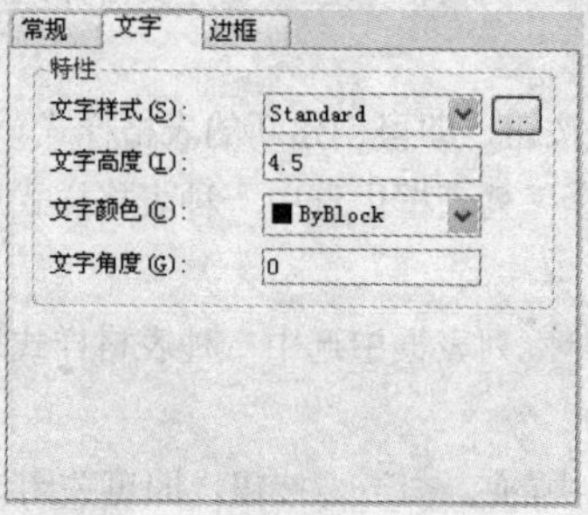

图 7.4.6 “文字”选项卡

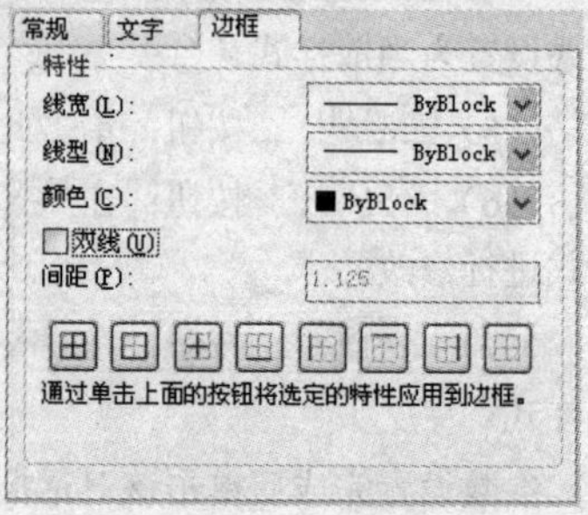

图 7.4.7 “边框”选项卡

7.4.3 创建表格

表格样式参数设置完成后，即可在绘图窗口中插入表格。在 AutoCAD 2009 中，执行创建表格命令的方法有以下 3 种：

（1）单击“绘图”工具栏中的“表格”按钮。

（2）选择 绘图(D) → 表格... 命令。

（3）在命令行中输入命令 TABLE。

执行该命令后，弹出“插入表格”对话框，如图 7.4.8 所示。

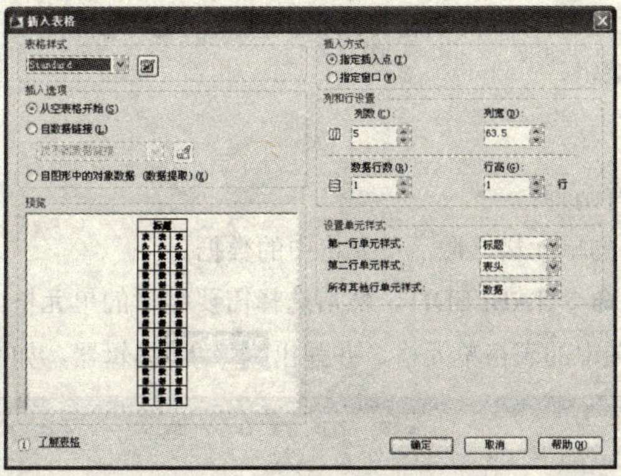

图 7.4.8　“插入表格”对话框

该对话框中各选项功能介绍如下：

（1）表格样式选项组：该选项组用于设置表格的外观。其下拉列表中包含了当前图形文件中的所有表格样式，用户可以单击该下拉列表框右边的按钮，在弹出的下拉列表中选择需要的表格样式。如果当前图形中没有用户需要的表格样式，还可以单击该下拉列表框右边的按钮，在弹出的“表格样式”对话框中创建新的表格样式。系统默认的表格样式为 Standard。

（2）插入方式选项组：该选项组用于指定表格位置。

1）◉指定插入点(I)单选按钮：选中此单选按钮，指定表格左上角的位置。

2）◉指定窗口(W)单选按钮：选中此单选按钮，指定表格的大小和位置。

（3）列和行设置选项组：该选项组用于设置列和行的数目和大小。

1）列数(C):微调框：指定列的数值。

2）列宽(D):微调框：指定列间距。

3）数据行数(R):微调框：指定行的数值。

4）行高(G):微调框：指定行间距。

设置完表格的样式、插入方式、行和列的数目后，单击该对话框中的确定按钮，然后在绘图窗口中指定表格的位置，输入数据即可，效果如图 7.4.9 所示。

BV线芯截面mm^2	线槽规格与导线根数			
	25X15	40X20	60X25	100X30
1.0	18	37	70	140
1.5	10	23	44	88
2.5	8	18	34	68
4.0	7	14	26	53
6.0	5	10	20	41
10.0	3	7	13	26
16.0	2	5	9	18
25.0		3	5	12
35.0		2	3	9
50.0				6

图 7.4.9　创建表格

7.4.4 编辑表格

创建表格后，用户可以根据需要对表格单元格及其数据进行编辑。在 AutoCAD 2009 中，用户可以用多种方式对表格进行编辑。

1. 编辑表格数据

编辑表格数据的方法有两种：

（1）用鼠标双击表格的单元格，激活单元格中的数据。

（2）在命令行中输入命令 TABLEDIT，然后选择需要编辑的单元格。

执行该命令后，激活选中的表格单元格，并弹出文字格式编辑器，如图 7.4.10 所示。

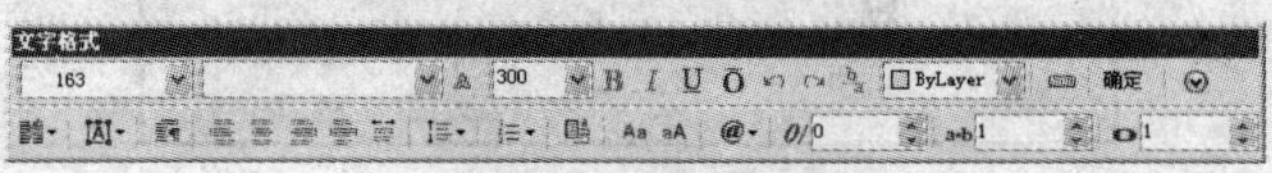

BV线芯截面MM	线槽规格与导线根数			
	25X15	40X20	60X25	100X30
1.0	18	37	70	140
1.5	10	23	44	88
2.5	8	18	34	68
4.0	7	14	26	53
6.0	5	10	20	41
10.0	3	7	13	26
16.0	2	5	9	18
25.0		3	5	12
35.0		2	3	9
50.0				6

图 7.4.10 修改表格数据

激活单元格数据后，用户可以对表格中的数据进行编辑，同时还可以通过键盘上的方向键或“Tab”键在各个单元格之间进行切换，对其他单元格中的数据进行编辑。另外，用户还可以通过文字格式编辑器中的工具对数据的文字样式、字体、高度以及段落格式等进行编辑，最后单击确定按钮完成表格数据的编辑。

2. 编辑表格

创建表格后，用户可以对表格进行剪切、复制、对齐、插入块或公式、插入行或列、合并单元格等操作，执行编辑单元格命令的方法为：选中要编辑的表格，然后单击鼠标右键，弹出快捷菜单，如图 7.4.11 所示，用户可以选择该快捷菜单中的命令对表格进行编辑。

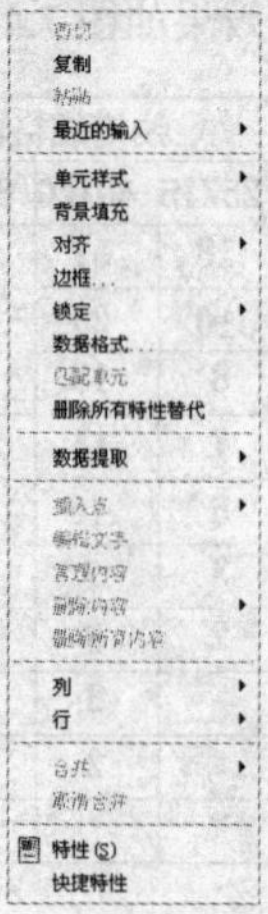

图 7.4.11 “单元格”快捷菜单

7.5　上机实战——创建表格

本节主要介绍表格和文字标注的使用方法，效果如图 7.5.1 所示。

技术参数		
模数　M		1.5
齿数　Zz		34
压力角　a		20
精度等级　JB170-83		8-7-7HK
齿圈经向跳动 Fr		0.003
公法线长度公差 Fw		0.028
基节极限偏差 fpb		0.013
齿形公差 ff		0.011
公法线检查	长度	16.21
	允差	$^{-0.112}_{-0.168}$
跨齿数　n		4

图 7.5.1　创建的表格

操作步骤

（1）新建一个图形文件，设置工作界面为“AutoCAD 经典”。

（2）单击“标准”工具栏中的“文字样式”按钮，打开“文字样式”对话框，如图 7.5.2 所示，单击该对话框中的 新建(N)... 按钮，打开“新建文字样式”对话框，在该对话框中输入新建文字样式的名称“文字样式”，如图 7.5.3 所示。

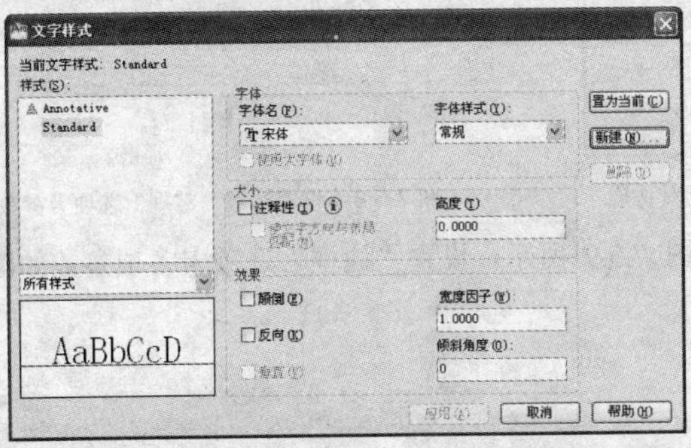

图 7.5.2　“文字样式”对话框

图 7.5.3　“新建文字样式”对话框

（3）单击 确定 按钮返回到“文字样式”对话框中，选中新建的文字样式，设置字体名称为“Arial”，宽度因子为 1，效果如图 7.5.4 所示。单击 置为当前(C) 按钮，设置新建的文字样式为当前文字样式。

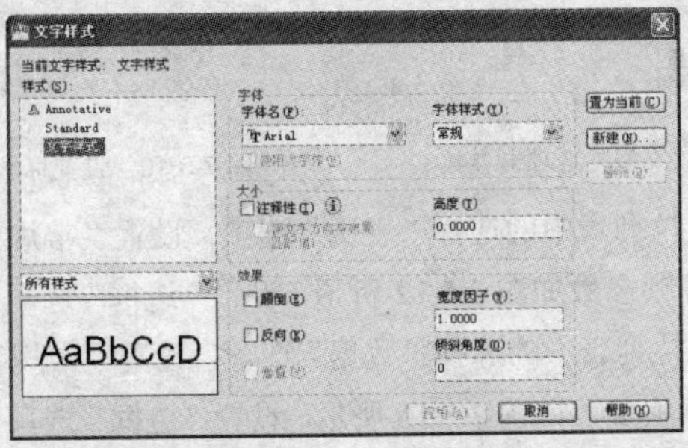

图 7.5.4　设置为当前文字样式

（4）单击“标准”工具栏中的“表格样式”按钮，打开“表格样式”对话框，如图 7.5.5 所示，单

击该对话框中的 新建(N)... 按钮，打开 创建新的表格样式 对话框，在该对话框中设置新样式名为“表格样式”，如图 7.5.6 所示。

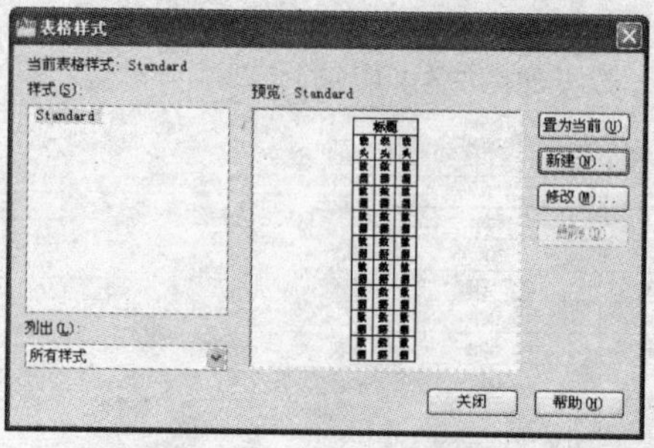

图 7.5.5 “表格样式”对话框

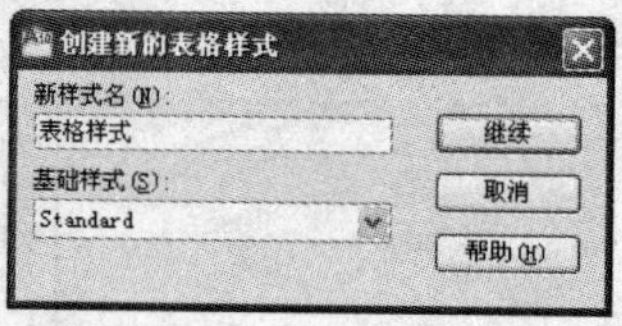

图 7.5.6 “创建新的表格样式”对话框

（5）单击 继续 按钮打开 新建表格样式：表格样式 对话框，如图 7.5.7 所示，在该对话框中的“单元样式”下拉列表中选中“标题”选项，设置“常规”选项卡各项参数如图 7.5.8 所示。

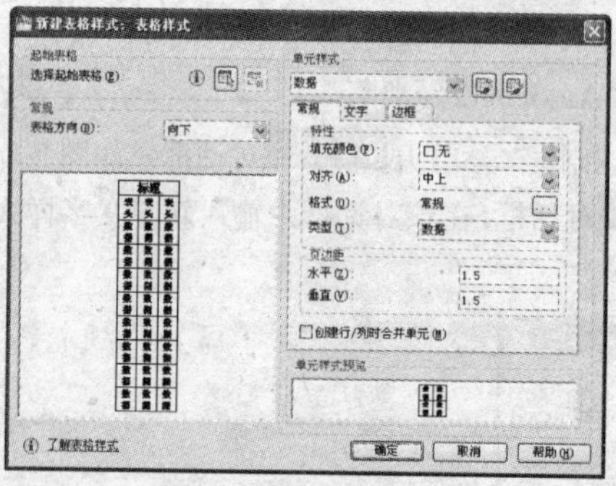

图 7.5.7 “新建表格样式：表格样式”对话框

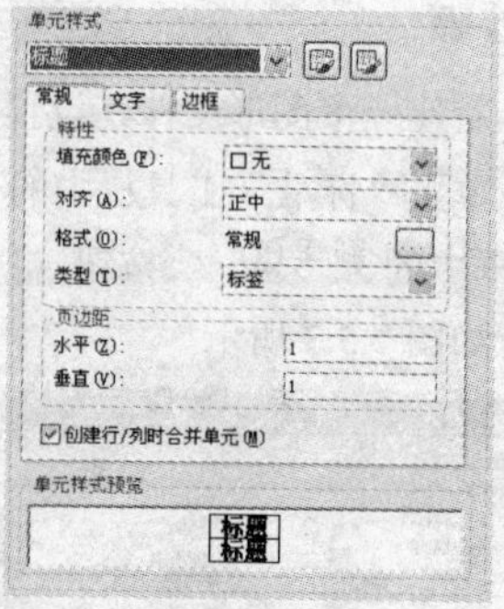

图 7.5.8 设置标题“常规”选项卡参数

（6）设置“文字”选项卡各项参数如图 7.5.9 所示，设置“边框”选项卡各项参数如图 7.5.10 所示。

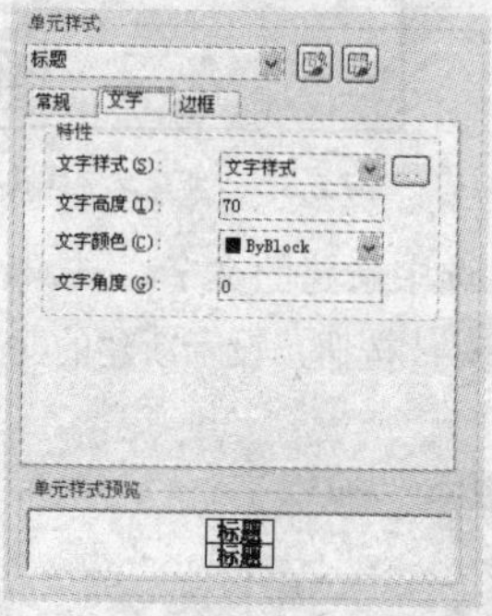

图 7.5.9 设置标题“文字”选项卡参数

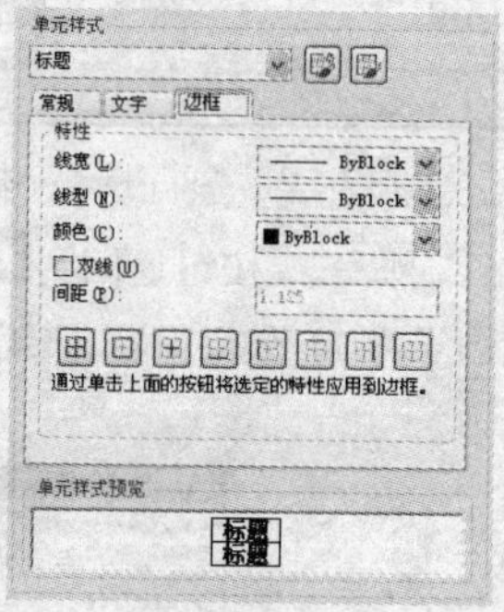

图 7.5.10 设置标题“边框”选项卡参数

（7）在“单元样式”下拉列表中的选择“表头”选项，设置“常规”选项卡各项参数如图 7.5.11 所示，设置“文字”选项卡各项参数如图 7.5.12 所示，设置“边框”选项卡各项参数如图 7.5.13 所示。

（8）在“单元样式”下拉列表中的选择“数据”选项，设置“常规”选项卡各项参数如图 7.5.14 所示，设置“文字”选项卡各项参数如图 7.5.15 所示，设置“边框”选项卡各项参数如图 7.5.16 所示。

（9）设置完各项参数后，单击 确定 按钮返回到 表格样式 对话框，选中新建的表格样式，单击该对话框中的 置为当前(U) 按钮。

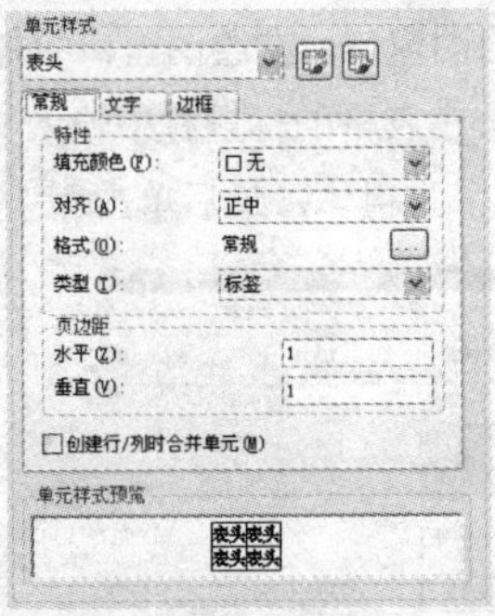

图 7.5.11　设置表头“常规”选项卡参数

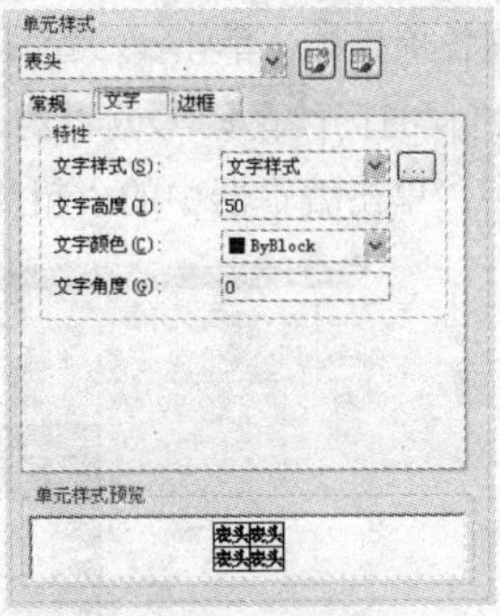

图 7.5.12　设置表头“文字”选项卡参数

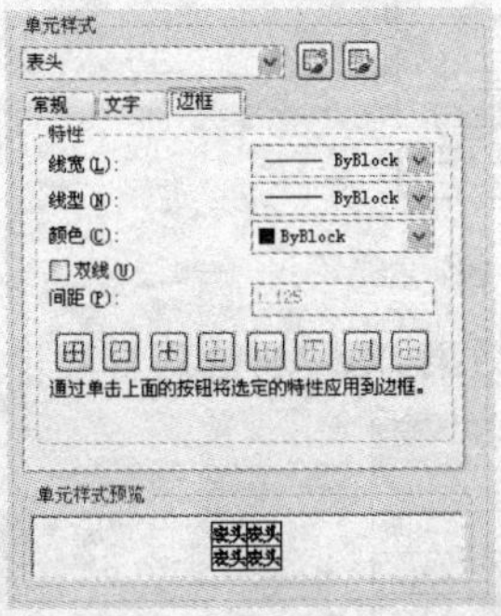

图 7.5.13　设置表头“边框”选项卡参数

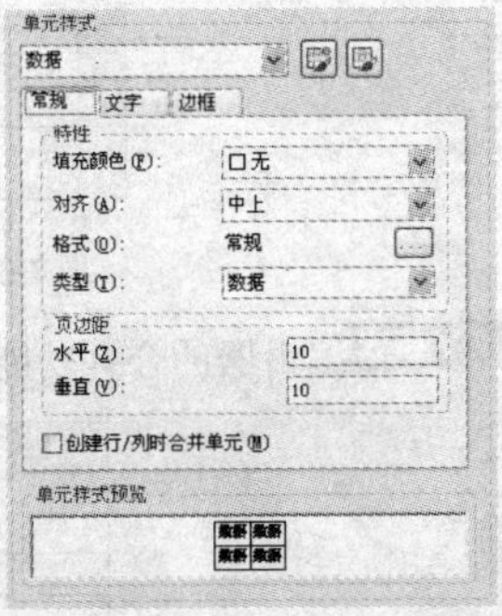

图 7.5.14　设置数据“常规”选项卡参数

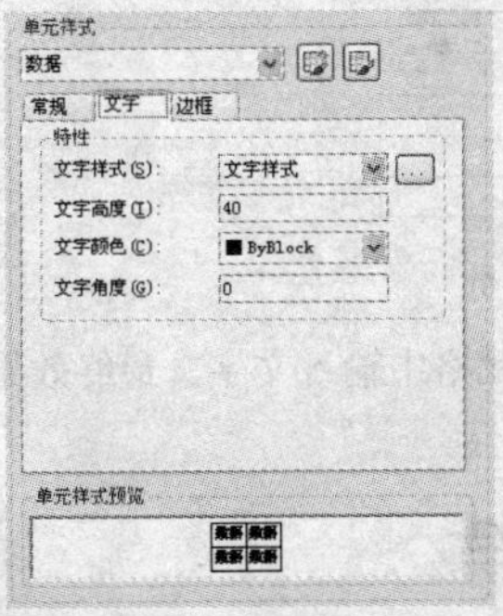

图 7.5.15　设置数据“文字”选项卡参数

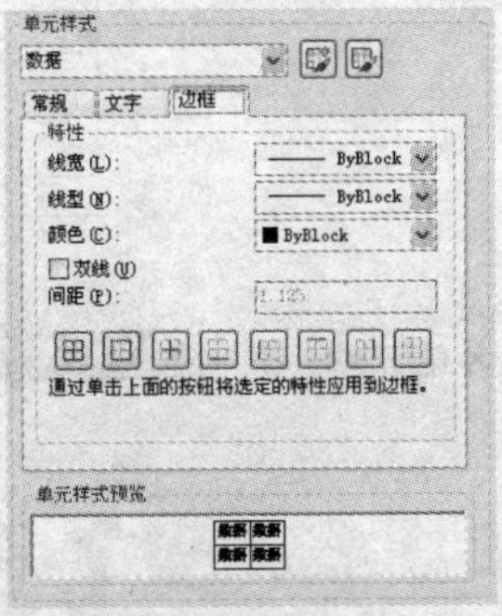

图 7.5.16　设置数据“边框”选项卡参数

（10）单击“绘图”工具栏中的“表格”按钮，打开插入表格对话框，在该对话框中设置各项参数如图 7.5.17 所示。

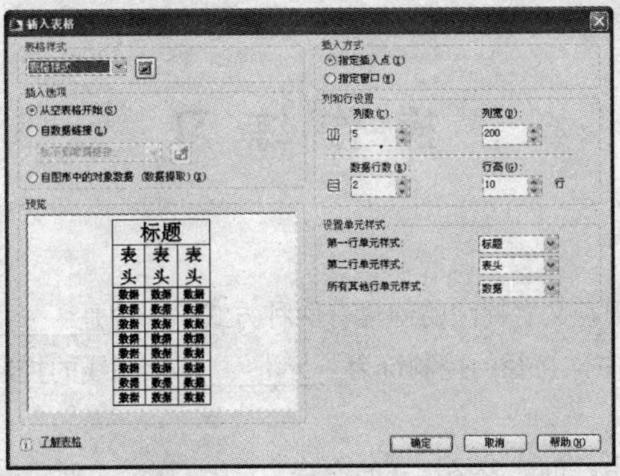

图 7.5.17　“插入表格”对话框

（11）设置各项参数，单击确定按钮，返回到绘图窗口，在绘图窗口中任意指定一点，插入表格，系统会自动打开文字格式编辑器，如图 7.5.18 所示，在表格的标题栏中输入文字“技术参数”，选中输入的文字，单击编辑器中的“粗体”按钮B设置文字为粗体，最后单击确定按钮退出。

图 7.5.18 “文字格式”编辑器

（12）使用文字格式编辑器的合并功能合并单元格，效果如图 7.5.19 所示。

图 7.5.19 合并单元格

（13）双击各单元格，打开文字格式编辑器，并在单元格中输入文字，最终效果 7.5.1 所示。

本 章 小 结

本章主要介绍了 AutoCAD 2009 的文字标注和表格的使用方法。在创建文字标注和表格之前，首先要创建文字样式和表格样式，并将其置为当前样式。通过本章的学习，用户应熟练掌握文字标注和表格的创建方法。

操 作 练 习

一、填空题

1．在 AutoCAD 2009 中，文字标注的创建有两种方式：一种是________；另一种是________。

2．在 AutoCAD 2009 中，直径的控制符为________，上画线的控制符为________，角度的控制符为________。

3．在 AutoCAD 2009 中，创建表格样式的命令为________，创建表格的命令为________。

二、选择题

1．(　)控制码用于输入半径符号。

(A) %%C　　(B) %%U

(C) %%P　　(D) %%D

2．使用(　)功能可以创建分数。

(A) 符号　　(B) 对正

(C) 叠加　　(D) 追踪

三、简答题

1．在 AutoCAD 2009 中如何创建文字样式？

2．在 AutoCAD 2009 中如何输入特殊字符？

3．在 AutoCAD 2009 中如何创建表格？

四、上机操作题

(1) 创建文字样式 Text，要求其字体为宋体，倾角为 30°，宽度为 1.5。

(2) 创建如题图 7.1 所示的技术要求。

技术要求

1.本齿轮油泵的输油量可按下式计算：

Qv=0.007n 式中 Qv-体积流量，L/min

n-转速，r/min

2.吸入高度不得大于500mm。

3.Ø5H7两柱销孔装配时钻。

4.件4从动齿轮、件6主动齿轮轴的轴间隙，用改变件7垫片厚度来调整，装配完毕后，用手转动主动齿轮轴，应能灵活旋转。

题图 7.1　技术要求

第 8 章　块与外部参照

在一幅图形中可能需要绘制一些相同的图形对象，为了避免重复工作，AutoCAD 将这些图形定义为块，需要时可以将其作为一个整体插入到图形中。在插入块时还可以任意指定这些图形的比例、旋转角度和插入位置。

使用外部参照可以将其他图形链接到当前图形中，而且不需要存储图形数据，这在大的工程图设计中可以有效地节省磁盘空间。

知识要点

- 创建与编辑块
- 编辑与管理块属性
- 插入并编辑外部参照

8.1　创建与编辑块

块是由一个或多个图形对象组成的作为一个图形对象使用的实体，用户可以将块插入到图形中的任意位置。在插入块的同时，还可以调整块的比例和旋转角度。

8.1.1　创建内部块

块的创建可以分为两种，一种是内部块，另一种是外部块。内部块只保存于当前图形文件中，而外部块可以保存在磁盘上，在绘制其他图形时也可以插入该块。

执行创建内部块命令的方式有以下 3 种：

（1）单击“绘图”工具栏中的“创建块”按钮。

（2）选择 绘图(D) → 块(K) → 创建(M)... 命令。

（3）在命令行中输入命令 block。

执行创建内部块命令后，弹出 块定义 对话框，如图 8.1.1 所示。

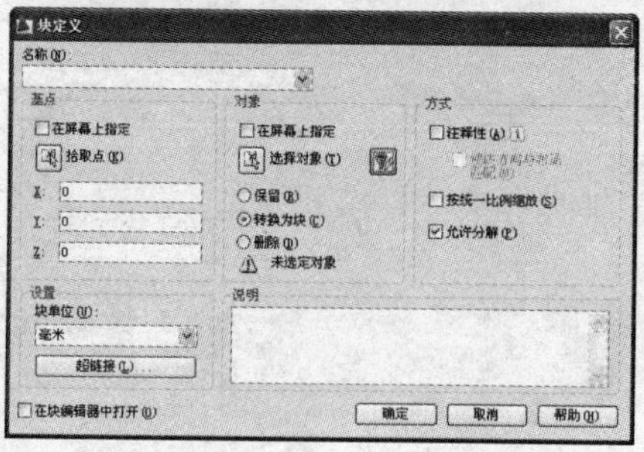

图 8.1.1　“块定义”对话框

该对话框中各选项功能介绍如下：

（1）名称(N): 文本框：在该文本框中直接输入定义块的名称。

（2）基点 选项组：该选项组用于设置块的插入基点。单击该选项组中的“拾取插入基点”按钮，系统切换到绘图窗口，用鼠标指定插入基点，或直接在该按钮下边的 X，Y，Z 文本框中输入插入基点的坐标值即可。

（3）对象 选项组：该选项组用于设置组成块的对象，其中各选项功能介绍如下：

1）选择对象(T)：单击该选项组中的“选择对象”按钮，系统切换到绘图窗口，用鼠标选择构成块的对象即可。

2）“快速选择”按钮：用户还可以单击该选项组中的“快速选择”按钮，弹出 快速选择 对话框，如图 8.1.2 所示，在该对话框中设置选择条件即可快速选择构成块的对象。

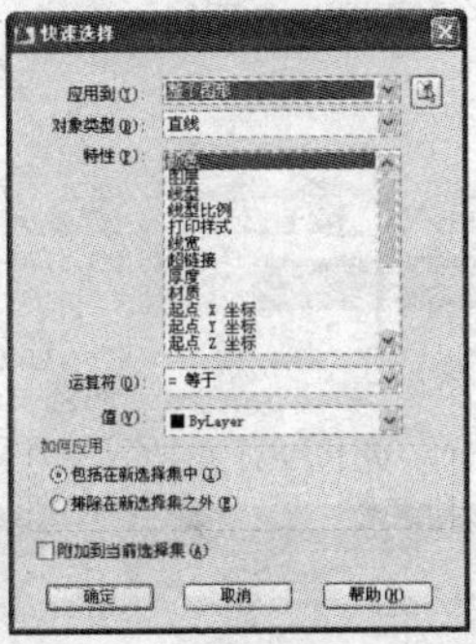

图 8.1.2　“快速选择”对话框

3）保留(R) 单选按钮：选中该单选按钮，创建块以后，将选定的对象保留在图形中作为区别对象。

4）转换为块(C) 单选按钮：选中该单选按钮，创建块以后，将选定的对象转换成图形中的块实例。

5）删除(D) 单选按钮：选中该单选按钮，创建块以后，从图形中删除选定的对象。

（4）设置 选项组：指定使用设计中心或 I-drop 将块拖放到图形中时块的缩放单位。

（5）说明 文本框：指定与块有关的文字说明。

完成各项设置后，单击 确定 按钮即可创建内部块。

8.1.2　创建外部块

执行创建外部块命令的方式为：在命令行中输入命令 wblock，启动该命令后，弹出 写块 对话框，如图 8.1.3 所示。

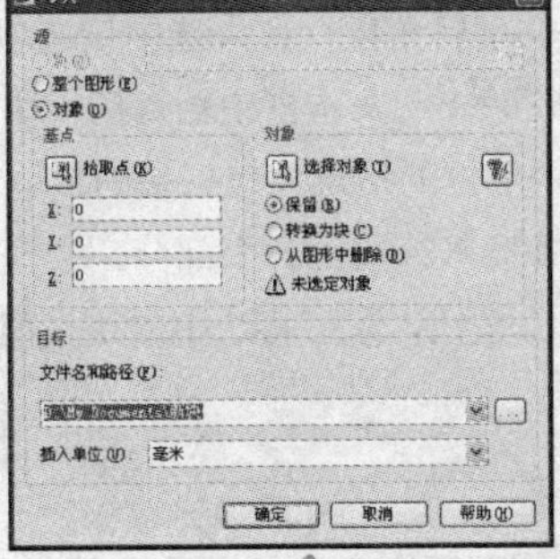

图 8.1.3　“写块”对话框

该对话框中各选项功能介绍如下：

（1）源 选项组：该选项组用于指定块和对象，将其保存为文件并指定插入点。

（2）目标 选项组：该选项组用于指定文件的新名称和新位置以及插入块时所使用的测量单位。

完成各项设置后，单击 确定 按钮即可创建外部块。

8.1.3 插入块

将需要重复绘制的图形创建成块后，当需再次绘制这些图形时，可以用插入命令将其插入到图形的指定位置，在插入块的同时，用户还可以指定插入块的缩放比例和旋转角度。在 AutoCAD 2009 中，用户可以通过以下 4 种方法将创建的块插入到图形中。

1. 利用“插入”对话框插入块

（1）单击“绘图”工具栏中的“插入”按钮。

（2）选择 插入(I) → 块(B)... 命令。

（3）在命令行中输入命令 insert。

执行以上命令后，弹出 插入 对话框，如图 8.1.4 所示。

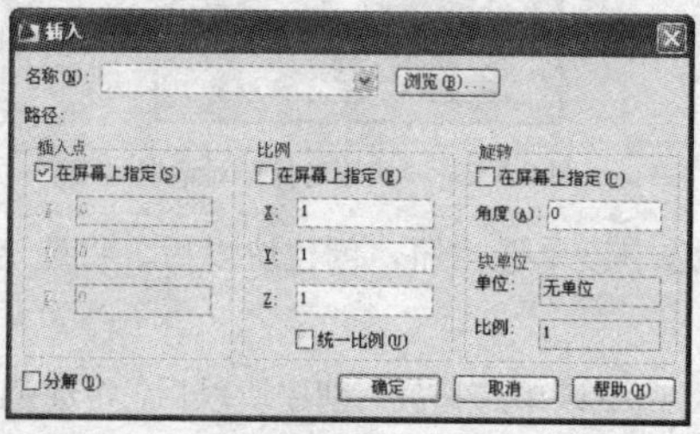

图 8.1.4 “插入”对话框

该对话框中各选项功能介绍如下：

（1）名称(N): 下拉列表框：指定要插入块的名称，或指定要作为块插入的文件的名称。

（2）路径: 显示框：该显示框用于显示插入块的路径。

（3）插入点 选项组：指定块的插入点。如果选中该选项组中的 ☑在屏幕上指定(S) 复选框，则在绘图窗口中指定块的插入点，否则在 X，Y 和 Z 文本框中输入插入点的坐标。

（4）比例 选项组：指定插入块的缩放比例。如果选中该选项组中的 ☑在屏幕上指定(E) 复选框，则在绘图窗口中用鼠标拖动块来指定缩放比例，否则在 X，Y 和 Z 文本框中输入坐标轴方向上的缩放比例。

（5）旋转 选项组：指定插入块的旋转角度。如果选中该选项组中的 ☑在屏幕上指定(C) 复选框，则在绘图窗口中指定旋转角度，否则在 角度(A): 文本框中输入插入块的旋转角度。

（6）块单位 选项组：显示有关块单位的信息，包括块的单位和比例。

（7）☑分解(D) 复选框：分解块并插入该块的各个部分。

参数设置完成后，单击 确定 按钮，即可将选中的块按照指定的基点、缩放比例和旋转角度插入到图形中。

2. 利用命令行插入块

在命令行中输入命令-insert 后按回车键，命令行提示如下：

命令:-insert

输入块名或 [?] <11>:　　　　　　　　　　　　　　　//输入插入块的名称

单位: 毫米　转换:　1.0000　　　　　　　　　　　　　//系统提示

指定插入点或 [基点(B)/比例(S)/旋转(R)/预览比例(PS)/预览旋转(PR)]:　　//指定块的插入点

指定比例因子 <1>:　　　　　　　　　　　　　　　　　//指定插入块的比例因子

指定旋转角度 <0>:　　　　　　　　　　　　　　　　　//指定插入块的旋转角度

按回车键后命令执行完毕，其中各命令选项的功能介绍如下：

（1）?：选中该命令选项，列出图形中当前定义的块。

（2）基点(B)：选中该命令选项，将块临时放置到其当前所在的图形中，并允许在将块参照拖动到位时为其指定新基点，且不会影响为块参照定义的实际基点。

（3）比例(S)：选中该命令选项，设置 X，Y 和 Z 轴的比例因子。

（4）旋转(R)：选中该命令选项，设置块插入的旋转角度。

（5）预览比例(PS)：选中该命令选项，设置 X，Y 和 Z 轴的比例因子，以控制块被拖动到位时的显示。

（6）预览旋转(PR)：选中该命令选项，设置块被拖动到位时的旋转角度。

3．将块拖动到指定图形中

在 AutoCAD 2009 中，系统提供了“设计中心”面板，用户可以利用“设计中心”面板实现对本地计算机中图形对象的浏览、查找和编辑等操作，如图 8.1.5 所示。

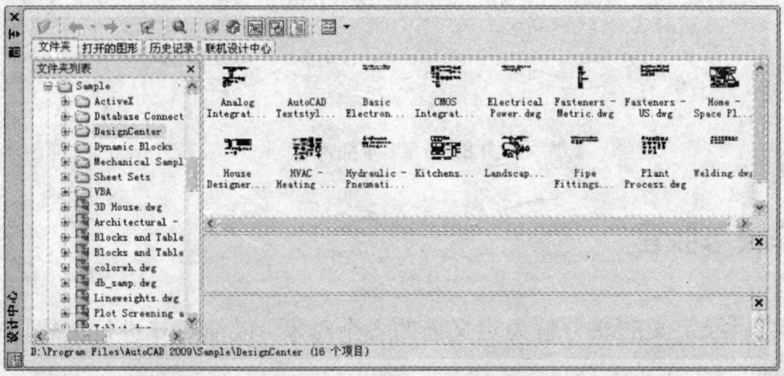

图 8.1.5　“设计中心”面板

打开“设计中心”面板的方法有以下 3 种：

（1）单击“标准”工具栏中的“设计中心”按钮。

（2）选择 工具(T) → 选项板 → 设计中心(D) Ctrl+2 命令。

（3）在命令行中输入命令 adcenter。

执行该命令，打开“设计中心”面板后，在该面板左边 文件夹列表 选项区中的树状图中选择包含块的图形文件，然后选中该图形文件树状图下的“块”图标 块，此时在该面板右边的预览框中就会显示该图形文件中所有块，选中要插入的块，将其用鼠标拖动到当前打开的图形文件中，即可实现插入块操作。

另外，用户还可以打开资源管理器，在资源管理器中选中图形文件，然后将图形文件以块的形式拖动到当前图形文件中。

4．多重插入块

多重插入块是指以矩阵的形式将块插入到图形文件中。在命令行中输入命令 minsert 后按回车键，命令行提示如下：

命令: minsert　　//执行多重插入块命令

输入块名或 [?] < 椅子 >:　　//输入块名

单位: 毫米　转换:　1.0000　　//系统提示

指定插入点或 [基点(B)/比例(S)/旋转(R)/预览比例(PS)/预览旋转(PR)]:

　　//指定块的插入点

指定比例因子<1>:　　//指定块的比例因子

指定旋转角度 <0>:　　//指定块的旋转角度

输入行数 (---) <1>:　　//指定插入块的行数

输入列数 (|||) <1>:　　//指定插入块的列数

如图 8.1.6 所示为多重插入块的效果。

图 8.1.6　多重插入块

8.1.4　分解块与嵌套

块的分解是指将已经定义的块分解为定义前的各个对象，以便对其进行编辑操作。执行分解块命令的方法有以下 3 种：

（1）单击“修改”工具栏中的“分解”按钮。

（2）选择 修改(M) → 分解(X) 命令。

（3）在命令行中输入命令 explode。

执行该命令后，命令行提示如下：

命令: _explode　　//执行分解命令

选择对象: 找到 1 个　　//选择要分解的块对象

选择对象:　　//按回车键结束命令

在插入块时选择“分解”选项，插入的块就会被分解为定义前的对象。

块的嵌套是指在一个块中包含别的块。AutoCAD 允许图形中存在块的嵌套，这些块具有其他块所具有的所有属性。当这些块被分解时，被嵌套的块仍然作为独立的块存在，只有当用户用分解命令分解这些被嵌套的块时，它们才会被分解为基本图形。

定义块嵌套的方法与定义块的方法相同，用户可以将多个块视为基本图形，然后将其定义为一个块，这样就创建了一个嵌套的块。

8.1.5 设置块插入基点

块创建完成后，如果设置的插入基点使用起来不方便，可以重新设置插入基点的位置。具体操作步骤如下：

（1）打开欲重新设置基点的块文件。

（2）改变插入基点。选择 绘图(D) → 块(K) → 基点(B) 命令，或在命令行输入 base，并按“Enter”键，命令行出现如下提示：

base 输入基点<0.0000,0.0000,0.0000>：

在该提示下，直接输入新基点的坐标，或在屏幕上捕捉某点作为新的基点，均可将原来插入的基点置换为新的插入基点。

8.1.6 使用特性面板编辑块

将块插入到图形中后，选中要编辑的块，可以选择 修改(M) → 特性(P) 命令，弹出 特性 对话框，如图 8.1.7 所示。

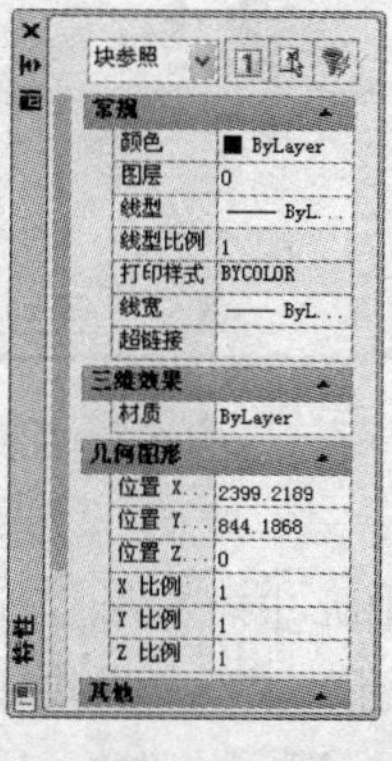

图 8.1.7 “特性”对话框

用户可以在该对话框中的 几何图形 选项组中对块的插入点和缩放比例进行编辑，还可以在 其他 选项组中对块的旋转角度进行编辑。如果用户需要对组成块的单个对象进行编辑，可以单击修改工具栏中的“分解”按钮，将块分解成单个对象，然后对其进行编辑。

8.2 编辑与管理块属性

块属性是块的附属非图形信息，该信息是包含在块中的文字对象，用户可以在定义块之前预先选定该信息。在插入具有属性的块时，系统会提示用户输入块属性的注释。

8.2.1 块属性的特点

块属性从属于块，是块的组成部分，如果块被删除，属性也会被删除。块中的属性与一般的文本不同，具体表现在以下 4 个方面。

（1）属性包括属性值和属性标志两个方面。

（2）在定义块之前定义块的属性。

（3）在定义块之前，可以使用 change 命令或 ddedit 命令修改块的属性。

（4）插入块之前，系统会提示要求用户输入属性值。插入块后，在块上显示属性值。

8.2.2 定义块属性

定义块属性命令的启动方式有以下两种：

（1）选择 绘图(D) → 块(K) → 定义属性(D)... 命令。

（2）在命令行中输入命令 attdef。

执行该命令后，弹出 属性定义 对话框，如图 8.2.1 所示。

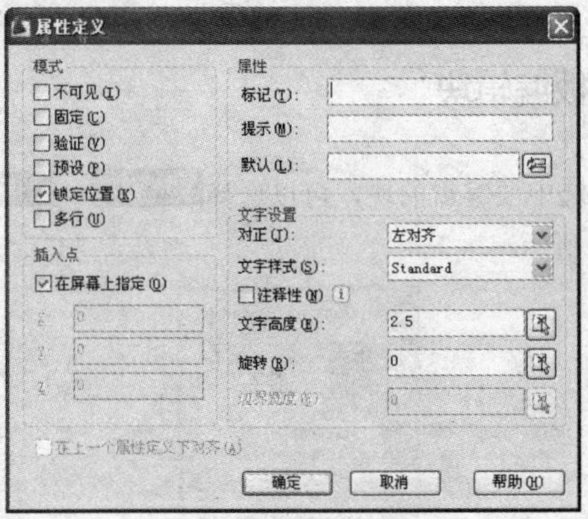

图 8.2.1 “属性定义”对话框

其中各选项功能介绍如下：

（1）模式 选项组：该选项组用于在图形中插入块时，设置与块相关联的属性值选项。

1）不可见(I) 复选框：选中此复选框，指定插入块时不显示或打印属性值。

2）固定(C) 复选框：选中此复选框，插入块时赋予属性固定值。

3）验证(V) 复选框：选中此复选框，插入块时提示验证属性值是否正确。

4）预设(P) 复选框：选中此复选框，插入包含预置属性值的块时，将属性设置为默认值。

（2）属性 选项组：该选项组用于设置属性数值。

1）标记(T): 文本框：输入属性标签，标识图形中每次出现的属性。

2）提示(M): 文本框：输入属性提示，指定在插入包含该属性定义的块时显示的提示。如果不输入提示，属性标记将作为提示。

3）默认(L): 文本框：输入默认的属性值。

（3）插入点 选项组：该选项组用于设置属性的插入位置。

（4）文字设置 选项组：该选项组用于设置属性文字的对正、样式、高度和旋转角度。

完成各项设置后，单击 确定 按钮，即可定义块的属性。

8.2.3 编辑块属性

定义块之前，还可以对块的属性进行编辑。编辑块属性的方法有好几种，这里我们着重介绍两种。

1. 一般编辑方法

一般执行编辑块属性命令的方式有以下两种：

（1）选择 修改(M) → 对象(O) → 文字(T) → 编辑(E)... 命令。

（2）在命令行中输入命令 ddedit。

执行编辑块属性命令后，命令行提示如下：

命令: _ddedit

选择注释对象或 [放弃(U)]:　　　　//选择块属性对象

选择块属性后，弹出 编辑属性定义 对话框，如图 8.2.2 所示，用户可以在该对话框中对属性的标记、提示和默认值进行编辑。完成各项设置后，单击 确定 按钮，即可完成对块属性的修改。

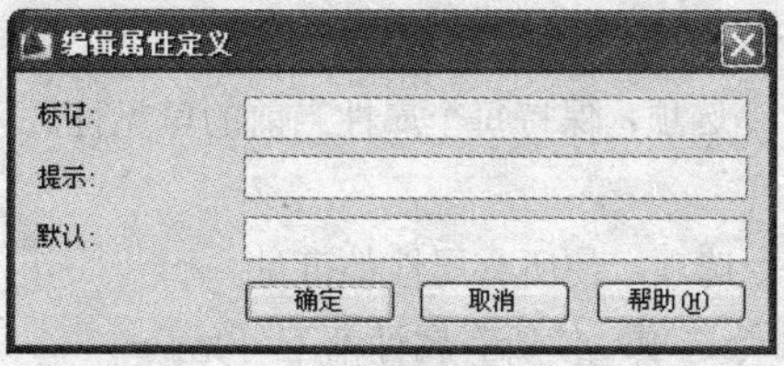

图 8.2.2　“编辑属性定义”对话框

2. 块属性管理器

执行块属性管理器命令的方式有以下 3 种：

（1）单击“修改Ⅱ”工具栏中的“块属性管理器”按钮。

（2）选择 修改(M) → 对象(O) → 属性(A) → 块属性管理器(B)... 命令。

（3）在命令行中输入命令 battman。

执行块属性管理器命令后，弹出 块属性管理器 对话框，如图 8.2.3 所示。

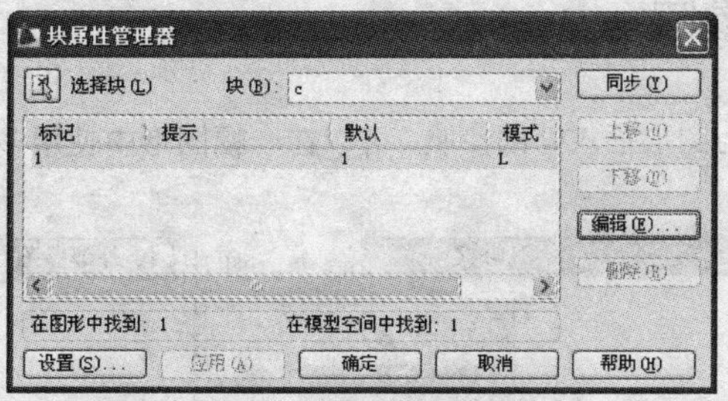

图 8.2.3　“块属性管理器”对话框

单击该对话框中的 编辑(E)... 按钮，弹出 编辑属性 对话框，如图 8.2.4 所示。用户可以通过该对话框设置块的属性。

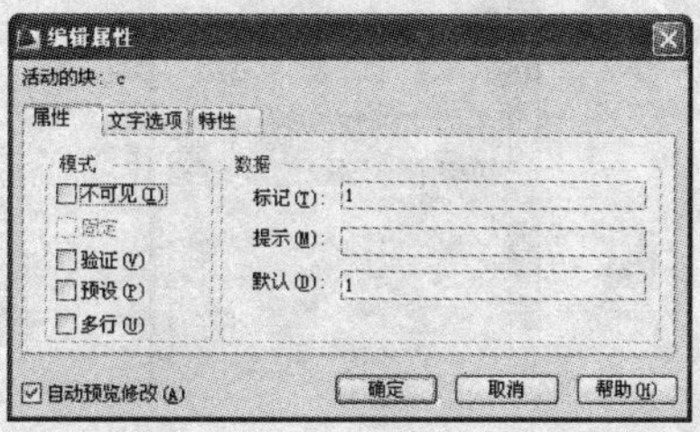

图 8.2.4　“编辑属性”对话框

8.2.4 控制属性显示

在 AutoCAD 2009 中定义块属性后，用户就可以非常方便地看到块所具有的各种信息，如果这些信息提示非常多，影响用户查看图形，用户还可以通过以下两种方法来控制块属性的可见性。

（1）选择 视图(V) → 显示(L) → 属性显示(A) 命令的子菜单命令。

（2）在命令行中输入命令 attdisp。

执行该命令后，命令行提示如下：

命令:_ attdisp

输入属性的可见性设置 [普通(N)/开(ON)/关(OFF)] <开>:

其中各选项功能介绍如下：

（1）普通(N)：选择该命令选项，保持每个属性当前的可见性。只显示可见属性，不显示不可见属性。

（2）开(ON)：选择该命令选项，使所有属性都可见。

（3）关(OFF)：选择该命令选项，使所有属性都不可见。

8.3 插入并编辑外部参照

外部参照是指当前图形以外可用做参照的图形。当参照的图形内容更新时，插入外部参照的图形也会使用最新的参照信息。外部参照与块不同，在当前图形中插入块时，也同时将块的图形数据保存到了当前图形中，而外部参照只需要存储外部参照图形的路径即可。

8.3.1 插入外部参照

在 AutoCAD 2009 中为图形插入外部参照，可以在一幅图形中使用多个图形的效果，插入外部参照的操作步骤如下：

（1）选择 插入(I) → 外部参照(N)... 命令，弹出 外部参照 选项板，如图 8.3.1 所示。

图 8.3.1 “外部参照”选项板

（2）单击该选项板工具栏中的“附着 DWG”按钮，弹出“选择参照文件”对话框，如图 8.3.2 所示。

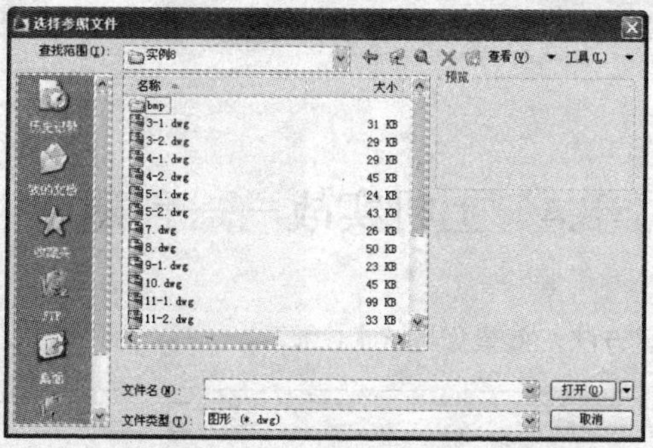

图 8.3.2　“选择参照文件”对话框

（3）在“选择参照文件”对话框中选择参照文件，然后单击 打开(O) 按钮，弹出“外部参照”对话框，如图 8.3.3 所示。

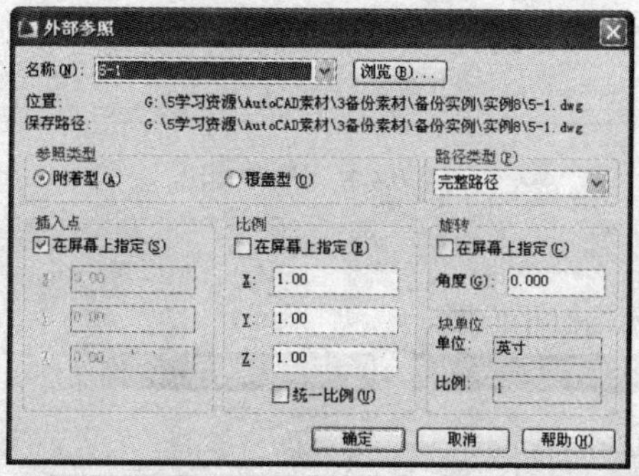

图 8.3.3　“外部参照”对话框

（4）在“外部参照”对话框中设置外部参照文件的参照类型、路径类型、插入点、比例和旋转角度，最后单击 确定 按钮即可将选中的文件以外部参照的形式插入到当前图形中。

8.3.2　编辑外部参照

参照管理器可以独立于 AutoCAD 运行，帮助用户对计算机中的参照文件进行编辑和管理。使用参照管理器，用户可以修改保存的参照路径而不必打开 AutoCAD 图形文件。选择 开始 → 程序(P) → Autodesk → AutoCAD 2009 - Simplified Chinese → 参照管理器 命令，打开“参照管理器”窗口，如图 8.3.4 所示。

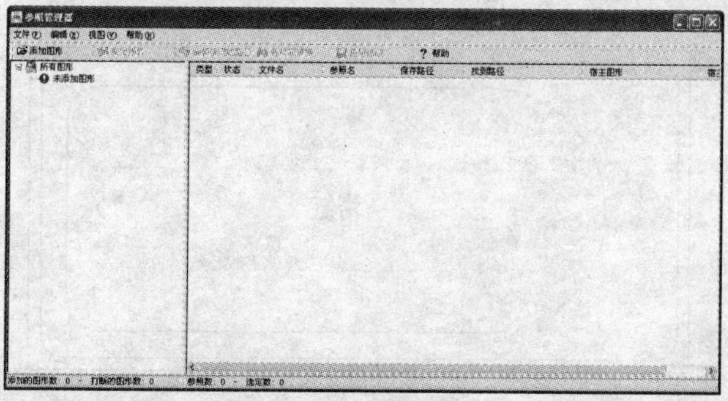

图 8.3.4　“参照管理器”窗口

在参照管理器窗口的图形列表框中选中参照图形文件后，在该窗口右边的列表框中就会显示该参照文件的类型、状态、文件名、参照名、保存路径等信息。用户可以利用该窗口中的工具栏对选中的参照文件的信息进行修改。

8.4 上机实战——创建块

本节主要介绍块的创建方法，效果如图 8.4.1 所示。

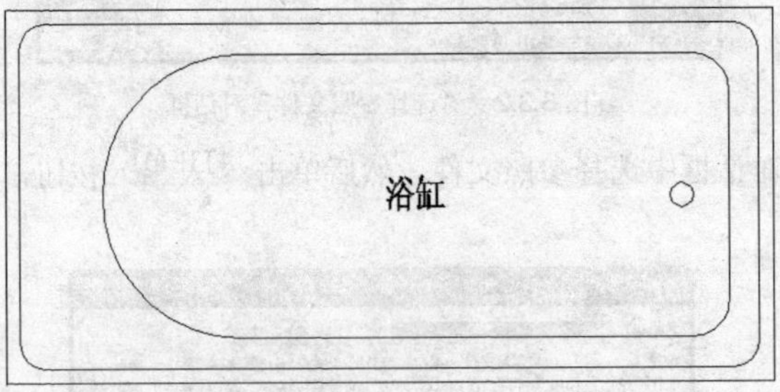

图 8.4.1 浴缸平面图

操作步骤

（1）绘制如图 8.4.1 所示浴缸平面图。

（2）选择 绘图(D) → 块(K) → 定义属性(D)... 命令，弹出 属性定义 对话框，该对话框中的参数设置如图 8.4.2 所示。

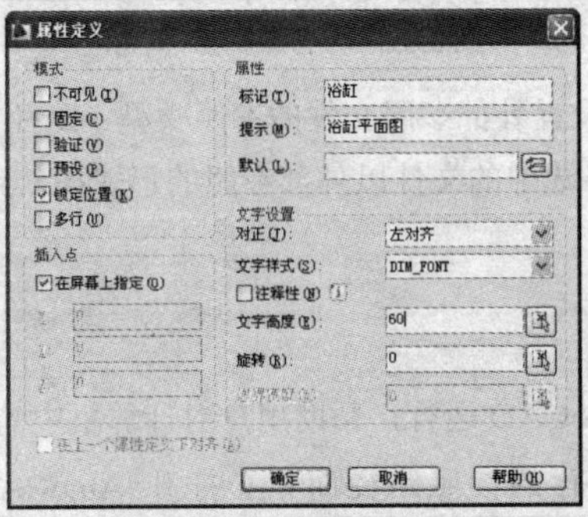

图 8.4.2 “属性定义”对话框

参数设置完成后，单击 确定 按钮，在绘制的图形的合适位置指定一点，如图 8.4.3 所示。

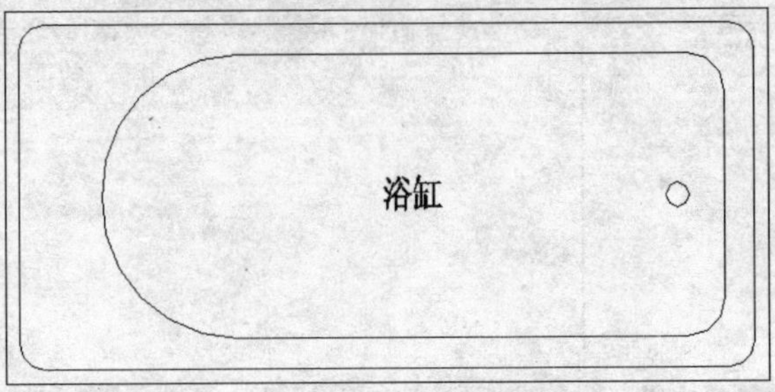

图 8.4.3 指定一点

（3）单击“绘图”工具栏中的“创建块”按钮，按回车键后弹出块定义对话框，如图 8.4.4 所示，单击该对话框中的基点“拾取点”按钮，拾取图形中的一点作为基点；单击该对话框中的“选择对象”按钮，选择绘制的图形和创建的块属性，按回车键返回到块定义对话框。

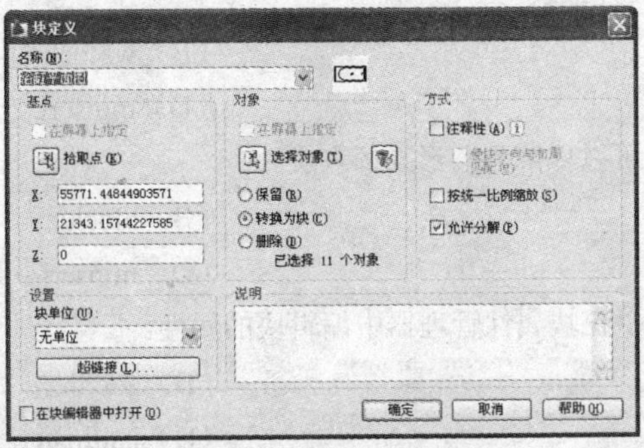

图 8.4.4　“写块”对话框

（4）在该对话框中的名称(N):文本框中设置新块的名称为“浴缸平面图”，单击确定按钮，系统弹出编辑属性对话框，如图 8.4.5 所示，在该对话框中的文本框中输入“浴缸”，单击该对话框中的确定按钮结束命令，最终效果如图 8.4.1 所示。

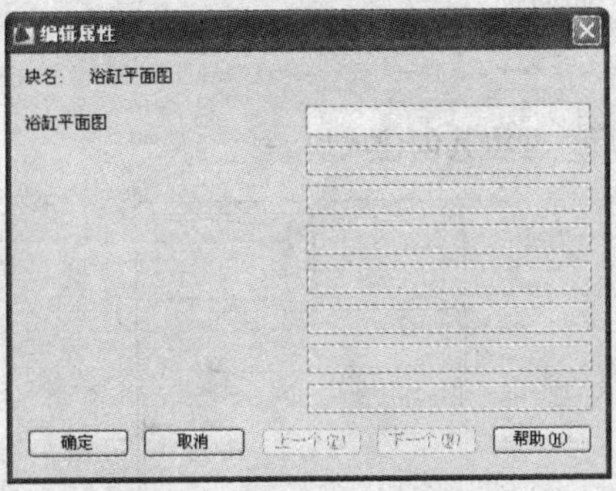

图 8.4.5　“编辑属性”对话框

本章小结

本章介绍了 AutoCAD 2009 中块与外部参照的使用方法。通过本章的学习，用户应该熟练掌握 AutoCAD 2009 中块的创建、编辑和插入的方法，同时还应该掌握外部参照的使用方法。

操作练习

一、填空题

1．在 AutoCAD 2009 中，创建块的方法有两种：一种是________，另一种是________。

2．在 AutoCAD 2009 中，用户可以使用________自定义夹点或自定义特性来操作块参照中的几何图形。

3．外部参照是指________。

4．块与外部参照相比，________可以被分解，________不可以被分解。

二、选择题

1．（ ）命令用来定义外部块。

（A）block （B）wblock

（C）mblock （D）minsert

2．执行（ ）命令，可以以阵列的形式插入块。

（A）insert （B）block

（C）wblock （D）minsert

3．执行（ ）命令可以在块属性管理器中编辑块的属性。

（A）ddedit （B）attedit

（C）eattedit （D）battman

三、简答题

1．内部块与外部块有什么不同之处？

2．如何定义块的属性？如何创建具有属性的块？

3．在 AutoCAD 2009 中，如何插入块？

四、上机操作题

绘制如题图 8.1 所示的图形，并将其创建成块。

题图 8.1

第 9 章　绘制三维图形

AutoCAD 2009 为用户提供了丰富的三维网格和三维实体创建工具，使用这些工具，用户就可以创建各种三维模型，本章主要介绍三维图形的绘制方法。

知识要点

- 建立用户坐标系
- 绘制三维网格
- 绘制基本三维实体
- 通过二维图形创建实体

9.1　建立用户坐标系

前面已经详细介绍了平面坐标系的使用方法，该方法同样适用于三维坐标系。在绘制二维图形时，使用世界坐标系就足够了，但在绘制三维图形时，用户需要确定每个点在 3 个坐标轴上的坐标值，这时就需要改变坐标系的位置与坐标轴的方向，以提高绘图速度。用户根据自己的需要设定的坐标系称为用户坐标系（UCS）。合理地创建用户坐标系，可以方便地创建三维模型。

在命令行中输入命令 ucs 后按回车键，即可创建用户坐标系，命令行提示如下：

命令: ucs

当前 UCS 名称: *世界*　　　　　　　　　　　　//系统提示

指定 UCS 的原点或 [面(F)/命名(NA)/对象(OB)/上一个(P)/视图(V)/世界(W)/X/Y/Z/Z 轴(ZA)] <世界>:　　　　　　　　　　　　//指定新坐标系的原点

其中各命令选项功能介绍如下：

（1）指定 UCS 的原点：选择该命令选项，使用一点、两点或三点定义一个新的用户坐标系。如果指定单个点，当前用户坐标系的原点将会移动而不会更改 X，Y，Z 轴的方向。

（2）面(F)：选择该命令选项，依据在三维实体中选中的面来定义用户坐标系。

（3）命名(NA)：选择该命令选项，按名称保存并恢复使用的用户坐标系。

（4）对象(OB)：选择该命令选项，根据选定三维对象定义新的坐标系。新建用户坐标系的拉伸方向（Z 轴正方向）与选定对象的拉伸方向相同。

（5）上一个(P)：选择该命令选项，恢复上一次使用的用户坐标系。

（6）视图(V)：选择该命令选项，以垂直于观察方向的平面为 XY 平面，建立新的坐标系。

（7）世界(W)：选择该命令选项，将当前用户坐标系设置为世界坐标系。

（8）X/Y/Z：选择该命令选项，绕指定轴旋转当前用户坐标系。

（9）Z 轴(ZA)：选择该命令选项，用指定的 Z 轴正半轴定义用户坐标系。

9.2 设 置 视 点

所谓视点，就是使用输入的 X，Y，Z 坐标确定的观察视图的位置。定义的视图是观察者在该点向原点（0，0，0）方向观察。在 AutoCAD 2009 中，视点又分为标准视点和自定义视点两种。

9.2.1 标准视点

AutoCAD 为用户提供了 10 种标准视点，这些视点包括俯视、仰视、左视、右视、主视、后视、西南等轴测、东南等轴测、东北等轴测和西北等轴测，选择 视图(V) → 三维视图(D) 命令的子菜单命令，如图 9.2.1 所示，或单击“视图”工具栏中的相应按钮，如图 9.2.2 所示，即可切换标准视点。

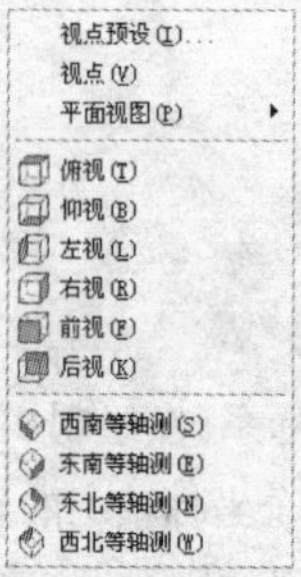

图 9.2.1 “三维视图”子菜单

图 9.2.2 “视图”工具栏

9.2.2 自定义视点

虽然 AutoCAD 系统中有 10 个标准视点，但为了更好地观察三维模型，用户还可以精确地设置自定义视点。自定义视点的方法有以下两种：

（1）通过选择 视图(V) → 三维视图(D) → 视点预设(I)... 命令，或在命令行中输入命令 ddvpoint，弹出 视点预设 对话框，如图 9.2.3 所示。

该对话框中各选项功能介绍如下：

1） 设置观察角度 选项：此选项用于选择观察角度。如果选中 ⊙绝对于 WCS(W) 单选按钮，则相对于世界坐标系设置视点；如果选中 ⊙相对于 UCS(U) 单选按钮，则相对于当前用户坐标系设置视点。

2） 自：在 X 轴(A): 或 XY 平面(P): 文本框中直接输入角度值，即可指定查看角度，也可以使用样例图像来指定查看角度。黑针指示新角度，灰针指示当前角度。通过选择圆或半圆的内部区域来指定一个角度，如果选择了边界外面的区域，那么就以该区域显示的角度值设置角度；如果选择了内弧或内弧中的区域，则角度可能是一个分数。

3） 设置为平面视图(V) ：单击此按钮，设置查看角度时，以相对于选定坐标系显示的平面视图为参照对象。

（2）通过选择 视图(V) → 三维视图(D) → 视点(V) 命令，或在命令行输入命令 vpoint 执行视点设置命令，如图 9.2.4 所示。通过拖动鼠标移动十字光标，同时坐标系图标也随之变换方向，如果十字光标位于小圆以内，则视点落在 Z 轴正方向上；如果十字光标位于小圆与大圆之间，则视点落在 Z 轴负方向上。当十字光标处于适当位置时，单击鼠标左键即可确定视点。

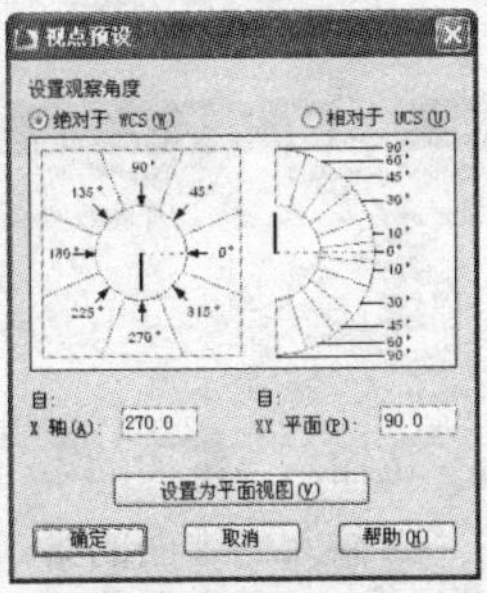

图 9.2.3　“视点预设”对话框

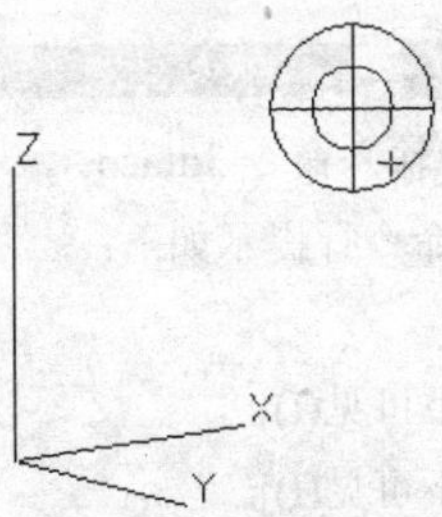

图 9.2.4　视点设置

9.3　绘制三维网格

在 AutoCAD 中，用户可以用三维网格来描述三维对象。三维网格不仅可以定义三维对象的边界，而且还可以定义三维对象的面。本节将详细介绍在 AutoCAD 2009 中绘制三维网格的方法。

9.3.1　绘制平面曲面

平面曲面用于描述三维对象面的特性，在 AutoCAD 2009 中，执行绘制平面曲面命令的方法有以下 3 种：

（1）单击“建模”工具栏中的“平面曲面”按钮。

（2）选择 绘图(D) → 建模(M) → 平面曲面(F) 命令。

（3）在命令行中输入命令 planesurf。

执行该命令后，命令行提示如下：

命令: _planesurf

指定第一个角点或 [对象(O)] <对象>:　　　　//指定平面曲面的第一个角点

指定其他角点:　　　　//指定平面曲面的另一个角点

如果选择“对象(O)”命令选项，则在命令行“选择对象”的提示下选择要转换为平面的对象即可，如图 9.3.1 所示为绘制的平面曲面。

图 9.3.1　平面曲面

9.3.2　绘制三维面

三维面是三维空间中的表面，它没有厚度，也没有质量属性。三维面的各个顶点可以不在一个平面上，但构成三维面的顶点数不能超过 4 个。在 AutoCAD 2009 中执行绘制三维面命令的方法有以下两种：

（1）选择 绘图(D) → 建模(M) → 网格(M) → 三维面(F) 命令。

（2）在命令行中输入命令 3dface。

执行该命令后，命令行提示如下：

命令: _3dface

指定第一点或 [不可见(I)]: //输入三维面的第一个顶点坐标

指定第二点或 [不可见(I)]: //输入三维面的第二个顶点坐标

指定第三点或 [不可见(I)] <退出>: //输入三维面的第三个顶点坐标

指定第四点或 [不可见(I)] <创建三侧面>: //输入三维面的第四个顶点坐标

指定第三点或 [不可见(I)] <退出>: //按回车键结束命令

当命令行提示：“指定第三点或 [不可见(I)] <退出>”时，如果用户再次输入三维空间点坐标，则继续绘制三维面，如图 9.3.2 所示。

9.3.3 绘制三维网格

在 AutoCAD 2009 中还可以使用三维网格绘制不规则的曲面，执行绘制三维网格命令的方法有以下两种：

（1）选择 绘图(D) → 建模(M) → 网格(M) → 三维网格(M) 命令。

（2）在命令行中输入命令 3dmesh。

执行该命令后，命令行提示如下：

命令: _3dmesh

输入 M 方向上的网格数量: //输入网格在 M 方向上的节点数

输入 N 方向上的网格数量: //输入网格在 N 方向上的节点数

指定顶点 (0, 0) 的位置: //指定网格第一行、第一列的顶点坐标

指定顶点 (0, 1) 的位置: //指定网格第一行、第二列的顶点坐标

……

指定顶点 (M+1,N+1) 的位置: //指定网格第 M 行、第 N 列的顶点坐标

指定所有的定点后，系统将自动生成一组多边形网格曲面，如图 9.3.3 所示为绘制的三维网格。

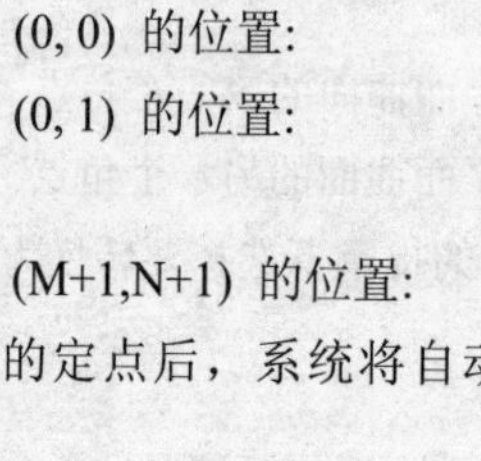

图 9.3.2 绘制三维面

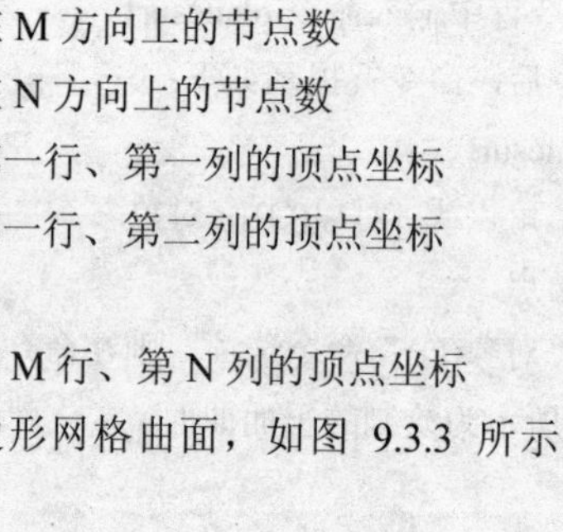

图 9.3.3 绘制三维网格

9.3.4 绘制旋转网格

在 AutoCAD 2009 中，可以将曲线绕旋转轴旋转一定角度，形成旋转网格。执行绘制旋转网格命令的方法有以下两种：

（1）选择 绘图(D) → 建模(M) → 网格(M) → 旋转网格(M) 命令。

（2）在命令行中输入命令 revsurf。

执行该命令后，命令行提示如下：

命令: _revsurf

当前线框密度: SURFTAB1=6 SURFTAB2=6

选择要旋转的对象: //指定被旋转的对象

选择定义旋转轴的对象: //指定旋转轴

指定起点角度 <0>: //指定起点角度

指定包含角 (+=逆时针，-=顺时针) <360>: //指定旋转角度

其中，SURFTAB1 和 SURFTAB2 的值决定了曲线沿旋转方向和轴线方向的线框密度，值越大，旋转形成的网格越光滑。如图 9.3.4 所示为绘制的旋转网格。

原始对象　　效果图

图 9.3.4 绘制旋转网格

9.3.5 绘制平移网格

在 AutoCAD 2009 中，可以将对象沿路径曲线或方向矢量平移来创建三维网格。执行绘制平移网格命令的方法有以下两种：

（1）单击“曲面”工具栏中的“平移网格”按钮。

（2）选择 绘图(D) → 建模(M) → 网格(M) → 平移网格(T) 命令。

（3）在命令行中输入命令 tabsurf。

执行该命令后，命令行提示如下：

命令: _tabsurf //执行绘制平移曲面

当前线框密度: SURFTAB1=20 //系统提示

选择用作轮廓曲线的对象: //指定轮廓曲线对象

选择用作方向矢量的对象: //指定方向矢量对象

如图 9.3.5 所示为绘制的平移网格。

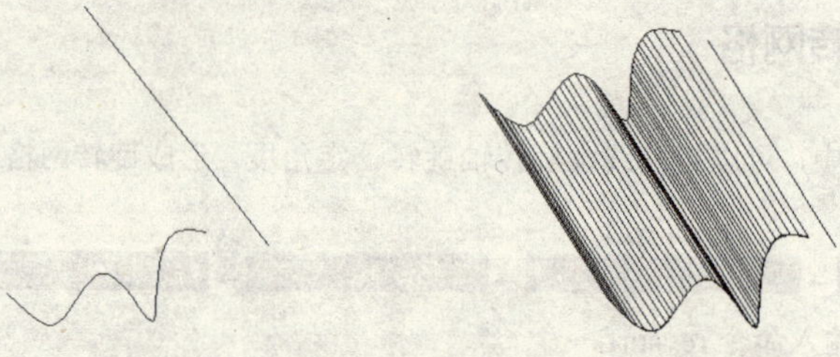

图 9.3.5 绘制平移网格

9.3.6 绘制直纹网格

在 AutoCAD 2009 中，可以在两条曲线之间构造一个表示直纹网格的多边形网格，两个对象必须同时闭合或打开，且不能同时为点。执行绘制直纹网格命令的方法有以下两种：

（1）单击“曲面”工具栏中的“直纹网格”按钮。

（2）选择 绘图(D) → 建模(M) → 网格(M) → 直纹网格(R) 命令。

（3）在命令行中输入命令 rulesurf。

执行该命令后，命令行提示如下：

命令: _rulesurf　　//执行绘制直纹曲面
当前线框密度: SURFTAB1=20　　//系统提示
选择第一条定义曲线:　　//指定第一条曲线
选择第二条定义曲线:　　//指定第二条曲线

如图 9.3.6 所示为绘制的直纹网格。

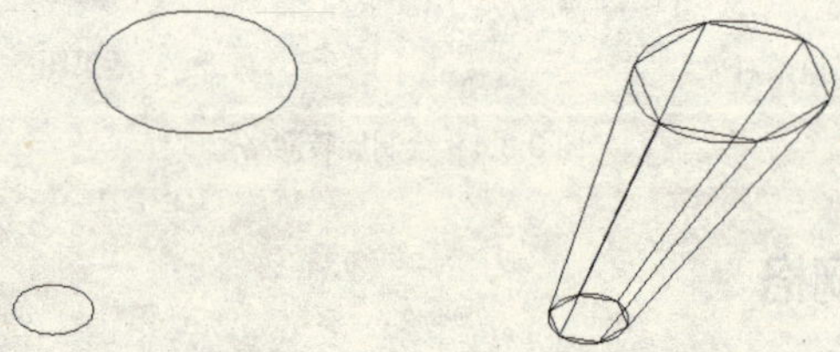

图 9.3.6 绘制直纹网格

9.3.7 绘制边界网格

在 AutoCAD 2009 中，可以使用 4 条首尾连接的边创建三维多边形网格。执行绘制边界网格命令的方法有以下两种：

（1）选择 绘图(D) → 建模(M) → 网格(M) → 边界网格(D) 命令。

（2）在命令行中输入命令 edgesurf。

执行该命令后，命令行提示如下：

命令: _ edgesurf
当前线框密度: SURFTAB1=20　SURFTAB2=20　　//系统提示

选择用做曲面边界的对象 1:　　　　　　　　　　　//选择第一个边界对象

选择用做曲面边界的对象 2:　　　　　　　　　　　//选择第二个边界对象

选择用做曲面边界的对象 3:　　　　　　　　　　　//选择第三个边界对象

选择用做曲面边界的对象 4:　　　　　　　　　　　//选择第四个边界对象

如图 9.3.7 所示为绘制的边界网格。

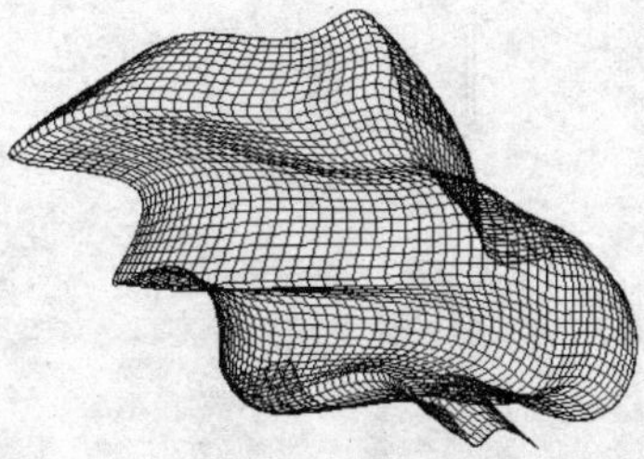

图 9.3.7　绘制边界网格

9.4　绘制基本三维实体

三维实体是 AutoCAD 绘图过程中另一种重要的对象，用实体建模比网格更能完整地描述对象的三维特性，如分析实体的质量特性、体积、质心等。

在 AutoCAD 2009 中，系统提供了多种基本三维实体的绘制命令，利用这些命令可以非常方便地绘制多段体、长方体、楔体、圆柱体、圆锥体、球体、圆环体和棱锥面等基本三维实体。

9.4.1　绘制多段体

在 AutoCAD 2009 中，执行绘制多段体命令的方法有以下 3 种：

（1）单击“建模”工具栏中的“多段体”按钮。

（2）选择 绘图(D) → 建模(M) → 多段体(P) 命令。

（3）在命令行中输入命令 polysolid。

执行该命令后，命令行提示如下：

命令: _polysolid

指定起点或 [对象(O)/高度(H)/宽度(W)/对正(J)] <对象>:　　　//指定多段体的起点

指定下一个点或 [圆弧(A)/放弃(U)]:　　　　　　　　　　//指定多段体的下一点

指定下一个点或 [圆弧(A)/放弃(U)]:　　　　　　　　　　//按回车键结束命令

其中各命令选项功能介绍如下：

（1）对象(O)：选择此命令选项，指定将二维图形转换成多段体。

（2）高度(H)：选择此命令选项，为绘制的多段体设置高度。

（3）宽度(W)：选择此命令选项，为绘制的多段体设置宽度。

（4）对正(J)：选择此命令选项，为绘制的多段体设置对齐方式，系统默认为居中对齐，还可以根据需要设置为左对齐或右对齐。

（5）圆弧(A)：选择此命令选项，创建圆弧多段体。

（6）放弃(U)：选择此命令选项，放弃上一步的操作。

如图 9.4.1 所示为绘制的多段体。

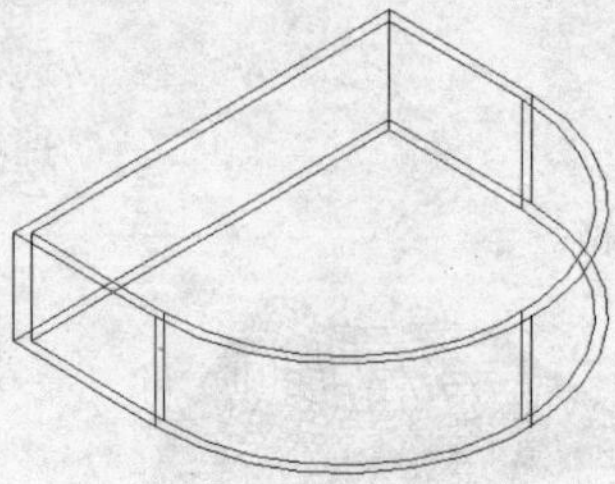

图 9.4.1　绘制多段体

9.4.2　绘制长方体

在 AutoCAD 2009 中，执行绘制长方体命令的方法有以下 3 种：

（1）单击“建模”工具栏中的“长方体”按钮。

（2）选择 绘图(D) → 建模(M) → 长方体(B) 命令。

（3）在命令行中输入命令 box。

执行该命令后，命令行提示如下：

命令: _box	//执行绘制长方体命令
指定长方体的角点或[中心点(CE)] <0,0,0>:	//指定长方体底面的第一个角点
指定角点或[立方体(C)/长度(L)]:	//指定长方体底面的第二个角点
指定高度:	//指定长方体的高

其中各命令选项功能介绍如下：

（1）中心点(CE)：选择此命令选项，使用指定的中心点创建长方体。

（2）立方体(C)：选择此命令选项，创建一个长、宽、高相同的长方体。

（3）长度(L)：选择此命令选项，按照指定长、宽、高创建长方体。

如图 9.4.2 所示为绘制的长方体和立方体。

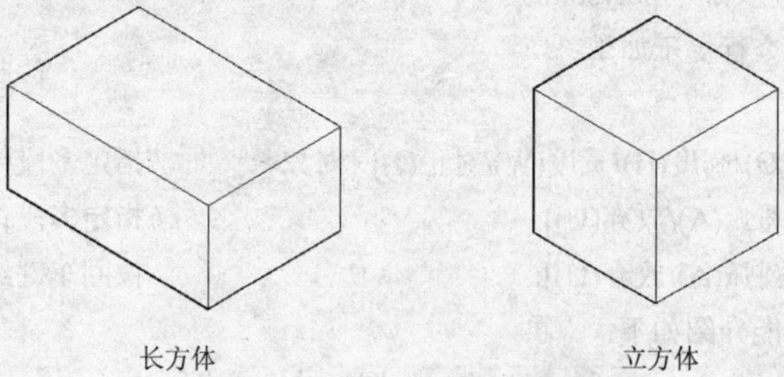

图 9.4.2　绘制长方体和立方体

9.4.3　绘制楔体

在 AutoCAD 2009 中，执行绘制楔体命令的方法有以下 3 种：

（1）单击“建模”工具栏中的“楔体”按钮。

（2）选择 绘图(D) → 建模(M) → 楔体(W) 命令。

（3）在命令行中输入命令 wedge。

执行该命令后，命令行提示如下：

命令: _wedge

指定第一个角点或 [中心(C)]: //指定楔体底面的第一个角点

指定其他角点或 [立方体(C)/长度(L)]: //指定楔体底面的第二个角点

指定高度或 [两点(2P)] <43.2436>: //指定楔体的高度

其中各命令选项功能介绍如下：

（1）中心点(C)：选择此命令选项，使用指定中心点创建楔体。

（2）立方体(C)：选择此命令选项，创建等边楔体。

（3）长度(L)：选择此命令选项，创建指定长度、宽度和高度值的楔体。

（4）两点(2P)：选择此命令选项，通过指定两点来确定楔体的高度。

如图 9.4.3 所示为绘制的楔体。

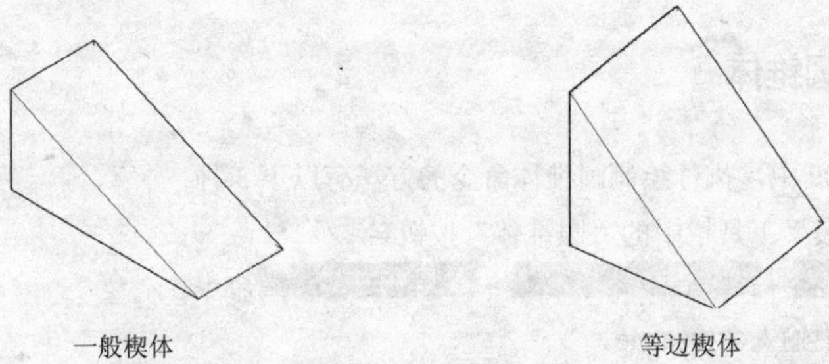

图 9.4.3 绘制楔体

9.4.4 绘制圆柱体

在 AutoCAD 2009 中，执行绘制圆柱体命令的方法有以下 3 种：

（1）单击“建模”工具栏中的“圆柱体”按钮。

（2）选择 绘图(D) → 建模(M) → 圆柱体(C) 命令。

（3）在命令行中输入命令 cylinder。

执行该命令后，命令行提示如下：

命令: _ cylinder

指定底面的中心点或[三点(3P)/两点(2P)/相切、相切、半径(T)/椭圆(E)]:

//指定圆柱体底面中心点

指定底面半径或 [直径(D)] <20.0000>: //输入圆柱体底面半径

指定高度或 [两点(2P)/轴端点(A)] <50.0000>: //输入圆柱体高度

其中各命令选项功能介绍如下：

（1）三点(3P)：选择此命令选项，通过指定三点来确定圆柱体的底面。

（2）两点(2P)：选择此命令选项，通过指定两点来确定圆柱体的底面。

（3）相切、相切、半径(T)：选择此命令选项，通过指定圆柱体底面的两个切点和半径来确定圆柱体的底面。

（4）椭圆(E)：选择此命令选项，创建具有椭圆底的圆柱体。

（5）直径(D)：选择此命令选项，通过输入直径来确定圆柱体的底面。

（6）两点(2P)：选择此命令选项，通过两点来确定圆柱体的高。

（7）轴端点(A)：选择此命令选项，指定圆柱体轴的端点位置。

如图 9.4.4 所示为绘制的圆柱体。

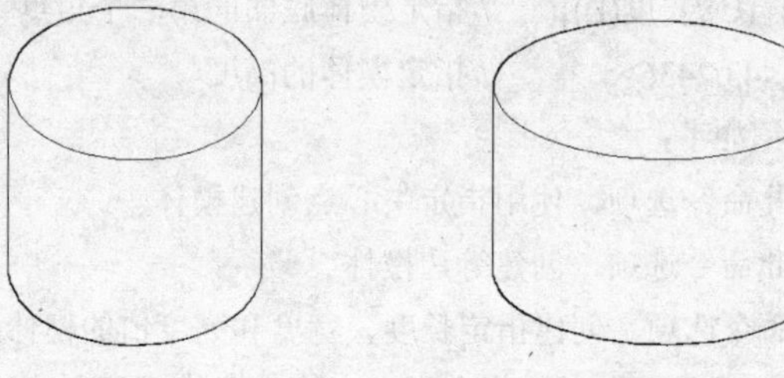

圆底圆柱体　　　　椭圆底圆柱体

图 9.4.4　绘制圆柱体

9.4.5　绘制圆锥体

在 AutoCAD 2009 中，执行绘制圆锥体命令的方法有以下 3 种：

（1）单击“建模”工具栏中的“圆锥体”按钮。

（2）选择 绘图(D) → 建模(M) → 圆锥体(O) 命令。

（3）在命令行中输入命令 cone。

执行该命令后，命令行提示如下：

命令: _cone

指定底面的中心点或 [三点(3P)/两点(2P)/相切、相切、半径(T)/椭圆(E)]:

//指定圆锥体底面的中心点

指定底面半径或 [直径(D)] <10.0000>:　　//输入圆锥体底面的半径

指定高度或 [两点(2P)/轴端点(A)/顶面半径(T)] <140.0000>:　　//输入圆锥体的高度

其中各命令选项功能介绍如下：

（1）三点(3P)：选择此命令选项，通过指定三点来确定圆锥体的底面。

（2）两点(2P)：选择此命令选项，通过指定两点来确定圆锥体的底面，两点的连线为圆锥体底面圆的直径。

（3）相切、相切、半径(T)：选择此命令选项，通过指定圆锥体底面圆的两个切点和半径来确定圆锥体的底面。

（4）椭圆(E)：选择此命令选项，创建具有椭圆底的圆锥体。

（5）直径(D)：选择此命令选项，通过输入直径确定圆锥体的底面。

（6）两点(2P)：选择此命令选项，通过指定两点来确定圆锥体的高。

（7）轴端点(A)：选择此命令选项，指定圆锥体轴的端点位置。

（8）顶面半径(T)：选择此命令选项，输入圆锥体顶面圆的半径。

如图 9.4.5 所示为绘制的圆锥体。

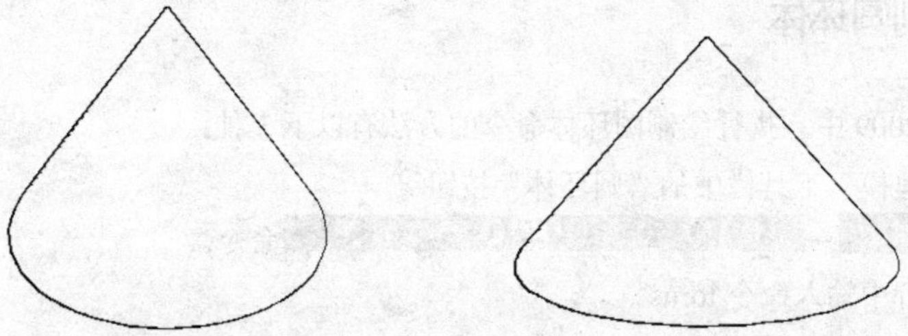

圆底圆锥体　　　　椭圆底圆锥体

图 9.4.5　绘制圆锥体

9.4.6　绘制球体

在 AutoCAD 2009 中，执行绘制球体命令的方法有以下 3 种：

（1）单击“建模”工具栏中的“球体”按钮。

（2）选择 绘图(D) → 建模(M) → 球体(S) 命令。

（3）在命令行中输入命令 sphere。

执行该命令后，命令行提示如下：

命令: _sphere

指定中心点或 [三点(3P)/两点(2P)/相切、相切、半径(T)]:　　　　//指定球体的球心

指定半径或 [直径(D)]:　　　　//输入球体的半径或直径确定球体的大小

其中各命令选项功能介绍如下：

（1）三点(3P)：选择此命令选项，通过指定三点来确定球体的大小和位置。

（2）两点(2P)：选择此命令选项，通过指定两点来确定球体的大小和位置，两点为球体一条直径的端点。

（3）相切、相切、半径(T)：选择此命令选项，通过指定球体表面的两个切点和半径来确定球体的大小和位置。

（4）直径(D)：选择此命令选型，通过指定球体的直径来确定球体的大小。

系统变量 ISOLINES 控制实体的线框密度，确定实体表面上的网格线数，不同线框密度的球体效果如图 9.4.6 所示。

ISOLINES＝4　　　　ISOLINES＝8

图 9.4.6　绘制球体

9.4.7 绘制圆环体

在 AutoCAD 2009 中，执行绘制圆环体命令的方法有以下 3 种：

（1）单击“建模”工具栏中的“圆环体”按钮。

（2）选择 绘图(D) → 建模(M) → 圆环体(T) 命令。

（3）在命令行中输入命令 torus。

执行该命令后，命令行提示如下：

命令: _torus

当前线框密度： ISOLINES=8

指定圆环体中心 <0,0,0>: //指定圆环体的中心

指定圆环体半径或 [直径(D)]: //指定圆环体的半径或输入 D 选择指定圆环体的直径

指定圆管半径或 [直径(D)]: //指定圆管的半径或输入 D 选择指定圆管的直径

如图 9.4.7 所示为绘制的圆环体。

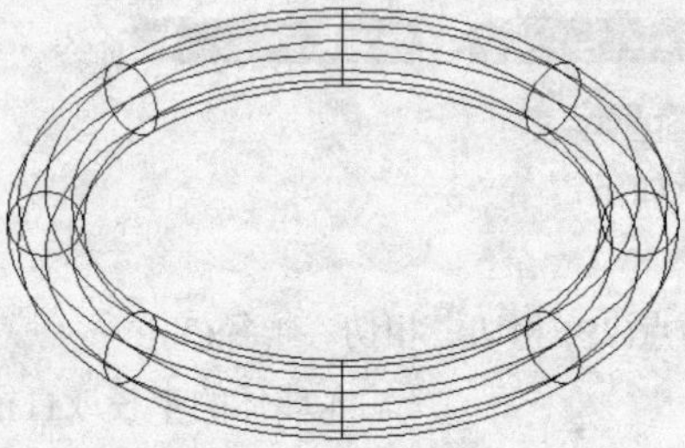

图 9.4.7 绘制圆环体

9.4.8 绘制棱锥体

在 AutoCAD 2009 中，执行绘制棱锥体命令的方法有以下 3 种：

（1）单击“建模”工具栏中的“棱锥体”按钮。

（2）选择 绘图(D) → 建模(M) → 棱锥体(Y) 命令。

（3）在命令行中输入命令 pyramid。

执行该命令后，命令行提示如下：

命令: _pyramid

4 个侧面 外切 //系统提示

指定底面的中心点或 [边(E)/侧面(S)]: //指定棱锥体底面的中心点

指定底面半径或 [内接(I)] <32.0000>: //输入棱锥体底面的半径

指定高度或 [两点(2P)/轴端点(A)/顶面半径(T)] <60.0000>: //输入棱锥体的高度

其中各命令选项功能介绍如下：

（1）边(E)：选择此命令选项，通过指定棱锥体底面的边长来确定棱锥面的底面。

（2）侧面(S)：选择此命令选项，确定棱锥体的侧面数。

（3）内接(I)：选择此命令选项，指定棱锥体底面内接于棱锥面的底面半径。

（4）两点(2P)：选择此命令选项，通过两点来确定棱锥体的高。

（5）轴端点(A)：选择此命令选项，指定棱锥体轴的端点位置。

（6）顶面半径(T)：选择此命令选项，指定棱锥体的顶面半径，并创建棱锥体平截面。

如图 9.4.8 所示为绘制的棱锥体。

一般棱锥体　　　　特殊棱锥体

图 9.4.8　绘制棱锥体

9.5　通过二维图形创建实体

在 AutoCAD 2009 中，不仅可以直接创建基本实体，而且还可以通过对二维图形进行拉伸、旋转、扫掠或放样等操作来创建实体对象，本节将详细介绍这些特殊三维实体的创建方法。

9.5.1　拉伸创建实体

在 AutoCAD 2009 中，用户可以将封闭的二维图形按指定高度或路径进行拉伸，来创建实体对象。在 AutoCAD 2009 中，执行拉伸命令的方法有以下 3 种：

（1）单击“建模”工具栏中的“拉伸”按钮。

（2）选择 绘图(D) → 建模(M) → 拉伸(X) 命令。

（3）在命令行中输入命令 extrude。

执行该命令后，命令行提示如下：

命令: _extrude　　　　//执行拉伸命令

当前线框密度: ISOLINES=8　　　　//系统提示

选择对象:　　　　//选择可拉伸的二维图形

选择对象:　　　　//按回车键结束对象选择

指定拉伸高度或 [路径(P)]:　　　　//指定拉伸的高度或输入 P 选择按指定路径拉伸

指定拉伸的倾斜角度 <0>:　　　　//指定拉伸的倾斜角度

其中各命令选项功能介绍如下：

（1）方向(D)：选择此命令选项，通过指定两个点来确定拉伸的高度和方向。

（2）路径(P)：选择此命令选项，将沿选定的对象进行拉伸。

（3）倾斜角(T)：选择此命令选项，输入拉伸对象时倾斜的角度。

如图 9.5.1 所示为拉伸创建的三维实体。

原始图形　　　　效果图

图 9.5.1　拉伸创建的三维实体

9.5.2　旋转创建实体

在 AutoCAD 2009 中，用户还可以通过绕旋转轴旋转二维对象来创建三维实体，执行旋转命令的方法有以下 3 种：

（1）单击“建模”工具栏中的“旋转”按钮。

（2）选择 绘图(D) → 建模(M) → 旋转(R) 命令。

（3）在命令行中输入命令 revolve。

执行该命令后，命令行提示如下：

命令: _revolve

当前线框密度:　ISOLINES=4　　//系统提示

选择要旋转的对象:　　//选择旋转的对象

选择要旋转的对象:　　//按回车键结束对象选择

指定轴起点或根据以下选项之一定义轴　[对象(O)/X/Y/Z] <对象>:　//指定旋转轴的起点

指定轴端点:　　//指定旋转轴的端点

指定旋转角度或　[起点角度(ST)] <360>:　　//输入旋转角度

其中各命令选项功能介绍如下：

（1）对象(O)：选择此命令选项，选择现有的直线或多段线中的单条线段定义轴，这个对象将绕该轴旋转。

（2）X：选择此命令选项，使用当前用户坐标系的正向 X 轴作为轴的正方向。

（3）Y：选择此命令选项，使用当前用户坐标系的正向 Y 轴作为轴的正方向。

（4）Z：选择此命令选项，使用当前用户坐标系的正向 Z 轴作为轴的正方向。

如图 9.5.2 所示为旋转创建的三维实体。

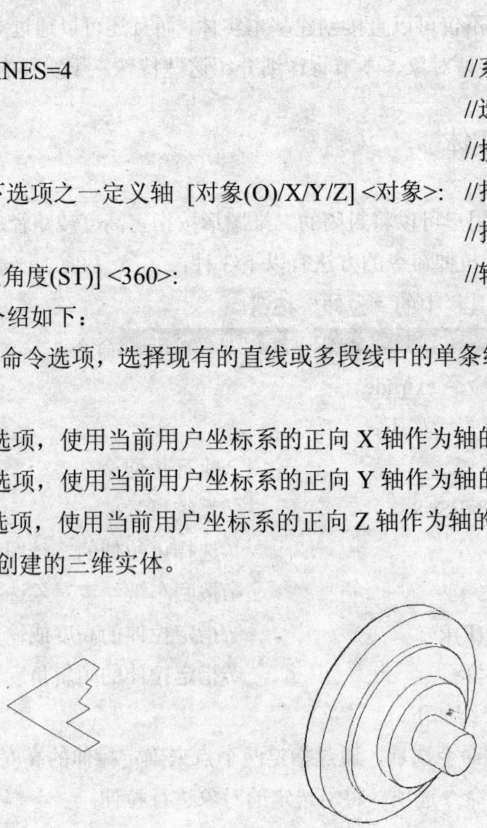

原始图形　　　　效果图

图 9.5.2　旋转创建的三维实体

9.5.3　扫掠创建实体

在 AutoCAD 2009 中，用户可以使用扫掠命令创建三维曲面或三维实体。如果扫掠的平面曲线不闭合，则生成三维曲面，否则生成三维实体。执行扫掠命令的方法有以下 3 种：

（1）单击“建模”工具栏中的“扫掠”按钮。

（2）选择 绘图(D) → 建模(M) → 扫掠(P) 命令。

（3）在命令行中输入命令 sweep。

执行该命令后，命令行提示如下：

命令: _sweep

当前线框密度:　ISOLINES=4　　　　//系统提示

选择要扫掠的对象:　　　　//选择扫掠的对象

选择要扫掠的对象:　　　　//按回车键结束对象选择

选择扫掠路径或 [对齐(A)/基点(B)/比例(S)/扭曲(T)]:　　　　//选择扫掠的路径

其中各命令选项功能介绍如下：

（1）对齐(A)：选择此命令选项，确定是否对齐垂直于路径的扫掠对象。

（2）基点(B)：选择此命令选项，指定扫掠的基点。

（3）比例(S)：选择此命令选项，指定扫掠的比例因子。

（4）扭曲(T)：选择此命令选项，指定扫掠的扭曲度。

如图 9.5.3 所示为扫掠创建的三维实体和曲面。

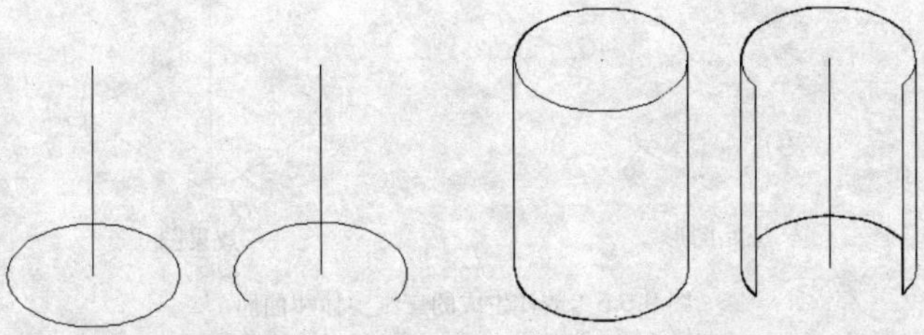

原始图形　　　　效果图

图 9.5.3　扫掠创建的三维实体和曲面

9.5.4　放样创建实体

在 AutoCAD 2009 中，还可以使用放样命令将二维图形放样生成三维实体。执行放样命令的方法有以下 3 种：

（1）单击“建模”工具栏中的“放样”按钮。

（2）选择 绘图(D) → 建模(M) → 放样(L) 命令。

（3）在命令行中输入命令 loft。

执行该命令后，命令行提示如下：

命令: _loft

按放样次序选择横截面:　　　　//选择第一个放样横截面

按放样次序选择横截面:　　　　//选择下一个放样横截面

按放样次序选择横截面: //按回车键结束对象选择

输入选项 [导向(G)/路径(P)/仅横截面(C)] <仅横截面> //选择放样方式

其中各命令选项功能介绍如下:

(1)导向(G):选择此命令选项,为放样曲面或实体指定导向曲线,每条导向曲线均与放样曲面相交,且开始于第一个截面,终止于最后一个截面。

(2)路径(P):选择此命令选项,为放样曲面或实体指定放样路径,路径必须与每个截面相交。

(3)仅横截面(C):选择此命令选项,弹出"放样设置"对话框,如图 9.5.4 所示,在该对话框中可以设置放样横截面上的曲面控制选项。

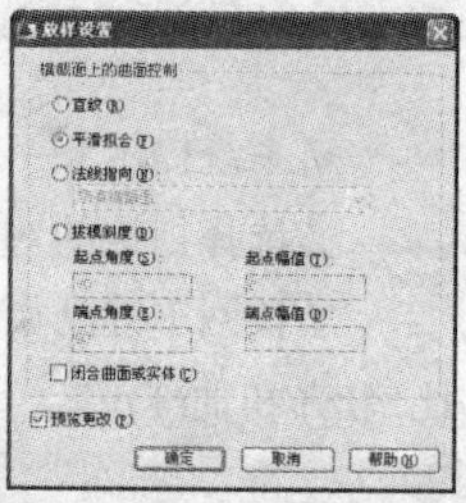

图 9.5.4 "放样设置"对话框

如图 9.5.5 所示为放样生成的三维实体和曲面。

原始图形 效果图

图 9.5.5 放样生成的三维实体和曲面

9.6 上机实战——绘制茶几模型

本节主要介绍三维模型的创建方法,效果如图 9.6.1 所示。

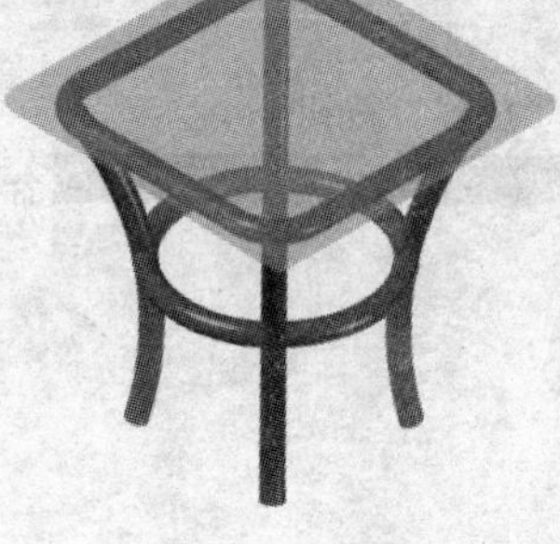

图 9.6.1 茶几模型

操作步骤

（1）单击“绘图”工具栏中的“矩形”按钮，在绘图窗口中绘制一个边长为 50 的矩形，效果如图 9.6.2 所示。

（2）单击“修改”工具栏中的“圆角”按钮，设置圆角半径为 8，对绘制的矩形进行圆角操作，效果如图 9.6.3 所示。

图 9.6.2 绘制矩形

图 9.6.3 圆角矩形

（3）单击“视图”工具栏中的“东南等轴测”按钮，切换视图，新建用户坐标系如图 9.6.4 所示。

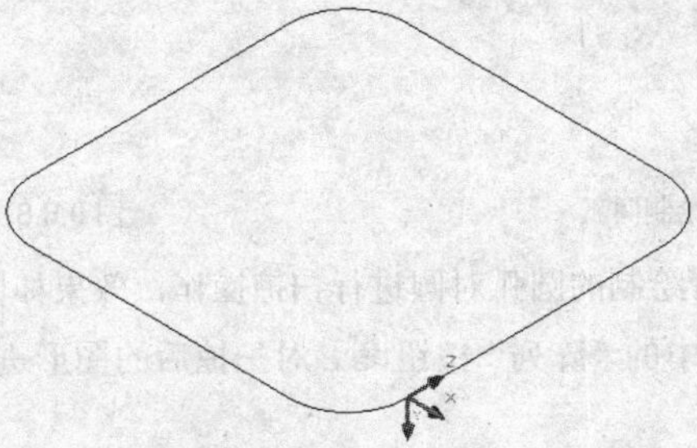

图 9.6.4 新建用户坐标系

（4）单击“绘图”工具栏中的“圆”按钮，以坐标系原点为圆心，绘制一个半径为 2 的圆，效果如图 9.6.5 所示。

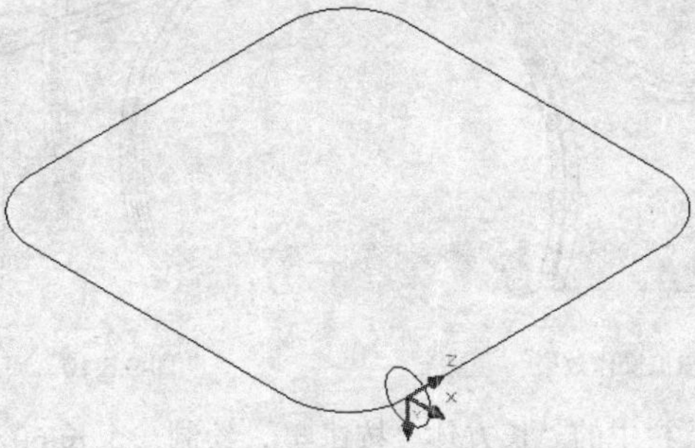

图 9.6.5 绘制圆

（5）单击“建模”工具栏中的“扫掠”按钮，沿圆角矩形对绘制的圆进行扫掠操作，效果如图 9.6.6 所示。

（6）新建用户坐标系，将坐标系沿 Y 轴旋转 45°。单击“绘图”工具栏中的“圆弧”按钮，绘制如图 9.6.7 所示的圆弧。

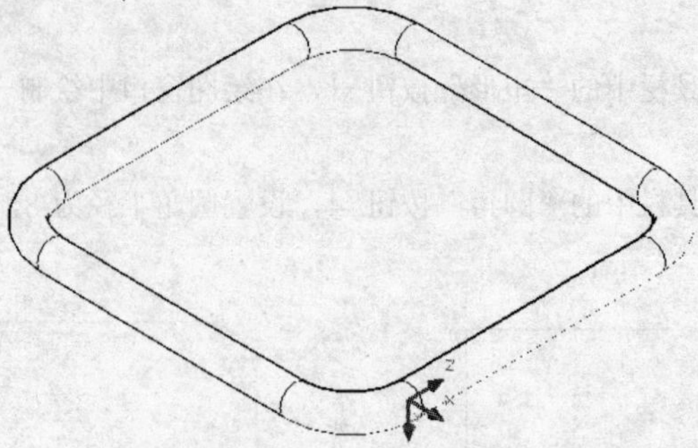

图 9.6.6　扫掠操作效果

（7）新建用户坐标系，以坐标系原点为圆心，绘制一个半径为 2 的圆，效果如图 9.6.8 所示。

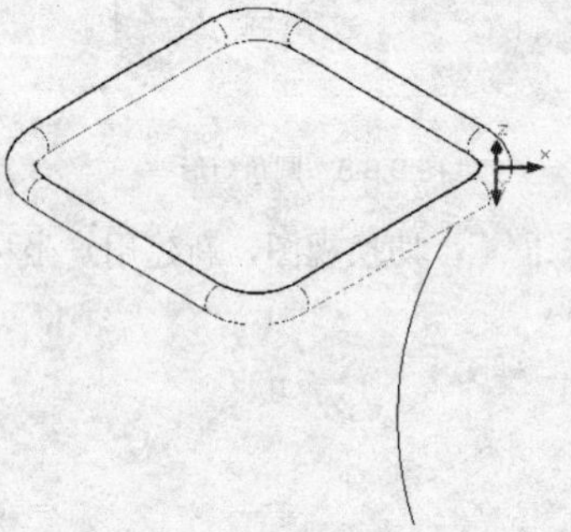

图 9.6.7　绘制圆弧

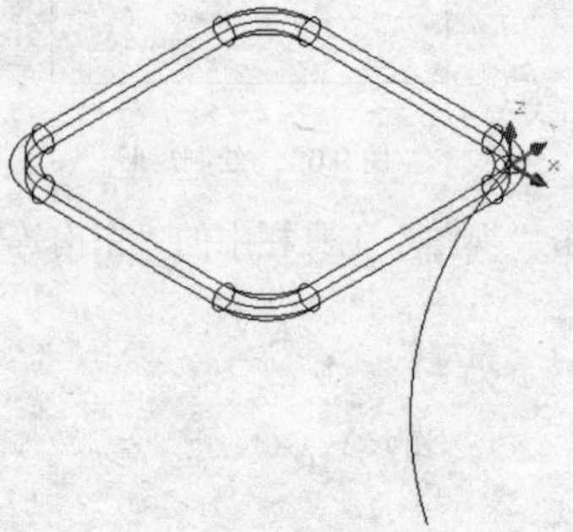

图 9.6.8　绘制圆

（8）执行扫掠命令，沿着绘制的圆弧对圆进行扫掠操作，效果如图 9.6.9 所示。

（9）单击“修改”工具栏中的“阵列”按钮，对扫掠后的图形进行环形阵列，效果如图 9.6.10 所示。

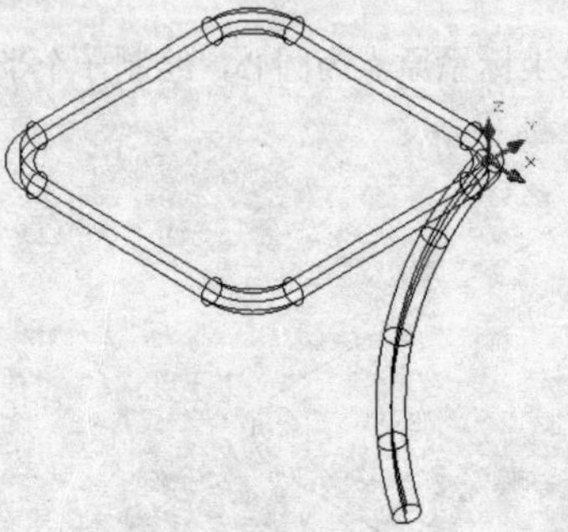

图 9.6.9　扫掠操作效果

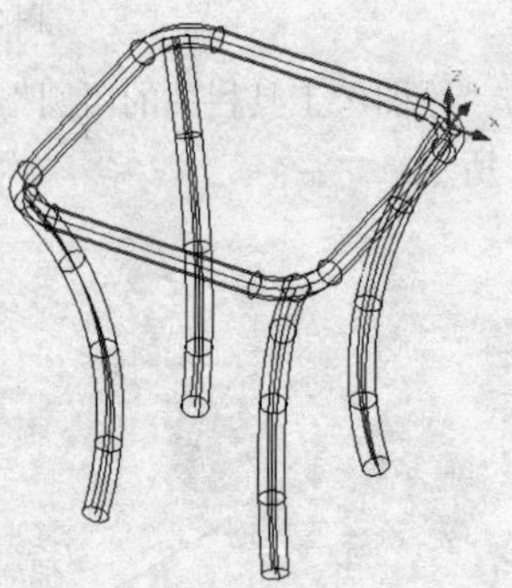

图 9.6.10　环形阵列效果

（10）单击“建模”工具栏中的“长方体“按钮，绘制一个长 60，宽 60，高 5 的长方体，并用圆角命令对长方体的棱进行圆角操作，圆角半径为 2，效果如图 9.6.11 所示。

（11）用移动命令将圆角后的长方体移动到如图 9.6.12 所示的位置。

（12）使用圆和扫掠命令在茶几腿的中间位置绘制如图 9.6.13 所示的图形，最后对绘制的实体模型进行渲染操作，最终效果如图 9.6.1 所示。

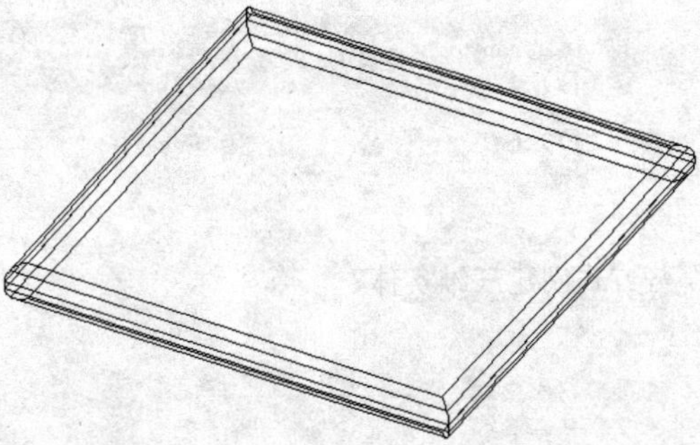

图 9.6.11　绘制圆角长方体

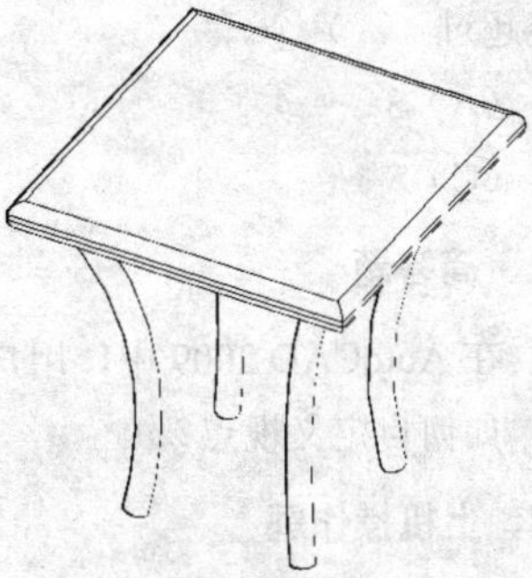

图 9.6.12　移动模型

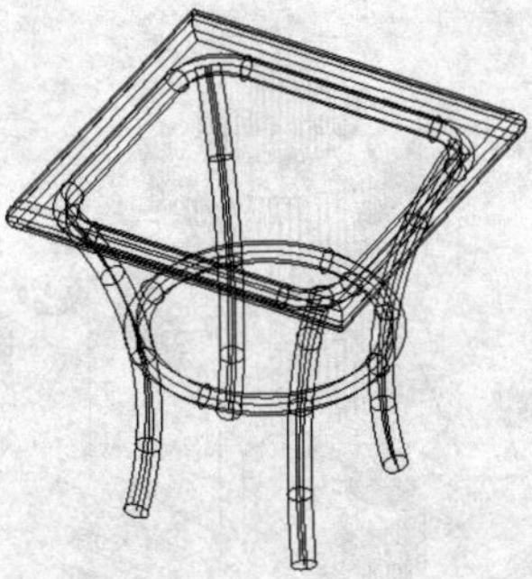

图 9.6.13　绘制支撑架

本 章 小 结

本章介绍了 AutoCAD 2009 中三维图形的绘制方法，包括建立用户坐标系、设置视点、绘制三维网格、绘制基本三维实体和通过二维图形创建实体模型。通过本章的学习，用户应该熟练掌握各种三维模型的绘制方法。

操 作 练 习

一、填空题

1. 在 AutoCAD 中，不仅可以绘制球面、圆锥面、圆柱面等基本的三维曲面，还可以绘制_________、_________、_________和_________。

2. 在 AutoCAD 2009 中，选择_________命令可创建视口。

3. 将封闭的二维图形可以通过_________和_________方式创建成三维图形。

二、选择题

1. 如果要新建的坐标系和原来的坐标系之间有旋转的关系，可以通过（　）得到新的坐标系。

　(A) 沿 X，Y，Z 轴旋转坐标系　　(B) Z 轴矢量坐标系

　(C) 世界坐标系　　(D) 对象坐标系

2. 在 AutoCAD 2009 中，使用“绘图“→”曲面“→”三维面“命令创建的三维面的顶点数最

多不能超过（ ）个。

（A）3 （B）4

（C）5 （D）6

三、简答题

1．在 AutoCAD 2009 中，用户可以通过哪些方式创建三维实体？

2．如何自定义视点？

四、上机操作题

绘制如题图 9.1 所示的图形。

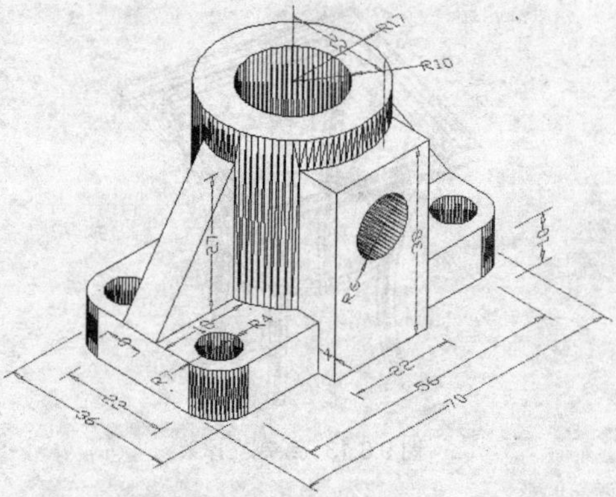

题图 9.1

第 10 章　编辑三维图形

掌握了基本三维模型的绘制方法，还不能完全满足创建实体模型的需要，AutoCAD 2009 为用户提供了强大的三维模型编辑工具和渲染功能，从而能够创建更加逼真的实体模型。本章将主要介绍 AutoCAD 2009 中三维实体的编辑和渲染。

知识要点

- 对实体面的编辑
- 对实体边的编辑
- 对实体的编辑
- 三维操作
- 三维实体的渲染

10.1　对实体面的编辑

在 AutoCAD 2009 中，对三维实体面的编辑命令有拉伸面、移动面、偏移面、删除面、旋转面、倾斜面、着色面和复制面，下面分别介绍。

10.1.1　拉伸面

拉伸面是指将选定的三维实体对象的面拉伸到指定的高度或沿路径拉伸。一次可以选择拉伸多个面。执行拉伸面命令的方法有以下两种：

（1）单击“实体编辑”工具栏中的“拉伸面”按钮。

（2）选择 修改(M) → 实体编辑(N) → 拉伸面(E) 命令。

执行该命令后，命令行提示如下：

命令: _solidedit

实体编辑自动检查:　SOLIDCHECK=1

输入实体编辑选项 [面(F)/边(E)/体(B)/放弃(U)/退出(X)] <退出>: _face

输入面编辑选项[拉伸(E)/移动(M)/旋转(R)/偏移(O)/倾斜(T)/删除(D)/复制(C)/着色(L)/放弃(U)/退出(X)] <退出>: _extrude　　//执行拉伸面命令

选择面或 [放弃(U)/删除(R)]: 找到一个面　　//选择要拉伸的实体面

选择面或 [放弃(U)/删除(R)/全部(ALL)]:　　//按回车键结束对象选择

指定拉伸高度或 [路径(P)]:　　//指定拉伸的高度或选择拉伸的路径

指定拉伸的倾斜角度 <0>:　　//指定拉伸的倾斜角度

如果输入正值，则沿面的正方向拉伸。如果输入负值，则沿面的反方向拉伸。如图 10.1.1 所示为拉伸实体面前后的效果。

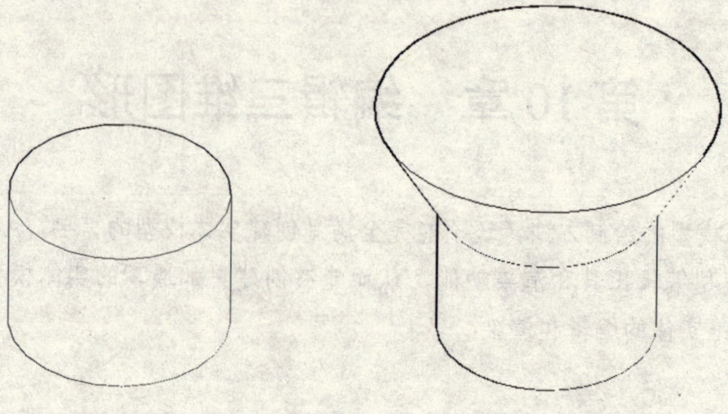

实体对象　　　　拉伸面后的实体

图 10.1.1　拉伸面

10.1.2　移动面

移动面是指沿指定的高度或距离移动选定的三维实体对象的面。一次可以选择移动多个面。执行移动面命令的方法有以下两种：

（1）单击“实体编辑”工具栏中的“移动面”按钮。

（2）选择 修改(M) → 实体编辑(N) → 移动面(M) 命令。

执行该命令后，命令行提示如下：

命令: _solidedit

实体编辑自动检查:　SOLIDCHECK=1

输入实体编辑选项 [面(F)/边(E)/体(B)/放弃(U)/退出(X)] <退出>: _face

输入面编辑选项[拉伸(E)/移动(M)/旋转(R)/偏移(O)/倾斜(T)/删除(D)/复制(C)/着色(L)/放弃(U)/退出(X)] <退出>: _move　　//执行移动面命令

选择面或 [放弃(U)/删除(R)]: 找到一个面　　//选择要移动的面

选择面或 [放弃(U)/删除(R)/全部(ALL)]:　　//按回车键结束对象选择

指定基点或位移:　　//指定移动的基点

指定位移的第二点:　　//指定位移的第二点

如图 10.1.2 所示为移动实体面前后的效果。

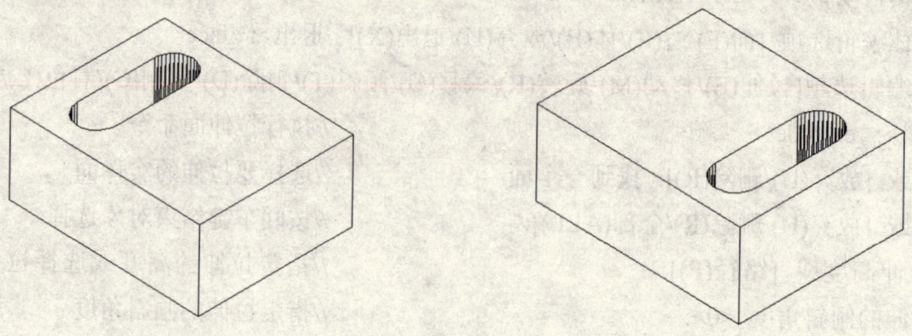

实体对象　　　　移动面后的实体

图 10.1.2　移动面

10.1.3　偏移面

偏移面是指按指定的距离或通过指定的点，将面均匀地偏移。正值增大实体尺寸或体积，负值减小实体尺寸或体积。执行偏移面命令的方法有以下两种：

（1）单击“实体编辑”工具栏中的“偏移面”按钮。

（2）选择 修改(M) → 实体编辑(N) → 偏移面(O) 命令。

执行该命令后，命令行提示如下：

命令: _solidedit

实体编辑自动检查:　SOLIDCHECK=1

输入实体编辑选项 [面(F)/边(E)/体(B)/放弃(U)/退出(X)] <退出>: _face

输入面编辑选项[拉伸(E)/移动(M)/旋转(R)/偏移(O)/倾斜(T)/删除(D)/复制(C)/着色(L)/放弃(U)/退出(X)] <退出>: _offset　　　　//执行偏移面命令

选择面或 [放弃(U)/删除(R)]: 找到一个面　　　　//选择要偏移的面

选择面或 [放弃(U)/删除(R)/全部(ALL)]:　　　　//按回车键结束对象选择

指定偏移距离:　　　　//指定偏移的距离

如图 10.1.3 所示为偏移三维实体面前后的效果。

实体对象　　　　偏移面后的实体

图 10.1.3　偏移面

10.1.4　删除面

删除面是指删除实体的面，包括圆角和倒角。执行删除面命令的方法有以下两种：

（1）单击“实体编辑”工具栏中的“删除面”按钮。

（2）选择 修改(M) → 实体编辑(N) → 删除面(D) 命令。

执行该命令后，命令行提示如下：

命令: _solidedit

实体编辑自动检查:　SOLIDCHECK=1

输入实体编辑选项 [面(F)/边(E)/体(B)/放弃(U)/退出(X)] <退出>: _face

输入面编辑选项[拉伸(E)/移动(M)/旋转(R)/偏移(O)/倾斜(T)/删除(D)/复制(C)/着色(L)/放弃(U)/退出(X)] <退出>: _delete　　　　//执行删除面命令

选择面或 [放弃(U)/删除(R)]: 找到一个面　　　　//选择要删除的面

选择面或 [放弃(U)/删除(R)/全部(ALL)]:　　　　//按回车键结束命令

如图 10.1.4 所示为删除实体面前后的效果。

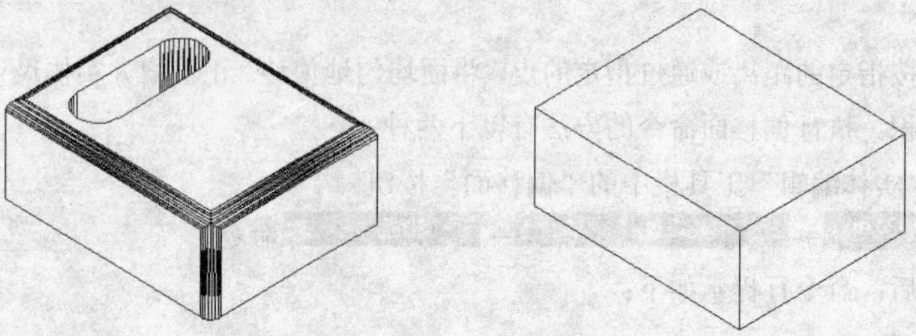

实体对象　　　　删除面后的实体

图 10.1.4　删除面

10.1.5　旋转面

旋转面是指绕指定的轴旋转一个或多个实体的面或实体的某些部分。执行旋转面命令的方法有以下两种：

（1）单击“实体编辑”工具栏中的“旋转面”按钮。

（2）选择 修改(M) → 实体编辑(N) → 旋转面(A) 命令。

执行该命令后，命令行提示如下：

命令: _solidedit

实体编辑自动检查:　SOLIDCHECK=1

输入实体编辑选项 [面(F)/边(E)/体(B)/放弃(U)/退出(X)] <退出>: _face

输入面编辑选项[拉伸(E)/移动(M)/旋转(R)/偏移(O)/倾斜(T)/删除(D)/复制(C)/着色(L)/放弃(U)/退出(X)] <退出>: _rotate　　//执行旋转面命令

选择面或 [放弃(U)/删除(R)]: 找到一个面　　//选择要旋转的面

选择面或 [放弃(U)/删除(R)/全部(ALL)]:　　//按回车键结束对象选择

指定轴点或 [经过对象的轴(A)/视图(V)/X 轴(X)/Y 轴(Y)/Z 轴(Z)] <两点>:

　　//指定旋转轴的第一点

在旋转轴上指定第二个点:　　//指定旋转轴的第二点

指定旋转角度或 [参照(R)]:　　//指定旋转角度

如图 10.1.5 所示为旋转实体面前后的效果。

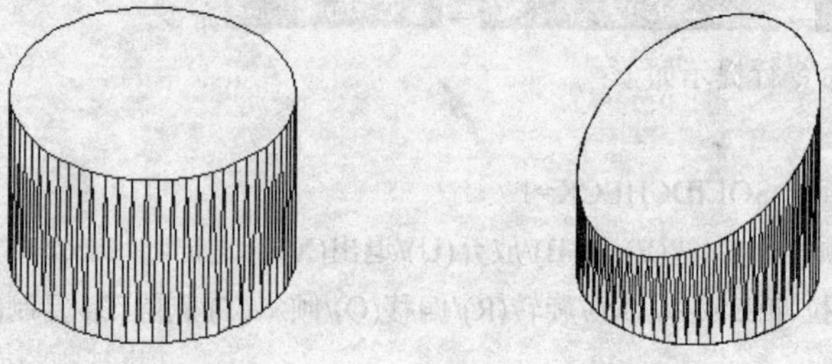

实体对象　　　　旋转面后的实体

图 10.1.5　旋转面

10.1.6　倾斜面

倾斜面是指按一个角度将面进行倾斜。执行倾斜面命令的方法有以下两种：

（1）单击“实体编辑”工具栏中的“倾斜面”按钮。

（2）选择 修改(M) → 实体编辑(N) → 倾斜面(T) 命令。

执行该命令后，命令行提示如下：

命令: _solidedit

实体编辑自动检查: SOLIDCHECK=1

输入实体编辑选项 [面(F)/边(E)/体(B)/放弃(U)/退出(X)] <退出>: _face

输入面编辑选项[拉伸(E)/移动(M)/旋转(R)/偏移(O)/倾斜(T)/删除(D)/复制(C)/着色(L)/放弃(U)/退出(X)] <退出>: _taper　　//执行倾斜面命令

选择面或 [放弃(U)/删除(R)]: 找到一个面　　//选择要倾斜的面

选择面或 [放弃(U)/删除(R)/全部(ALL)]:　　//按回车键结束对象选择

指定基点:　　//指定倾斜轴的第一点

指定沿倾斜轴的另一个点:　　//指定倾斜轴的第二点

指定倾斜角度:　　//指定倾斜角

如图 10.1.6 所示为倾斜实体面前后的效果。

实体对象　　倾斜面后的实体

图 10.1.6　倾斜面

倾斜角度为正，则向内倾斜选定的面；倾斜角度为负，则向外倾斜选定的面。倾斜角度的旋转方向由选择基点和第二点（沿选定矢量）的顺序决定。

10.1.7　着色面

着色面是指修改面的颜色。执行着色面命令的方法有以下两种：

（1）单击“实体编辑”工具栏中的“着色面”按钮。

（2）选择 修改(M) → 实体编辑(N) → 着色面(C) 命令。

执行该命令后，命令行提示如下：

命令: _solidedit

实体编辑自动检查: SOLIDCHECK=1

输入实体编辑选项 [面(F)/边(E)/体(B)/放弃(U)/退出(X)] <退出>: _face

输入面编辑选项[拉伸(E)/移动(M)/旋转(R)/偏移(O)/倾斜(T)/删除(D)/复制(C)/着色(L)/放弃(U)/退

出(X)] <退出>: _color　　　　　　　　　　　　　　　　　　//执行着色面命令

选择面或 [放弃(U)/删除(R)]: 找到一个面　　　　　　　　　　//选择要着色的面

执行以上命令后，弹出选择颜色对话框，在该对话框中为实体的面选择一种颜色，然后单击确定按钮结束命令。

10.1.8 复制面

复制面是指将实体的面复制为面域或体。执行复制面命令的方法有以下两种：

（1）单击“实体编辑”工具栏中的“复制面”按钮。

（2）选择修改(M)→实体编辑(N)→复制面(F)命令。

执行该命令后，命令行提示如下：

命令: _solidedit

实体编辑自动检查:　SOLIDCHECK=1

输入实体编辑选项 [面(F)/边(E)/体(B)/放弃(U)/退出(X)] <退出>: _face

输入面编辑选项[拉伸(E)/移动(M)/旋转(R)/偏移(O)/倾斜(T)/删除(D)/复制(C)/着色(L)/放弃(U)/退出(X)] <退出>: _copy　　　　　　　　　　　　　　　　　　//执行复制面命令

选择面或 [放弃(U)/删除(R)]: 找到一个面　　　　　　　　　　//选择要复制的面

选择面或 [放弃(U)/删除(R)/全部(ALL)]:　　　　　　　　　　//按回车键结束对象选择

指定基点或位移:　　　　　　　　　　　　　　　　　　　　//指定复制面的基点

指定位移的第二点:　　　　　　　　　　　　　　　　　　　//指定位移的第二点

如图 10.1.7 所示为复制实体面前后的效果。

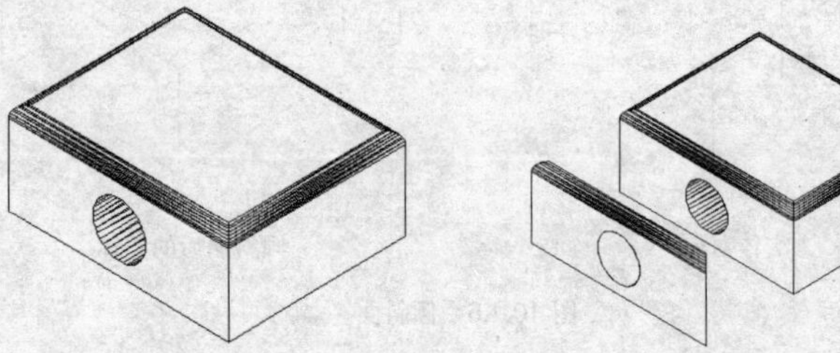

实体对象　　　　　　　　　复制面后的实体

图 10.1.7　复制面

10.2 对实体边的编辑

对实体边的编辑是指通过修改边的颜色或复制独立的边来编辑三维实体对象。在 AutoCAD 2009 中，对实体边的编辑命令有着色边和复制边两种，下面分别介绍。

10.2.1 着色边

着色边是指更改边的颜色。执行着色边命令的方法有以下两种：

（1）单击“实体编辑”工具栏中的“着色边”按钮。

（2）选择 修改(M) → 实体编辑(N) → 着色边(L) 命令。

执行该命令后，命令行提示如下：

命令: _solidedit

实体编辑自动检查:　SOLIDCHECK=1

输入实体编辑选项 [面(F)/边(E)/体(B)/放弃(U)/退出(X)] <退出>: _edge

输入边编辑选项 [复制(C)/着色(L)/放弃(U)/退出(X)] <退出>: _color　　　　//执行着色边命令

选择边或 [放弃(U)/删除(R)]:　　　　　　　　　　　　//选择要着色的边后按回车键

系统弹出 选择颜色 对话框，在该对话框中为实体的边选择一种颜色，再单击 确定 按钮即可。

10.2.2　复制边

复制边是指复制三维边。所有三维实体边被复制为直线、圆弧、圆、椭圆或样条曲线。执行复制边命令的方法有以下两种：

（1）单击“实体编辑”工具栏中的“复制边”按钮。

（2）选择 修改(M) → 实体编辑(N) → 复制边(C) 命令。

执行该命令后，命令行提示如下：

命令: _solidedit

实体编辑自动检查:　SOLIDCHECK=1

输入实体编辑选项 [面(F)/边(E)/体(B)/放弃(U)/退出(X)] <退出>: _edge

输入边编辑选项 [复制(C)/着色(L)/放弃(U)/退出(X)] <退出>: _copy　　　　//执行复制边命令

选择边或 [放弃(U)/删除(R)]:　　　　　　　　　　　　//选择要复制的边

选择边或 [放弃(U)/删除(R)]:　　　　　　　　　　　　//按回车键结束对象选择

指定基点或位移:　　　　　　　　　　　　　　　　　　//指定复制边的基点

指定位移的第二点:　　　　　　　　　　　　　　　　　//指定位移的第二点

如图 10.2.1 所示为复制实体边前后的效果。

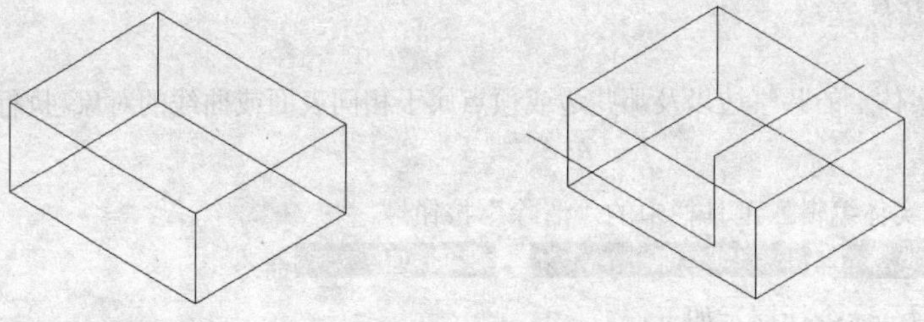

实体对象　　　　　　　　复制边后的实体

图 10.2.1　复制边

10.3　对实体的编辑

编辑整个实体对象，方法是在实体上压印其他几何图形，将实体分割为独立实体对象，以及抽壳、清除或检查选定的实体。

10.3.1 压印

压印是指在选定的对象上压印一个对象。为了使压印操作成功，被压印的对象必须与选定对象的一个或多个面相交。压印操作仅限于圆弧、圆、直线、二维和三维多段线、椭圆、样条曲线、面域、三维实体。单击“实体编辑”工具栏中的“压印”按钮，命令行提示如下：

命令: _solidedit

实体编辑自动检查: SOLIDCHECK=1

输入实体编辑选项 [面(F)/边(E)/体(B)/放弃(U)/退出(X)] <退出>: _body

输入体编辑选项[压印(I)/分割实体(P)/抽壳(S)/清除(L)/检查(C)/放弃(U)/退出(X)] <退出>: _imprint

//执行压印命令

选择三维实体: //选择要压印的三维实体

选择要压印的对象: //选择要压印的对象

是否删除源对象 [是(Y)/否(N)] <N>: //选择是否删除源对象

选择要压印的对象: //按回车键结束命令

如图 10.3.1 所示为实体压印前后的效果。

压印前的实体　　压印后的实体

图 10.3.1 压印

10.3.2 清除

清除是删除实体上的共享边以及那些边或顶点属于相同表面或曲线的对象。执行清除命令的方法有以下两种：

（1）单击“实体编辑”工具栏中的“清除”按钮。

（2）选择 修改(M) → 实体编辑(N) → 清除(N) 命令。

执行该命令后，命令行提示如下：

命令: _solidedit

实体编辑自动检查: SOLIDCHECK=1

输入实体编辑选项 [面(F)/边(E)/体(B)/放弃(U)/退出(X)] <退出>: _body

输入体编辑选项[压印(I)/分割实体(P)/抽壳(S)/清除(L)/检查(C)/放弃(U)/退出(X)] <退出>: _clean

//执行清除命令

选择三维实体: //选择要清除的三维实体后结束命令

如图 10.3.2 所示为实体清除压印前后的效果。

清除前的实体　　　　清除后的实体

图 10.3.2　清除

清除命令可以删除所有多余的边和顶点、压印的以及不使用的几何图形。

10.3.3　分割

分割是指用不相连的实体将一个三维实体对象分割为几个独立的三维实体对象。执行分割命令的方法有以下两种：

（1）单击“实体编辑”工具栏中的“分割”按钮。

（2）选择 修改(M) → 实体编辑(N) → 分割(S) 命令。

执行该命令后，命令行提示如下：

命令: _solidedit

实体编辑自动检查:　SOLIDCHECK=1

输入实体编辑选项 [面(F)/边(E)/体(B)/放弃(U)/退出(X)] <退出>: _body

输入体编辑选项[压印(I)/分割实体(P)/抽壳(S)/清除(L)/检查(C)/放弃(U)/退出(X)] <退出>: _separate

//执行分割命令

选择三维实体:　　　　//选择要分割的三维实体

分割实体并不分割由布尔运算形成单一体积的对象。分割后各部分实体仍保持原对象的属性。

10.3.4　抽壳

抽壳是指用指定的厚度创建一个空的薄层。可以为实体的所有面进行抽壳操作，但一个三维实体只能有一个壳。执行抽壳命令的方法有以下两种：

（1）单击“实体编辑”工具栏中的“抽壳”按钮。

（2）选择 修改(M) → 实体编辑(N) → 抽壳(H) 命令。

执行该命令后，命令行提示如下：

命令: _solidedit

实体编辑自动检查:　SOLIDCHECK=1

输入实体编辑选项 [面(F)/边(E)/体(B)/放弃(U)/退出(X)] <退出>: _body

输入体编辑选项[压印(I)/分割实体(P)/抽壳(S)/清除(L)/检查(C)/放弃(U)/退出(X)] <退出>: _shell

//执行抽壳命令

选择三维实体:　　　　//选择要抽壳的三维实体

删除面或 [放弃(U)/添加(A)/全部(ALL)]:　　　　//选择要删除的面

删除面或 [放弃(U)/添加(A)/全部(ALL)]:　　　　//按回车键结束对象选择

输入抽壳偏移距离:　　　　　　　　　　　　　　　　　　//指定抽壳的偏移距离

如图 10.3.3 所示为长方体抽壳前后的效果。

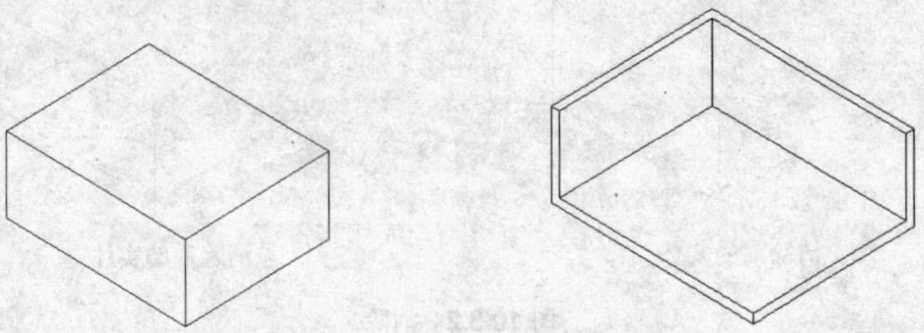

抽壳前的实体　　　　　　　　　　抽壳后的实体

图 10.3.3　抽壳

如果指定抽壳偏移距离为正值，则从实体内开始抽壳；如果指定抽壳偏移距离为负值，则从实体外开始抽壳。

10.3.5　检查

检查就是验证三维实体对象是否有效。如果三维实体有效，对其进行编辑的时候就不会出现错误信息；如果三维实体无效，则不能对其进行编辑。执行检查命令的方法有以下两种：

（1）单击“实体编辑”工具栏中的“检查”按钮。

（2）选择 修改(M) → 实体编辑(N) → 检查(K) 命令。

执行该命令后，命令行提示如下：

命令: _solidedit

实体编辑自动检查:　SOLIDCHECK=1

输入实体编辑选项 [面(F)/边(E)/体(B)/放弃(U)/退出(X)] <退出>: _body

输入体编辑选项[压印(I)/分割实体(P)/抽壳(S)/清除(L)/检查(C)/放弃(U)/退出(X)] <退出>: _check

//执行检查命令

选择三维实体:　　　　　　　　　　　　　　//选择需要检查的对象

如果选择的对象是三维实体，则系统提示“此对象是有效的 ShapeManager 实体”。

10.4　三 维 操 作

在 AutoCAD 2009 中，对实体的三维操作有 4 种方式，分别为三维阵列、三维镜像、三维旋转和对齐，下面分别介绍。

10.4.1　三维阵列

使用三维阵列命令可以以矩形或环形的方式在空间创建对象的副本。执行三维阵列命令的方法有以下两种：

（1）选择 修改(M) → 三维操作(3) → 三维阵列(3) 命令。

（2）在命令行中输入命令 3darray。

执行该命令后，命令行提示如下：

命令: _3darray　　//执行三维阵列命令
选择对象:　　//选择需要阵列的对象
选择对象:　　//按回车键结束对象选择
输入阵列类型 [矩形(R)/环形(P)] <矩形>:　　//选择阵列的类型

1）如果选择矩形阵列，则命令行提示如下：

输入行数 (---) <1>:　　//指定阵列的行数
输入列数 (|||) <1>:　　//指定阵列的列数
输入层数 (...) <1>:　　//指定阵列的层数
指定行间距 (---):　　//指定行间距
指定列间距 (|||):　　//指定列间距
指定层间距 (...):　　//指定层间距

2）如果选择环形阵列，则命令行提示如下：

输入阵列中的项目数目:　　//指定环形阵列的数目
指定要填充的角度 (+=逆时针, -=顺时针) <360>:　　//指定环形阵列的填充角度
旋转阵列对象？ [是(Y)/否(N)] <Y>:　　//选择环形阵列的同时是否旋转阵列的对象
指定阵列的中心点:　　//指定环形阵列旋转轴上的第一点
指定旋转轴上的第二点:　　//指定环形阵列旋转轴上的第二点

如图 10.4.1 所示为矩形阵列和环形阵列的效果。

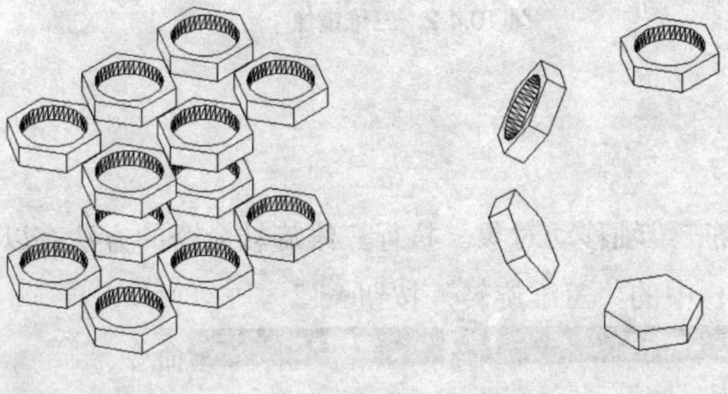

图 10.4.1　三维阵列

10.4.2　三维镜像

使用三维镜像命令可以创建相对于某一平面的镜像对象。执行三维镜像命令的方法有以下两种：

（1）选择 修改(M) → 三维操作(3) → 三维镜像(D) 命令。

（2）在命令行中输入命令 mirror3d。

执行该命令后，命令行提示如下：

命令: _mirror3d　　//执行三维镜像命令
选择对象:　　//选择需要镜像的对象
选择对象:　　//按回车键结束对象选择

指定镜像平面(三点) 的第一个点或 [对象(O)/最近的(L)/Z 轴(Z)/视图(V)/XY 平面(XY)/YZ 平面(YZ)/ZX 平面(ZX)/三点(3)] <三点>: //指定镜像平面

其中各命令选项功能介绍如下：

（1）对象(O)：选择此命令选项，使用选定平面对象的平面作为镜像平面。可用于选择的对象包括圆、圆弧或二维多段线。

（2）最近的(L)：选择此命令选项，使用上一次指定的平面作为镜像平面进行镜像操作。

（3）Z 轴(Z)：选择此命令选项，根据平面上的一个点和平面法线上的一个点定义镜像平面。

（4）视图(V)：选择此命令选项，将镜像平面与当前视口中通过指定点的视图平面对齐。

（5）XY 平面(XY) /YZ 平面(YZ) /ZX 平面(ZX)：选择相应的命令选项，将镜像平面与一个通过指定点的标准平面（XY、YZ 或 ZX 平面）对齐。

（6）三点(3)：选择此命令选项，通过指定 3 点确定镜像平面。

如图 10.4.2 所示为三维镜像前后的效果。

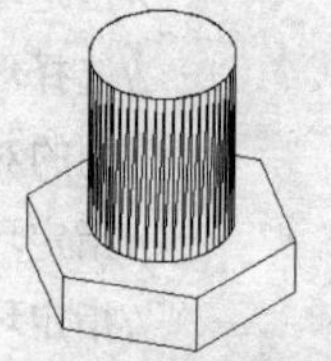

三维镜像前的图形

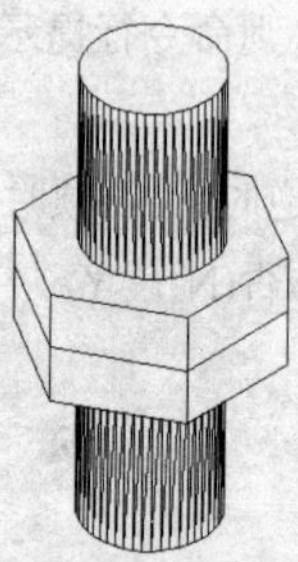

三维镜像后的图形

图 10.4.2 三维镜像

10.4.3 三维旋转

使用三维旋转命令可以绕三维轴移动对象。执行三维旋转命令的方法有以下 3 种：

（1）单击“建模”工具栏中的“三维旋转”按钮。

（2）选择 修改(M) → 三维操作(3) → 三维旋转(R) 命令。

（3）在命令行中输入命令 rotate3d。

执行该命令后，命令行提示如下：

命令: _rotate3d //执行三维旋转命令

当前正向角度: ANGDIR=逆时针 ANGBASE=0 //系统提示

选择对象: //选择需要旋转的对象

选择对象: //按回车键结束对象选择

指定轴上的第一个点或定义轴依据[对象(O)/最近的(L)/视图(V)/X 轴(X)/Y 轴(Y)/Z 轴(Z)/两点(2)]:

其中各命令选项功能介绍如下：

（1）对象(O)：选择此命令选项，指定对象作为旋转轴。

（2）最近的(L)：选择此命令选项，沿用上次旋转对象时的旋转轴。

（3）视图(V)：选择此命令选项，将通过选定点的当前视口的观察方向作为旋转轴。

（4）X 轴(X)/Y 轴(Y)/Z 轴(Z)：选择相应的命令选项，指定以 X 轴、Y 轴、Z 轴作为旋转轴。

（5）两点(2)：选择此命令选项，指定两点之间的连线作为旋转轴。

如图 10.4.3 所示为三维旋转前后的效果。

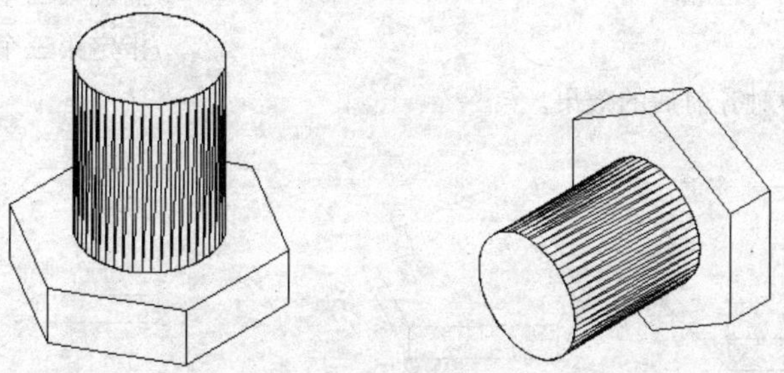

三维旋转前的图形　　　　三维旋转后的图形

图 10.4.3　三维旋转

10.4.4　三维移动

在 AutoCAD 2009 中，执行三维移动命令的方法有以下 3 种：

（1）单击“建模”工具栏中的“三维移动”按钮。

（2）选择 修改(M) → 三维操作(3) → 三维移动(M) 命令。

（3）在命令行中输入命令 3dmove

执行该命令后，命令行提示如下：

命令: _ 3dmove

选择对象:　　　　//选择要移动的对象

选择对象:　　　　//按回车键结束对象选择

指定基点或 [位移(D)] <位移>:　　　　//指定移动基点

指定第二个点或 <使用第一个点作为位移>:　　　　//指定移动目标点

在 AutoCAD 2009 中，用户可以将选定的三维对象沿坐标轴和坐标平面进行移动。选中三维对象后，移动鼠标指针到该坐标轴的轴或面上，即可将选中的对象约束到指定的轴或面上。

10.4.5　对齐

使用对齐命令可以在二维和三维空间中将对象与其他对象对齐。执行对齐命令的方法有以下两种：

（1）选择 修改(M) → 三维操作(3) → 对齐(L) 命令。

（2）在命令行中输入命令 align。

执行该命令后，命令行提示如下：

命令: _align　　　　//执行对齐命令

选择对象:　　　　//选择用于对齐的对象

选择对象:　　　　//按回车键结束对象选择

指定第一个源点:　　　　//捕捉第一个源点

指定第一个目标点: //指定第一个目标点

指定第二个源点: //捕捉第二个源点

指定第二个目标点: //指定第二个目标点

指定第三个源点或 <继续>: //捕捉第三个源点

指定第三个目标点: //指定第三个目标点

如图 10.4.4 所示为对齐前后的效果。

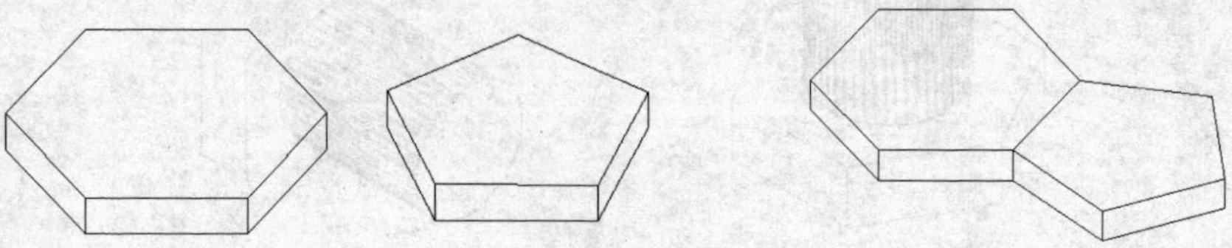

对齐前的图形　　对齐后的效果

图 10.4.4　对齐

使用对齐命令可以指定一对、两对或三对源点和定义点来对齐选定对象。

10.5　三维实体的渲染

渲染是指对三维实体进行的一种特殊处理，在渲染前可以创建场景和光源，并为三维实体附着材质，所以经渲染处理的三维实体让人觉得更加真实。

选择 视图(V) → 渲染(E) 命令的子菜单命令或单击“渲染”工具栏中的相应按钮，即可执行渲染以及在渲染前的各项操作，如图 10.5.1 所示。

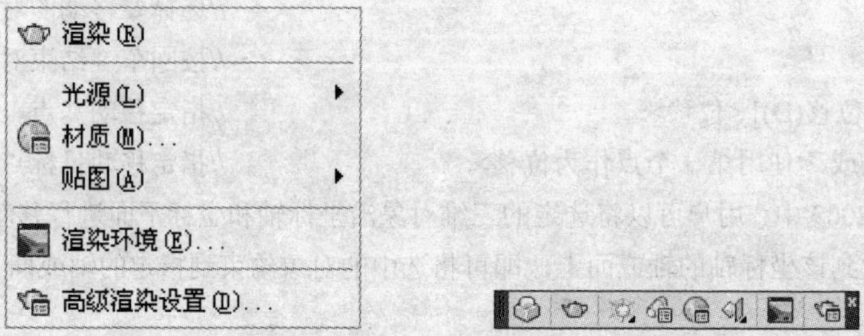

“渲染”子菜单　　“渲染”工具栏

图 10.5.1　“渲染”子菜单和“渲染”工具栏

10.5.1　设置光源

光源是渲染过程中非常重要的一个条件，它由强度和颜色两个因素决定，直接反映了三维实体表面的光照情况。在 AutoCAD 2009 中，用户可以为三维实体设置自然光、点光源、平行光和聚光灯等一种或多种光源。单击“渲染”工具栏中的“光源”按钮，或选择 视图(V) → 渲染(E) → 光源(L) 命令中的子菜单命令可以创建和管理光源，如图 10.5.2 所示。

“光源”下拉列表　　　　“光源”子菜单

图 10.5.2 “光源”下拉列表和“光源”子菜单

1．创建光源

AutoCAD 系统默认的光源为自然光，如果要突出表现三维对象的光照效果，还可以创建点光源、聚光灯或平行光，具体操作方法如下：

（1）创建点光源。单击“渲染”工具栏中“光源”下拉列表中的“新建点光源”按钮，或选择 视图(V) → 渲染(E) → 光源(L) → 新建点光源(P) 命令，命令行提示如下：

命令: _pointlight

指定源位置 <0，0，0>:　　　　//用鼠标指定光源位置或直接输入光源位置

输入要更改的选项 [名称(N)/强度(I)/状态(S)/阴影(W)/衰减(A)/颜色(C)/退出(X)] <退出>:

　　　　//按回车键结束命令或选择设置其他选项

（2）创建聚光灯。单击“渲染”工具栏中“光源”下拉列表中的“新建聚光灯”按钮，或选择 视图(V) → 渲染(E) → 光源(L) → 新建聚光灯(S) 命令，命令行提示如下：

命令: _spotlight

指定源位置 <0，0，0>:　　　　//指定光源位置

指定目标位置 <127，325，112>:　　　　//指定目标对象位置

输入要更改的选项 [名称(N)/强度(I)/状态(S)/聚光角(H)/照射角(F)/阴影(W)/衰减(A)/颜色(C)/退出(X)]:　　　　//按回车键结束命令

（3）创建平行光。单击“渲染”工具栏中“光源”下拉列表中的“新建平行光”按钮，或选择 视图(V) → 渲染(E) → 光源(L) → 新建平行光(D) 命令，命令行提示如下：

命令: _distantlight

指定光源方向 FROM <0，0，0> 或 [矢量(V)]:　　　　//指定光源来的方向

指定光源方向 TO <1，1，1>:　　　　//指定光源去的方向

输入要更改的选项[名称(N)/强度(I)/状态(S)/阴影(W)/颜色(C)/退出(X)]<退出>:

　　　　//按回车键结束命令

2．管理光源

当在图形中创建多个光源时，可以通过单击“渲染”工具栏中“光源”下拉列表中的“光源列表”按钮，或选择 视图(V) → 渲染(E) → 光源(L) → 光源列表(L) 命令，在弹出的 模型中的光源 选项板中查看和管理所有光源，如图 10.5.3 所示。

10.5.2 设置材质

在渲染对象时，可以为对象附着合适的材质，增强渲染对象的真实感。单击“渲染”工具栏中的“材质”按钮，或选择 视图(V) → 渲染(E) → 材质(M)... 命令，在弹出的 材质 选项板中可以为对象附着材质，如图 10.5.4 所示。

图 10.5.3 “模型中的光源”选项板

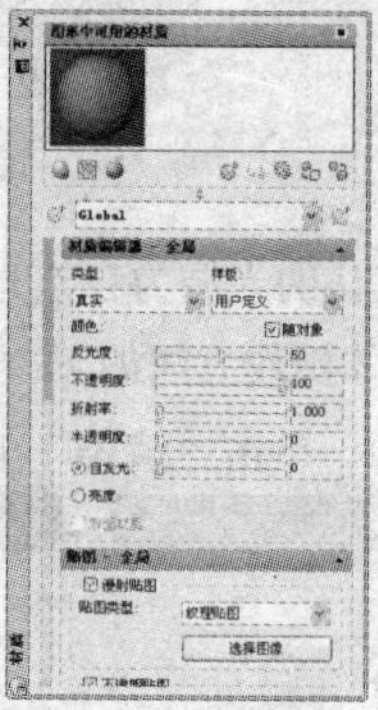

图 10.5.4 “材质”选项板

10.5.3 设置贴图

贴图是指在渲染对象时将材质映射到对象上。在 AutoCAD 2009 中，贴图的方式有 4 种，分别为平面贴图、长方体贴图、柱面贴图和球面贴图，单击“渲染”工具栏中的“贴图”下拉列表中的相应按钮，或选择 视图(V) → 渲染(E) → 贴图(A) 命令的子菜单命令即可设置贴图方式，如图 10.5.5 所示。

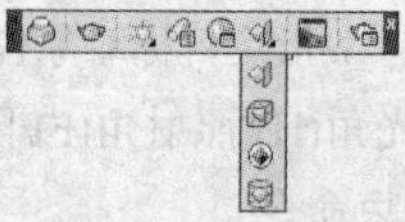

“贴图”下拉列表

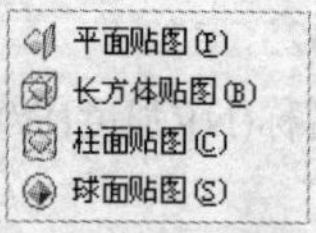

“贴图”子菜单

图 10.5.5 “贴图”下拉列表和“贴图”子菜单

10.5.4 设置渲染环境

渲染环境是指在渲染对象时进行的雾化和深度设置，单击“渲染”工具栏中的“渲染环境”按钮，或选择 视图(V) → 渲染(E) → 渲染环境(E)... 命令，在弹出的 渲染环境 对话框中可以设置雾化和深度的启用或关闭、颜色、背景和距离等，如图 10.5.6 所示。

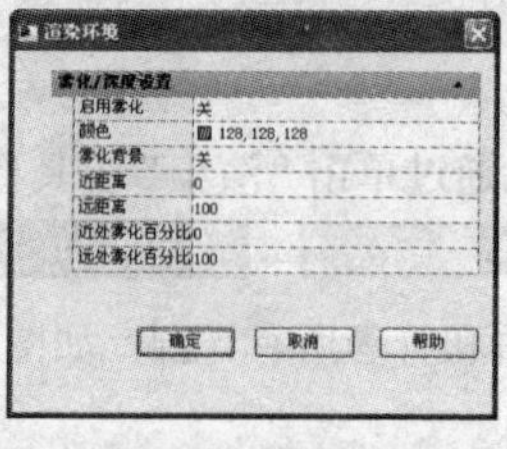

图 10.5.6 “渲染环境”对话框

10.5.5 设置高级渲染环境

渲染环境的设置只对雾化和深度进行设置，如果要进一步对渲染环境进行设置，可以单击“渲染”工具栏中的“高级渲染设置”按钮，或选择 视图(V) → 渲染(E) → 高级渲染设置(D)... 命令，在弹出的 高级渲染设置 选项板中进行设置，如图 10.5.7 所示。

“高级渲染设置”选项板包括了渲染类型的基本、光线跟踪间接发光、诊断、处理等参数设置。高级渲染设置可以分为“草稿”“低”“中”“高”和“演示”5 种，同时还可以在“选择渲染预设”下拉列表中选择“管理渲染预设”选项，在弹出的 渲染预设管理器 对话框中自定义渲染预设，如图 10.5.8 所示。

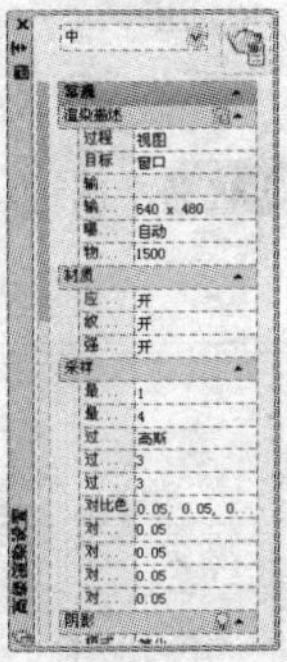

图 10.5.7 “高级渲染设置”选项板

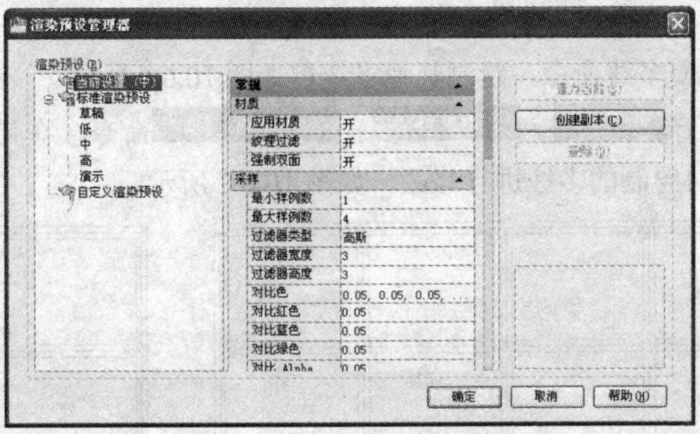

图 10.5.8 “渲染预设管理器”对话框

10.6 上机实战——绘制与编辑办公室模型

本节主要介绍绘制与编辑三维图形的方法，效果如图 10.6.1 所示。

图 10.6.1 办公室模型

操作步骤

（1）单击“绘图“工具栏中的“直线”按钮，以原点为起点，绘制两条互相垂直的直线，长为 1 000，宽为 400，如图 10.6.2 所示。

（2）单击“修改“工具栏中的“偏移”按钮，将步骤（1）绘制的水平直线向上偏移，偏移距离分别为 200 和 400，如图 10.6.3 所示。

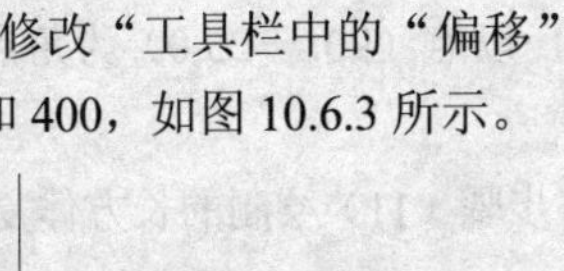

图 10.6.2 绘制直线

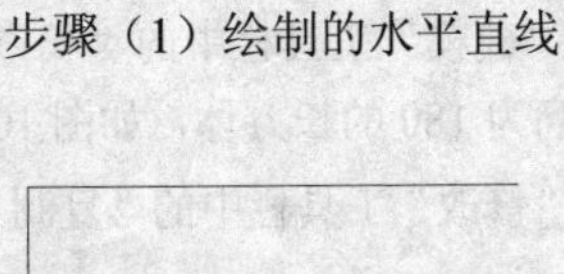

图 10.6.3 偏移水平直线

（3）重复偏移命令，将步骤（1）绘制的垂直直线向右偏移，偏移距离为 250，500，750 和 1 110，如图 10.6.4 所示。

（4）在命令行输入 mline，以原点为起点，依次捕捉点（0,400），（1 100,400），（1 100,0），最后输入 c，绘制一条如图 10.6.5 所示的多线。

图 10.6.4　偏移垂直直线

图 10.6.5　绘制多线

（5）重复多线命令，绘制其他多线，如图 10.6.6 所示。

（6）选择 修改(M) → 对象(O) → 多线(M)... 命令，在弹出的 多线编辑工具 对话框中选择合适的多线样式，对绘制的多线进行修改，如图 10.6.7 所示。

图 10.6.6　绘制其他多线

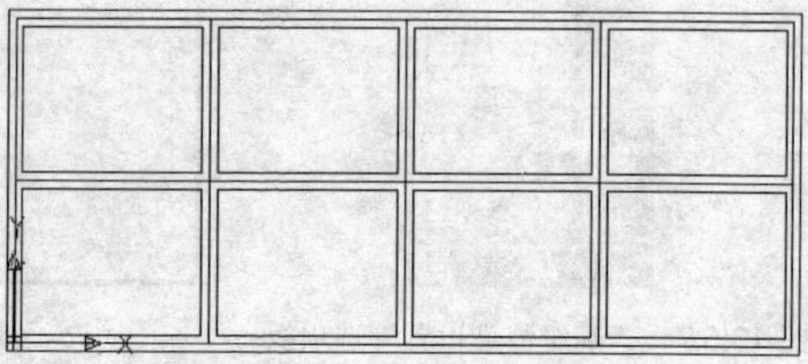
图 10.6.7　编辑多线

（7）利用删除命令删除绘制的辅助直线，如图 10.6.8 所示。

（8）利用分解命令将绘制的多线进行分解，然后单击“绘图”工具栏中的“面域”按钮，将分解后的多线进行面域处理。

（9）转换视图为“西南等轴测”视图，然后单击“建模”工具栏中的“差集”按钮，将面域后的大长方形减去 8 个小长方形，效果如图 10.6.9 所示。

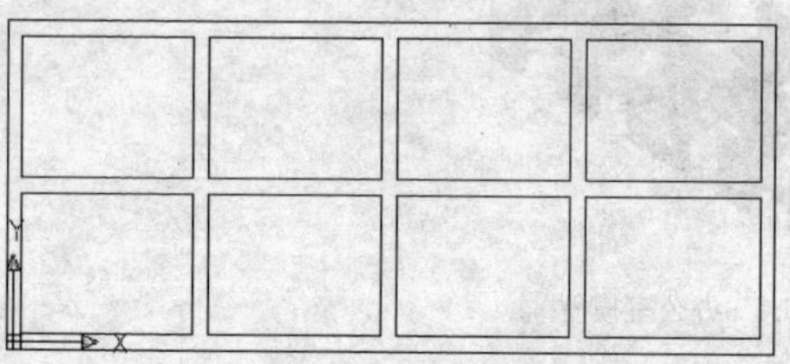
图 10.6.8　删除辅助线

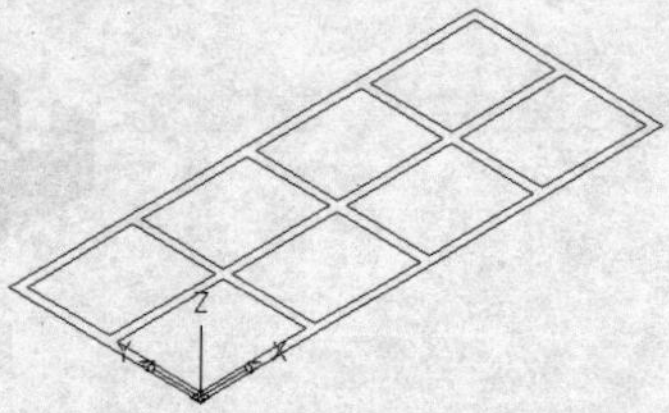
图 10.6.9　布尔运算效果

（10）单击“建模”工具栏中的“拉伸”按钮，将差集后的实体进行拉伸，拉伸高度为 200，消隐后如图 10.6.10 所示。

（11）单击“建模”工具栏中的“长方体”按钮，以点（90, −25,0）为角点，绘制一个长为 150，宽为 40，高为 180 的长方体，如图 10.6.11 所示。

（12）单击“修改”工具栏中的“复制”按钮，将步骤（11）绘制的长方体复制到如图 10.6.12 所示的位置。

（13）重复差集命令，将复制后的 8 个长方体从步骤（10）拉伸后的实体中减去，消隐后的效果如图 10.6.13 所示。

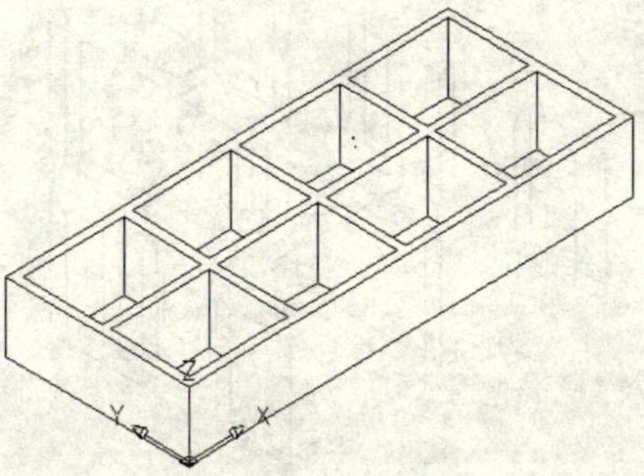

图 10.6.10 拉伸实体

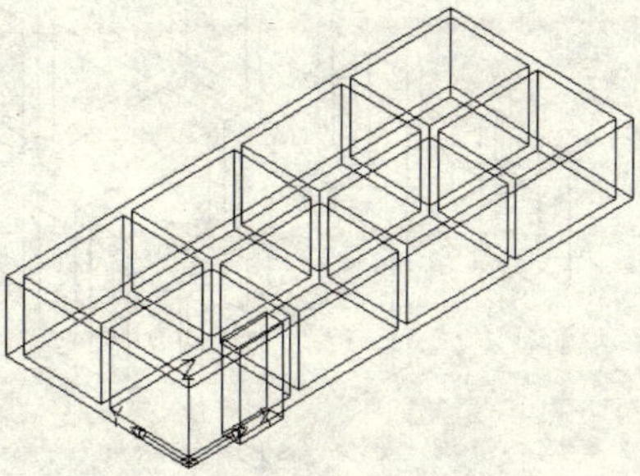

图 10.6.11 绘制长方体

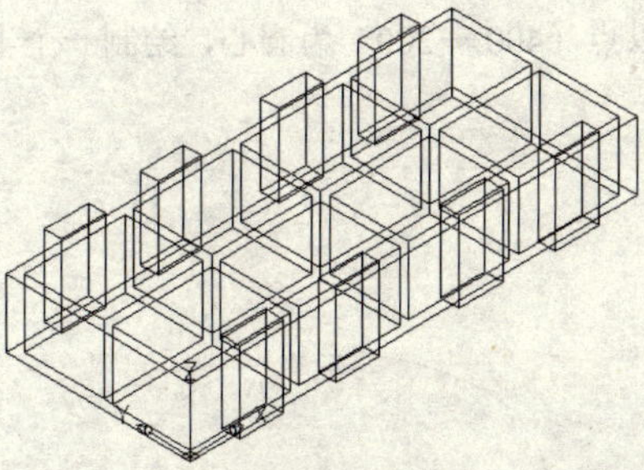

图 10.6.12 复制图形

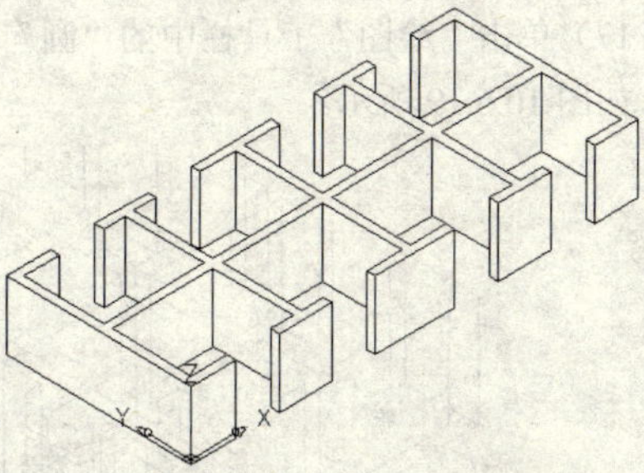

图 10.6.13 布尔运算效果

（14）单击“绘图”工具栏中的“多段线”按钮。

命令：pline。

指定起点：捕捉如图 10.6.14 所示的端点。

指定下一个点或 [圆弧(A)/半宽(H)/长度(L)/放弃(U)/宽度(W)]：@0,-120。

指定下一点或 [圆弧(A)/闭合(C)/半宽(H)/长度(L)/放弃(U)/宽度(W)]：@-60,0。

指定下一点或 [圆弧(A)/闭合(C)/半宽(H)/长度(L)/放弃(U)/宽度(W)]：@0,30。

指定下一点或 [圆弧(A)/闭合(C)/半宽(H)/长度(L)/放弃(U)/宽度(W)]：@30,0。

指定下一点或 [圆弧(A)/闭合(C)/半宽(H)/长度(L)/放弃(U)/宽度(W)]：@0,60。

指定下一点或 [圆弧(A)/闭合(C)/半宽(H)/长度(L)/放弃(U)/宽度(W)]：@-30,0。

指定下一点或 [圆弧(A)/闭合(C)/半宽(H)/长度(L)/放弃(U)/宽度(W)]：@0,30。

指定下一点或 [圆弧(A)/闭合(C)/半宽(H)/长度(L)/放弃(U)/宽度(W)]：c，如图 10.6.15 所示。

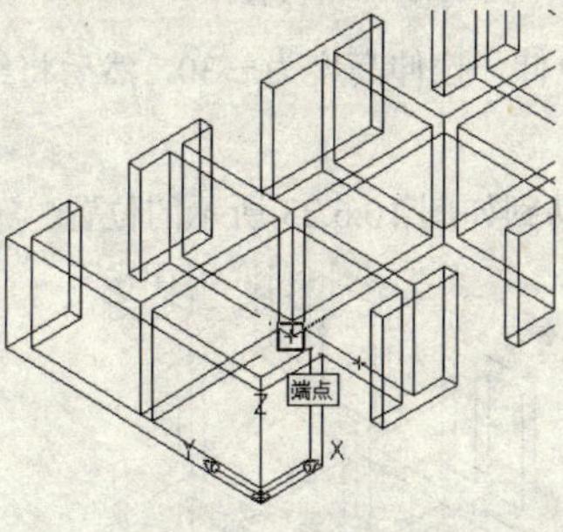

图 10.6.14 捕捉端点

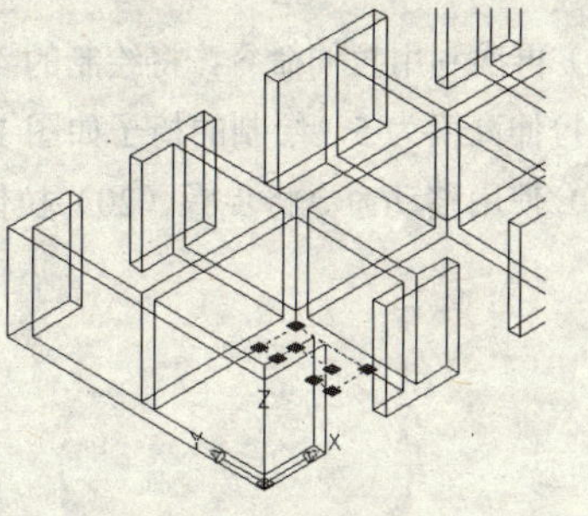

图 10.6.15 绘制多段线

（15）利用拉伸命令，将绘制的多段线进行拉伸，拉伸高度为 60，如图 10.6.16 所示。

（16）再次利用长方体命令，以如图 10.6.17 所示的端点为角点，绘制一个长为 160，宽为 80，高为 11 的长方体，绘制的桌子如图 10.6.18 所示。

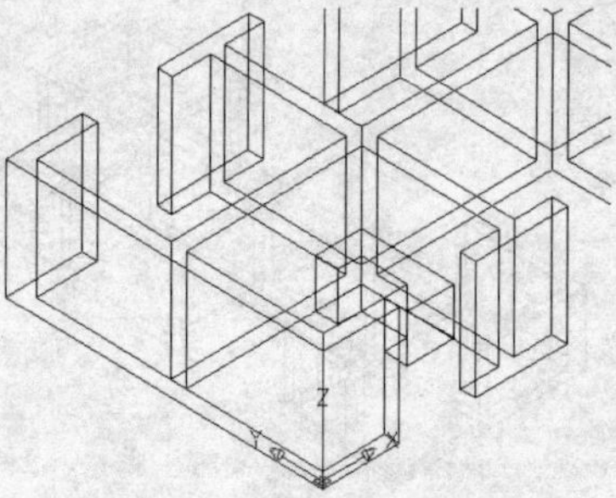

图 10.6.16　拉伸实体

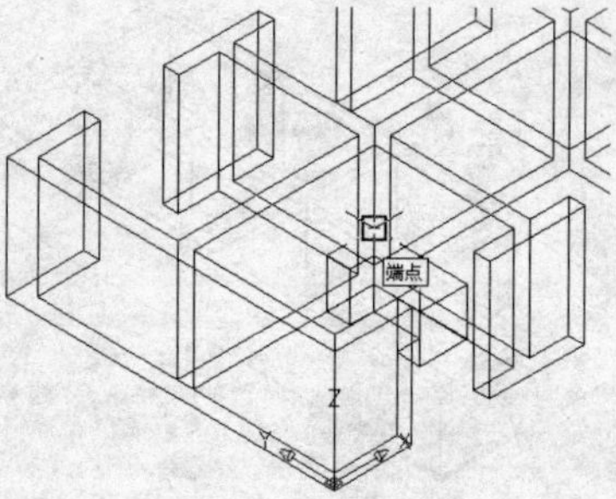

图 10.6.17　捕捉端点

（17）单击“绘图”工具栏中的“圆”按钮，以点（400,－200）为圆心，绘制一个半径为 25 的圆，如图 10.6.19 所示。

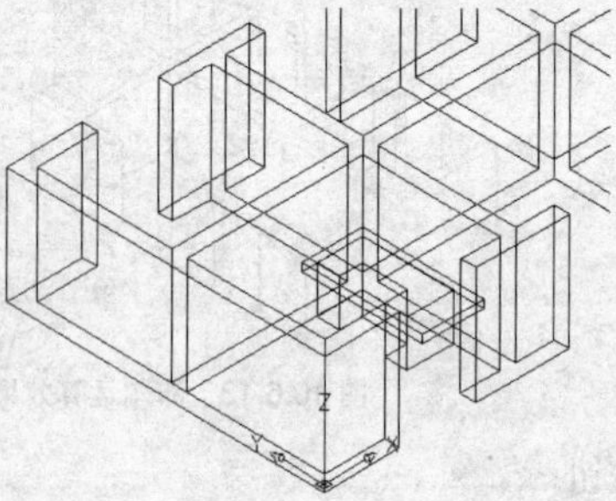

图 10.6.18　绘制桌子

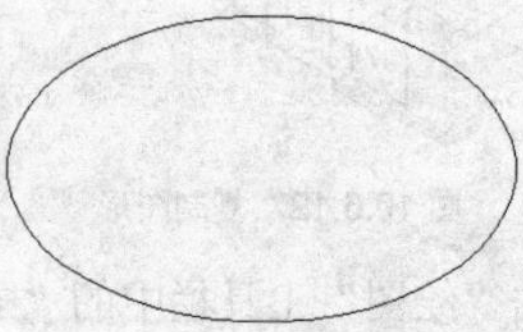

图 10.6.19　绘制圆

（18）重复圆命令，以点（400,－187.5）为圆心，绘制一个半径为 3 的圆，如图 10.6.20 所示。

（19）单击“修改”工具栏中的“阵列”按钮，将步骤（18）绘制的圆进行环形阵列，中点为圆心，半径为 25，阵列数目为 4，如图 10.6.21 所示。

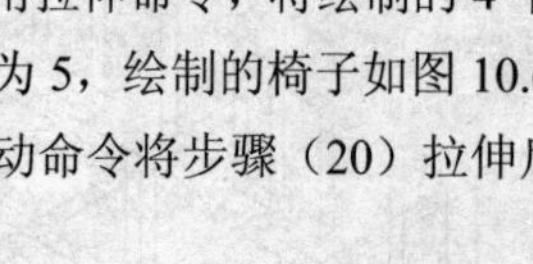

图 10.6.20　绘制圆

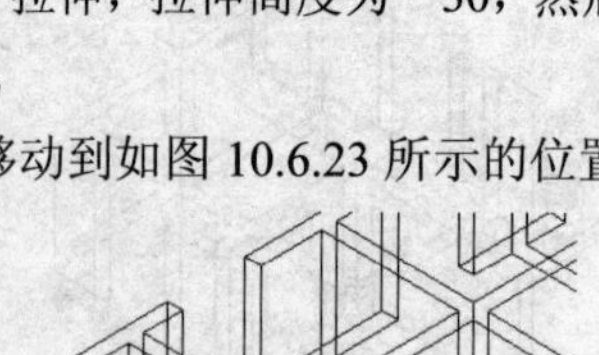

图 10.6.21　阵列圆

（20）再次利用拉伸命令，将绘制的 4 个小圆向下拉伸，拉伸高度为－30，然后将绘制的大圆向上拉伸，拉伸高度为 5，绘制的椅子如图 10.6.22 所示。

（21）使用移动命令将步骤（20）拉伸后的实体移动到如图 10.6.23 所示的位置。

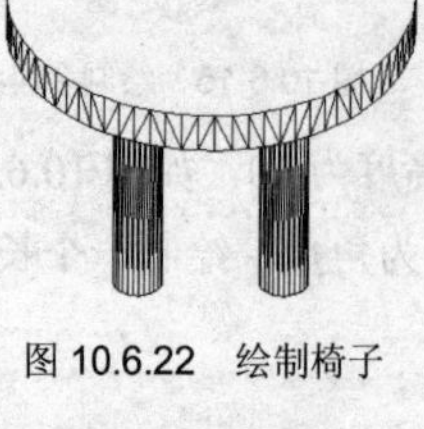

图 10.6.22　绘制椅子

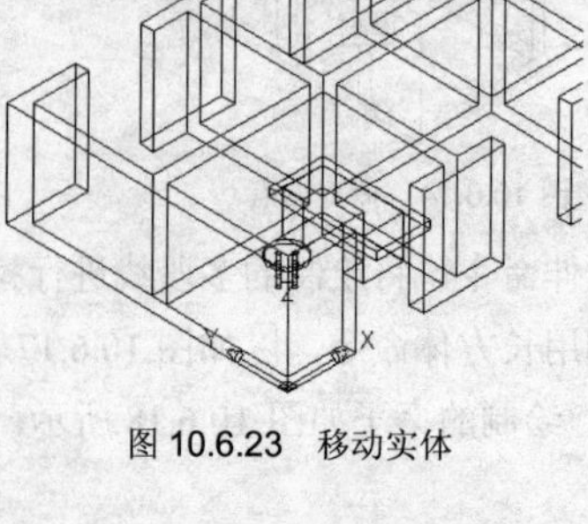

图 10.6.23　移动实体

（22）再次利用复制对象命令将绘制的桌子和椅子进行复制，为绘制的图形添加材质和光源，渲染后的效果如图 10.6.1 所示。

本 章 小 结

本章主要介绍了 AutoCAD 2009 中三维实体的编辑与渲染的方法。通过本章的学习，用户应该熟练掌握 AutoCAD 2009 中对三维实体的面、边和体的编辑方法，以及三维操作的方法，并能熟练对创建的三维实体进行渲染。

操 作 练 习

一、填空题

1．在 AutoCAD 2009 中，对实体面的编辑命令有＿＿＿＿＿＿、＿＿＿＿＿＿、＿＿＿＿＿＿、删除面、＿＿＿＿＿＿、＿＿＿＿＿＿、＿＿＿＿＿＿和＿＿＿＿＿＿。

2．抽壳是指用指定的＿＿＿＿＿＿创建一个空的薄层。可以为实体的所有面进行抽壳操作，一个三维实体可以有＿＿＿＿＿＿个壳。

3. 使用对齐命令可以指定＿＿＿＿＿＿、＿＿＿＿＿或＿＿＿＿＿源点和定义点来对齐选定对象。

二、选择题

1．（　）命令不能编辑实体的面。

（A）分割　　（B）拉伸面　　（C）偏移面　　（D）旋转面

2．如果要从实体对象中获得一个平面，可以使用（　）命令。

（A）抽壳　　（B）分割　　（C）截面　　（D）干涉

三、简答题

1．压印是指什么？压印操作仅限于哪些对象？

2．AutoCAD 2009 中包含有几种光源？如何设置这些光源？

四、上机操作题

绘制如题图 10.1 所示的三维实体，并对其进行渲染处理。

题图 10.1

第 11 章　综合应用实例

为了更好地了解并掌握 AutoCAD 2009 的应用，本章准备了一些具有代表性的综合应用实例。所举实例由浅入深地贯穿本书的知识点，使读者能够深入了解 AutoCAD 2009 的相关功能和具体应用。

知识要点

- 圆角沙发
- 栏杆局部图
- 餐桌俯视图
- 厨房背景立面图
- 建筑结构图
- 建筑天花图

综合实例 1　圆 角 沙 发

实例内容

利用 AutoCAD 2009 绘制圆角沙发，效果如图 11.1.1 所示。

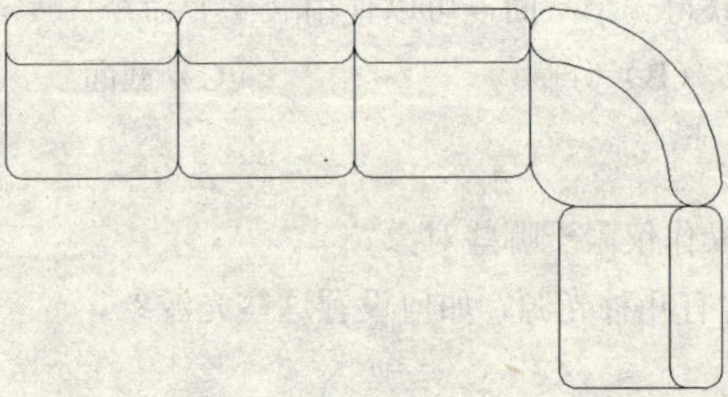

图 11.1.1　效果图

设计思想

在绘制的过程中，主要用到圆、矩形、复制、移动和修剪等命令。

操作步骤

（1）单击“绘图”工具栏中的“矩形”按钮，命令行提示如下：

指定第一个角点或 [倒角(C)/标高(E)/圆角(F)/厚度(T)/宽度(W)]:　　//输入 f 选择圆角模式
指定矩形的圆角半径 <0.0000>:　　//输入圆角半径为 85

指定第一个角点或 [倒角(C)/标高(E)/圆角(F)/厚度(T)/宽度(W)]:　　//在绘图窗口中任意指定一点

指定另一个角点或 [面积(A)/尺寸(D)/旋转(R)]:　　//输入 d 选择按尺寸绘制矩形

指定矩形的长度 <10.0000>:　　//输入矩形的长度为 870

指定矩形的宽度 <10.0000>:　　//输入矩形的宽度为 810

指定另一个角点或 [面积(A)/尺寸(D)/旋转(R)]:　　//将鼠标向绘图窗口的右下方移动，指定一点

绘制的圆角矩形如图 11.1.2 所示。

（2）继续执行绘制矩形命令，在绘图窗口中绘制一个长为 870，宽为 260，圆角半径为 85 的圆角矩形。

（3）单击“修改”工具栏中的“移动”按钮，将绘制的第二个圆角矩形移动到第一个圆角矩形中，效果如图 11.1.3 所示。

图 11.1.2　绘制圆角矩形

图 11.1.3　移动圆角矩形

（4）单击“修改”工具栏中的“复制”按钮，将绘制的两个圆角矩形依次向右复制两次，效果如图 11.1.4 所示。

图 11.14　复制圆角矩形

（5）执行绘制矩形命令，在绘图窗口中绘制一个长为 1 100，宽为 1 100，圆角半径为 250 的圆角矩形，并用移动命令将其移动到如图 11.1.5 所示的位置。

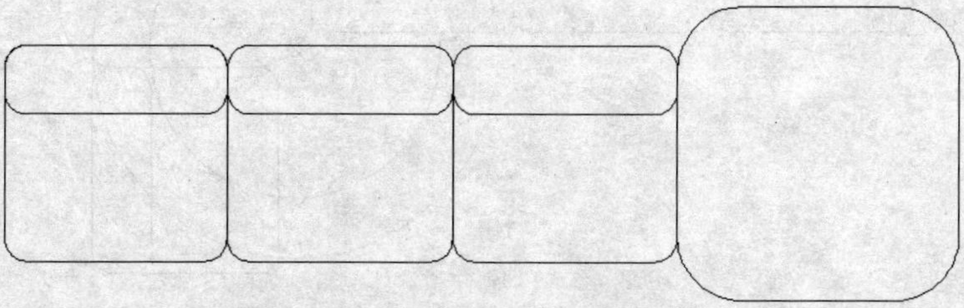

图 11.1.5　绘制圆角矩形

（6）在圆角半径为 250 的圆角矩形的下边在绘制一个长为 810，宽为 870，圆角半径为 85 的圆角矩形和一个长为 260，宽为 870，圆角半径为 85 的圆角矩形，效果如图 11.1.6 所示。

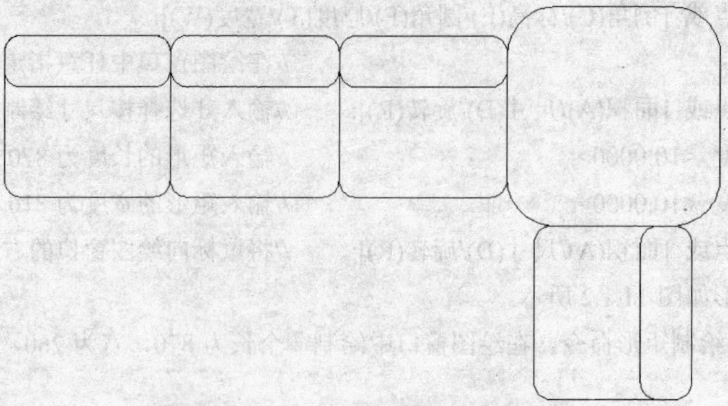

图 11.1.6　绘制两个圆角矩形

（7）选择 绘图(D) → 圆(C) → 圆心、半径(R) 命令，分别以小圆角矩形的短边中点为圆心，绘制两个半径为 130 的圆，然后用移动命令将其向右和向上移动，移动距离为 130，效果如图 11.1.7 所示。

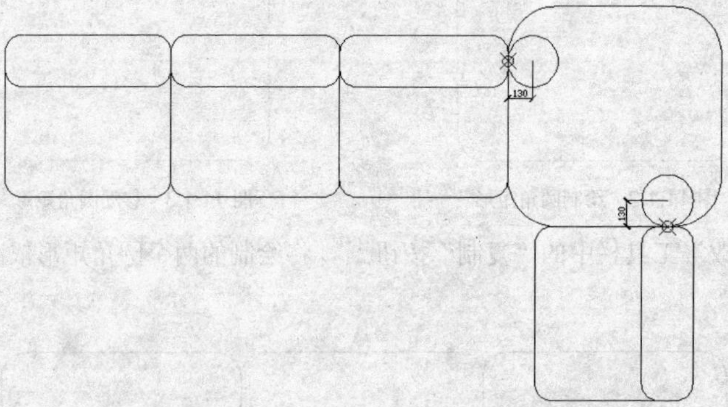

图 11.1.7　绘制并移动圆

（8）继续执行绘制圆命令，以圆角半径为 250 的圆角矩形的左下角点圆弧中点为圆心，分别绘制两个半径为 880 和 625 的圆，效果如图 11.1.8 所示。

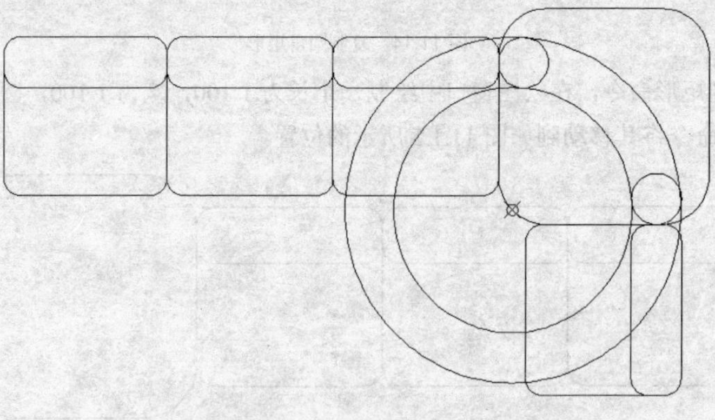

图 11.1.8　绘制圆

（9）单击“修改”工具栏中的“修剪”按钮，修剪绘制的图形，完成圆角沙发的绘制，最终效果如图 11.1.1 所示。

综合实例 2　栏杆局部图

实例内容

利用 AutoCAD 2009 绘制栏杆局部图，效果如图 11.2.1 所示。

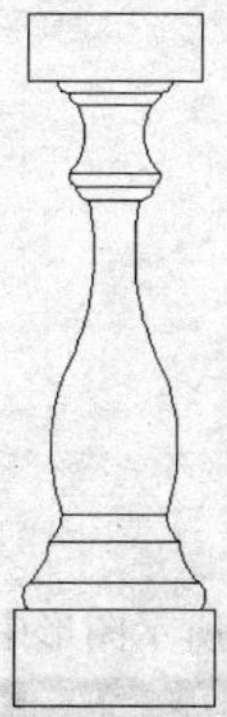

图 11.2.1　效果图

设计思想

在绘制的过程中，主要用到直线、偏移、修剪、圆弧和镜像等命令。

操作步骤

（1）单击“绘图”工具栏中的“直线”按钮，在绘图窗口中绘制一条长为 150 的水平直线，继续执行绘制直线命令，以水平直线的中点为起点，向上绘制一条长为 507 的垂直直线，效果如图 11.2.2 所示。

（2）单击“修改”工具栏中的“偏移”按钮，将水平直线依次向上偏移，偏移距离分别为 70，20，30，20，100，130，10，10，50，8，9 和 50，效果如图 11.2.3 所示。

图 11.2.2　绘制直线

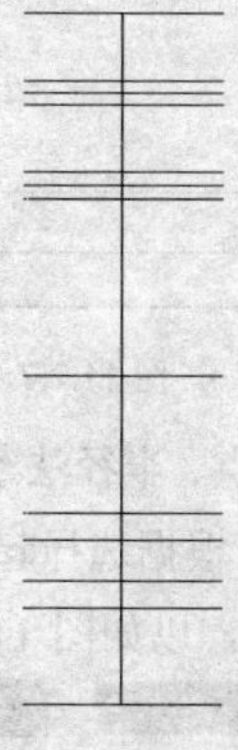

图 11.2.3　偏移水平直线

（3）继续执行偏移命令，将垂直直线依次向右偏移，偏移距离分别为 19，9，1，5，5，10，15 和 11，效果如图 11.2.4 所示。

（4）单击“修改”工具栏中的“修剪”按钮，对绘制的直线进行修剪，效果如图 11.2.5 所示。

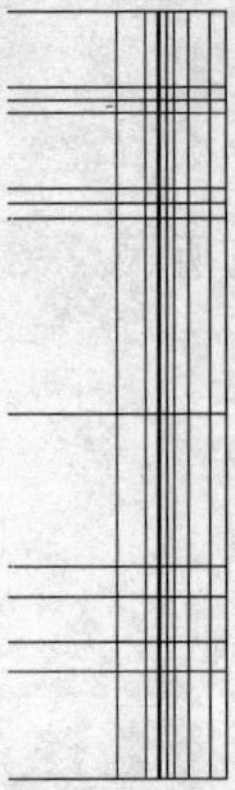

图 11.2.4　偏移垂直直线

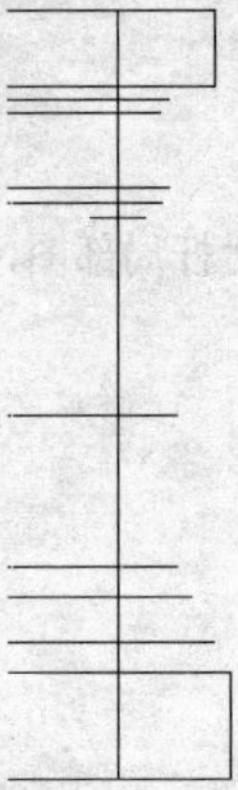

图 11.2.5　修剪直线

（5）执行绘制直线命令，以如图 11.2.6 所示图形中的 A 点为起点，向上绘制一条垂线 AB，然后选择 绘图(D) → 圆弧(A) → 起点、圆心、角度(T) 命令，以 A 点为圆弧的起点，以垂足 B 点为圆弧的圆心，绘制一个包含角度为 90° 的圆弧，效果如图 11.2.6 所示。

图 11.2.6　起点、圆心、角度法绘制圆弧

（6）删除绘制的垂线。选择 绘图(D) → 圆弧(A) → 起点、端点、半径(R) 命令，以直线的端点 C 为圆弧的起点，直线端点 A 为圆弧的端点，绘制一个半径为 7 的圆弧，效果如图 11.2.7 所示。

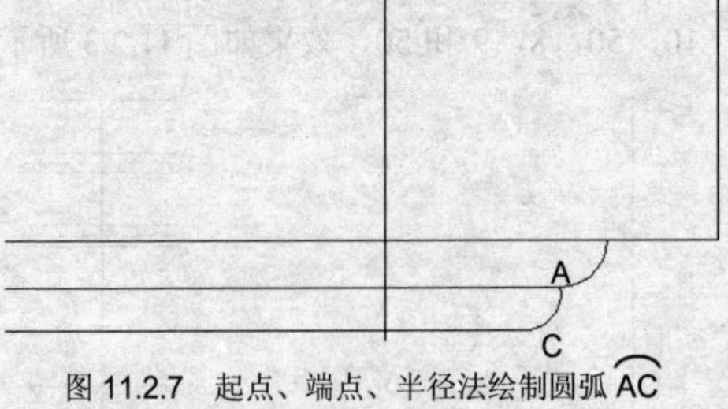

图 11.2.7　起点、端点、半径法绘制圆弧 $\overset{\frown}{AC}$

（7）继续使用起点、端点、半径法绘制圆弧，自上而下圆弧的半径分别为 40，8，10，193，150，30 和 4 0，注意圆弧的方向会根据选择起点和端点位置不同而不同，效果如图 11.2.8 所示。

（8）执行绘制直线命令，以如图 11.2.9 所示图形中的 D 点为起点，向下绘制一条垂线 DE。然后选择 绘图(D) → 圆弧(A) → 起点、端点、角度(N) 命令，以 E 点为圆弧的起点，以 D 点为圆弧的端点，绘制一个包含角度为 90° 的圆弧，最后删除绘制的垂线，效果如图 11.2.9 所示。

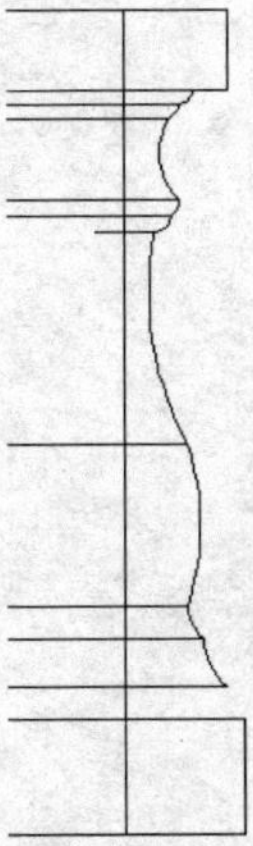

图 11.2.8 起点、端点、半径法绘制圆弧

图 11.2.9 起点、端点、角度法绘制圆弧 $\overset{\frown}{DE}$

（9）使用修剪命令修剪掉多余的直线，效果如图 11.2.10 所示。

图 11.2.10 修剪图形

（10）单击“修改”工具栏中的“镜像”按钮，以如图 11.2.10 所示图形中的垂直直线为镜像线，水平镜像右边的图形，删除多余的直线，完成栏杆局部造型的绘制，效果如图 11.2.1 所示。

综合实例 3 餐桌俯视图

实例内容

利用 AutoCAD 2009 绘制餐桌俯视图，效果如图 11.3.1 所示。

设计思想

在绘制的过程中，主要用到直线、圆、偏移、修剪、旋转、块和定数等分等命令。

图 11.3.1　效果图

操作步骤

（1）单击“绘图”工具栏中的“圆”按钮，使用圆命令在绘图窗口中绘制半径为 210，250 和 280 的 3 个同心圆，效果如图 11.3.2 所示。

（2）单击“绘图”工具栏中的“直线”按钮，执行绘制直线命令，以圆心为起点，绘制半径为 280 的圆的一条半径，效果如图 11.3.3 所示。

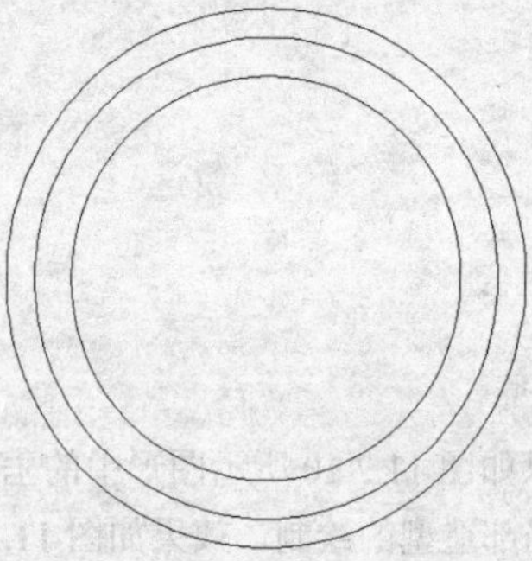

图 11.3.2　绘制同心圆

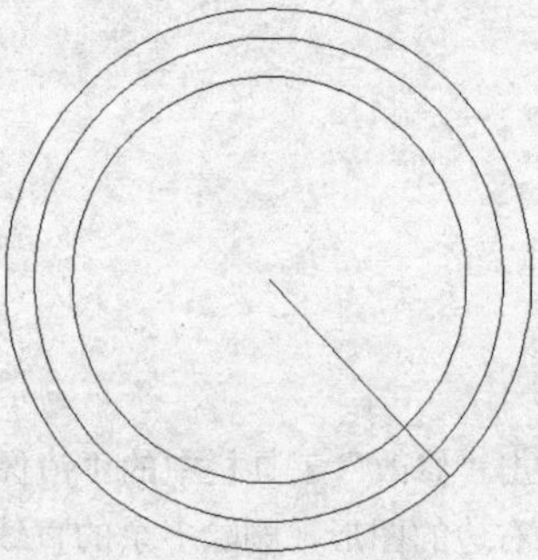

图 11.3.3　绘制半径

（3）单击“修改”工具栏中的“旋转”按钮，命令行提示如下：

命令: _rotate

UCS 当前的正角方向: ANGDIR=逆时针　ANGBASE=0

选择对象: 找到 1 个　　//选择绘制的直线

选择对象:　　//按回车键结束对象选择

指定基点:　　//捕捉同心圆的圆心

指定旋转角度，或 [复制(C)/参照(R)] <0>: c　　//选择“复制”命令选项

旋转一组选定对象。　　//系统提示

指定旋转角度，或 [复制(C)/参照(R)] <0>: -88　　//输入旋转角度

旋转直线的效果如图 11.3.4 所示。

（4）再次执行绘制直线命令，参照以上方法，绘制半径为 250 的圆的两条半径，两条半径间的夹角为 80°，效果如图 11.3.5 所示。

图 11.3.4　旋转半径

图 11.3.5　绘制半径

（5）单击“修改”工具栏中的“偏移”按钮，将半径为 250 的圆的两条半径分别向中间偏移，偏移距离均为 15，效果如图 11.3.6 所示。

（6）单击“修改”工具栏中的“修剪”按钮，对绘制的图形进行修剪，完成餐桌椅的绘制，效果如图 11.3.7 所示。

图 11.3.6　偏移半径

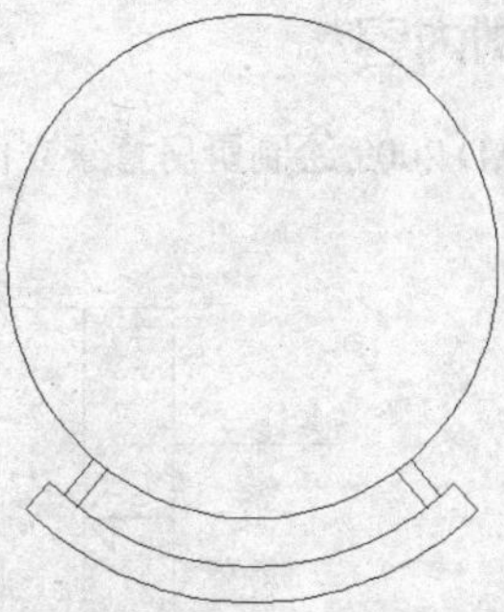

图 11.3.7　修剪图形

（7）执行绘制直线命令，以同心圆的圆心为起点，向上绘制一条长为 300 的垂直直线。

（8）单击“绘图”工具栏中的“块定义”按钮，打开块定义对话框，如图 11.3.8 所示。

（9）在该对话框中的“名称”文本框中输入块的名称“餐桌椅”。

（10）单击“拾取点”按钮，系统切换到绘图窗口，捕捉垂直直线的上端点为块的基点。

（11）单击“选择对象”按钮，系统切换到绘图窗口，选中除垂直直线以外的所有对象，按回车键返回到块定义对话框。

（12）其他参数设置如图 11.3.8 所示，单击确定按钮完成块的创建。

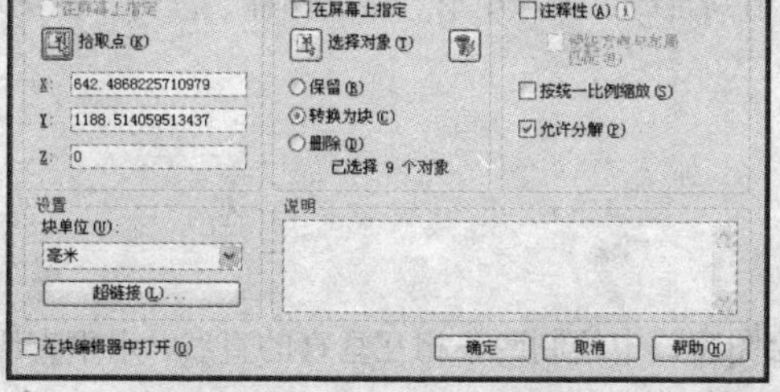

图 11.3.8　“块定义”对话框

（13）执行绘制圆命令，在绘图窗口中绘制一个半径为 800 的圆。

（14）选择 绘图(D) → 点(O) → 定数等分(D) 命令，命令行提示如下：

命令: _divide

选择要定数等分的对象: //选择绘制的半径为 800 的圆

输入线段数目或 [块(B)]: b //选择“块”命令选项

输入要插入的块名: 餐桌椅 //输入块的名称

是否对齐块和对象？[是(Y)/否(N)] <Y>: //直接按回车键

输入线段数目: 8 //输入等分的数

定数等分后的最终效果如图 11.3.1 所示。

综合实例 4　厨房背景立面图

实例内容

利用 AutoCAD 2009 绘制厨房背景立面图，效果如图 11.4.1 所示。

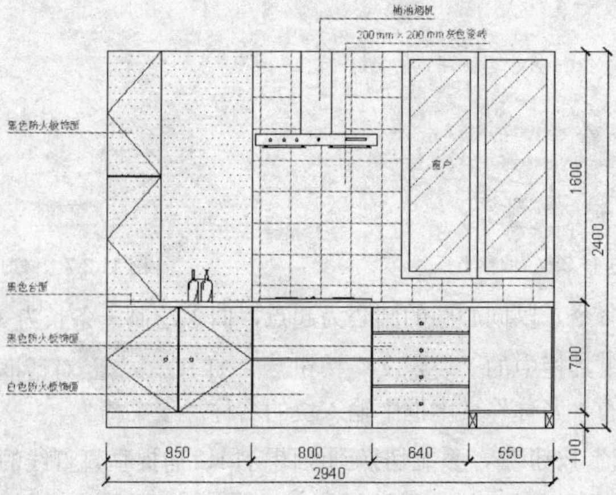

图 11.4.1　效果图

设计思想

在绘制的过程中，主要用到直线、圆、矩形、块、偏移、修剪、图案填充、文字标注和尺寸标注等命令。

操作步骤

（1）使用直线命令在绘图窗口中绘制两条相互垂直的直线，水平直线长为 2 940，垂直直线长为 2 400，效果如图 11.4.2 所示。

（2）使用偏移命令将水平直线依次向上偏移，偏移距离分别为 100，690，10 和 1 600，再使用偏移命令将垂直直线依次向右偏移，偏移距离分别为 950，800，640 和 550，效果如图 11.4.3 所示。

图 11.4.2　绘制直线

图 11.4.3　偏移直线

（3）使用修剪命令对偏移后的直线进行修剪，效果如图 11.4.4 所示。

（4）使用偏移命令将如图 11.4.4 所示图形中的直线 AB 依次向左偏移，偏移距离分别为 470 和 10，然后使用直线命令连接直线的中点和端点，绘制橱柜立面造型，效果如图 11.4.5 所示。

（5）继续使用偏移命令，将直线 AB 和直线 CD 分别向中间偏移，偏移距离为 10，最后使用直线命令在偏移后直线的中间绘制两条平行直线，直线间的距离为 10，效果如图 11.4.6 所示。

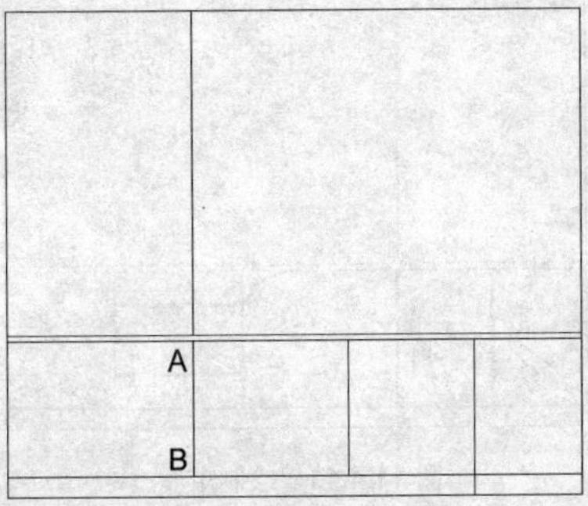

图 11.4.4　修剪图形

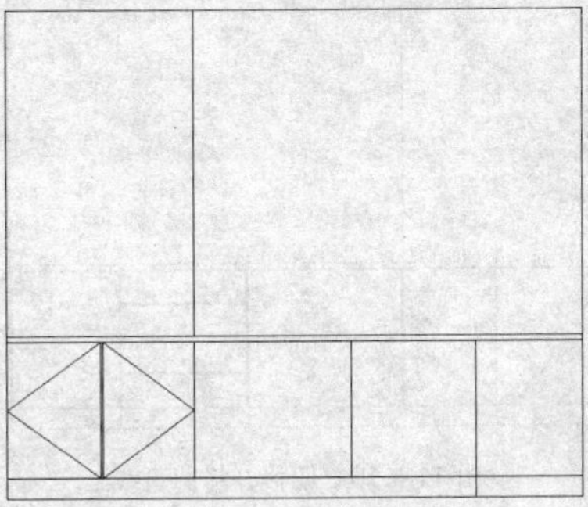

图 11.4.5　绘制橱柜立面造型

（6）使用直线命令连接如图 11.4.7 所示图形中的端点 E 和 F，绘制一条直线，并将其垂直向上移动，移动距离为 160，最后使用偏移命令将移动后的直线依次向上偏移，偏移距离分别为 10，160，10，160 和 10，效果如图 11.4.7 所示。

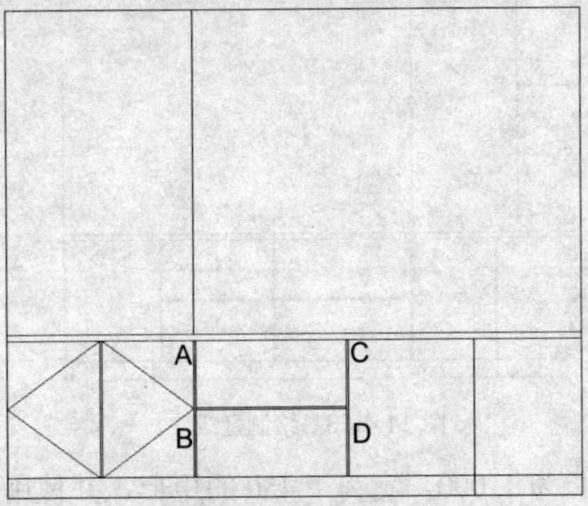

图 11.4.6　偏移直线

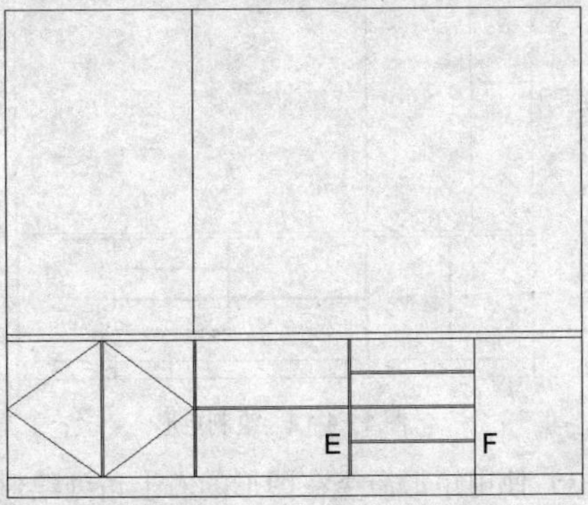

图 11.4.7　绘制并偏移直线

（7）在命令行中输入 C 按回车键，使用圆命令在偏移后直线的上方绘制一个半径为 10 的圆，表示橱柜拉手，效果如图 11.4.8 所示。

（8）复制绘制的橱柜拉手，并将其粘贴到如图 11.4.9 所示的位置，完成拉手的绘制。

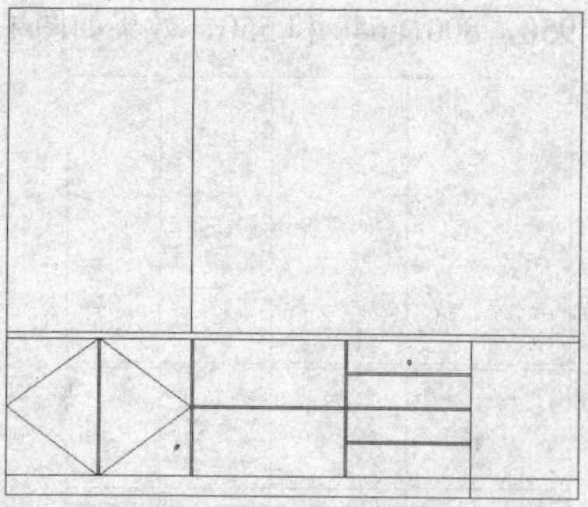

图 11.4.8　绘制橱柜拉手

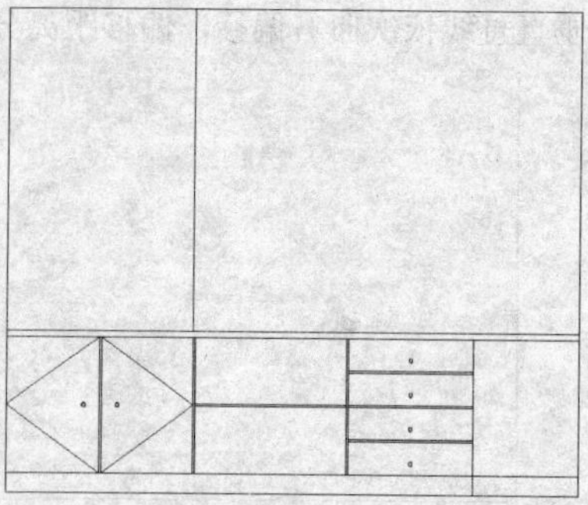

图 11.4.9　复制橱柜拉手

（9）使用偏移命令将最右边的垂直直线向左偏移，将下边第二条水平直线向上偏移，偏移距离均为 10，最后使用修剪命令对偏移后的直线进行修剪，效果如图 11.4.10 所示。

（10）使用矩形命令在右下角分别绘制长为 50，宽为 100 的两个矩形，并用直线连接矩形的对角点，效果如图 11.4.11 所示。

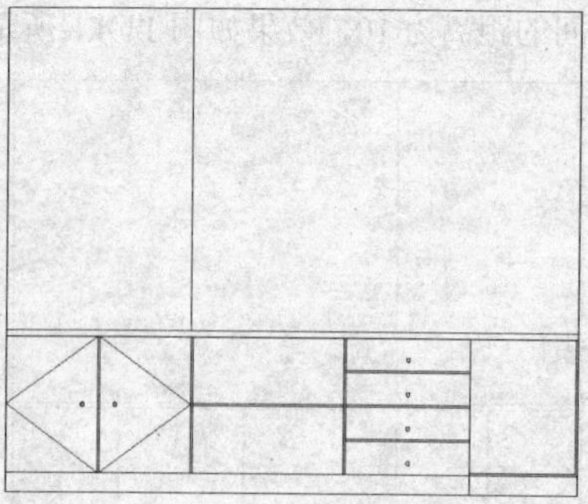

图 11.4.10　偏移并修剪直线

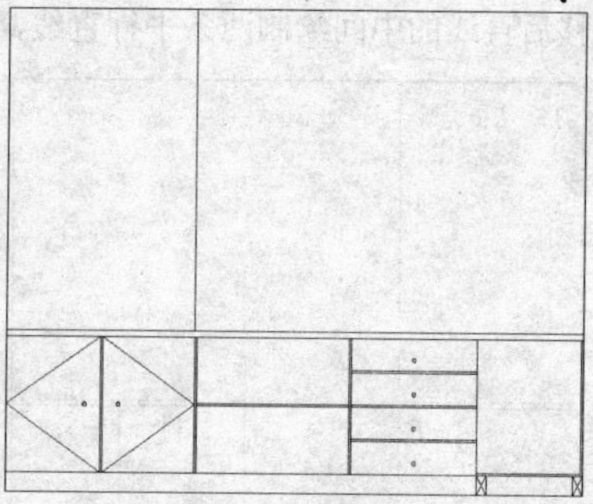

图 11.4.11　绘制矩形

（11）使用矩形命令在图形的左上角点处绘制一个长为 350，宽为 1 600 的矩形，并用分解命令将其分解。使用偏移命令依次向下偏移矩形的上边长，偏移距离分别为 795 和 10，效果如图 11.4.12 所示。

（12）连接矩形边的端点和中点绘制直线，完成壁柜立面造型的绘制，效果如图 11.4.13 所示。

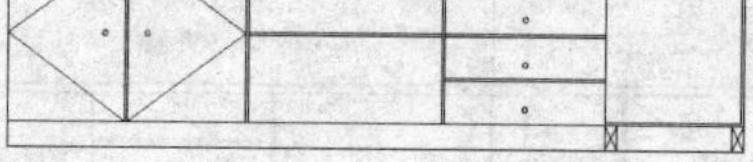

图 11.4.12　绘制矩形

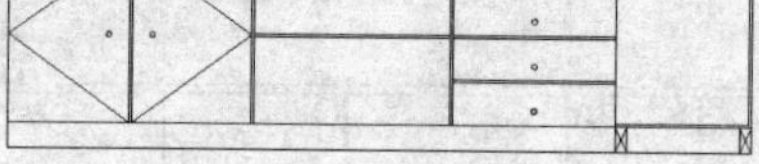

图 11.4.13　绘制直线

（13）使用矩形命令在图形的右上角处绘制一个长为 1 000，宽为 1 450 的矩形，并使用直线命令连接矩形水平边长的中点，效果如图 11.4.14 所示。

（14）使用矩形命令在刚才绘制的矩形的左上角点处绘制一个长为 400，宽为 1 350 的矩形，并用移动命令将其向右移动 50，向下移动 50，效果如图 11.4.15 所示。

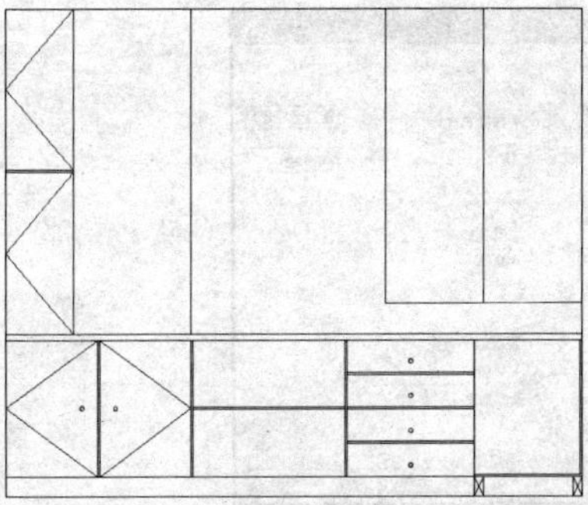

图 11.4.14　绘制矩形和直线

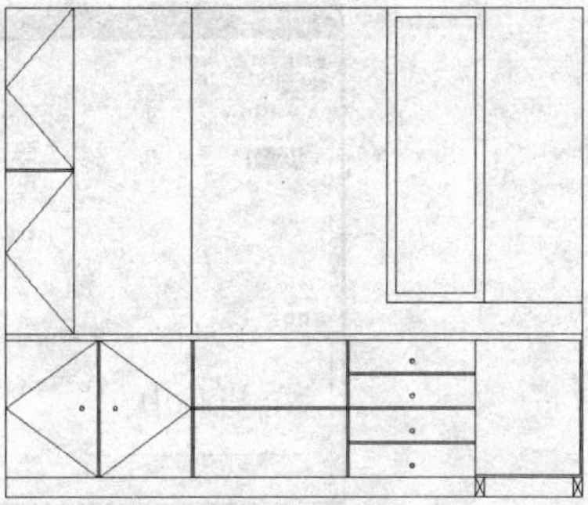

图 11.4.15　绘制矩形

（15）在命令行中输入 MI 按回车键，执行镜像命令，以矩形边长中点连线为镜像线，对长为 400，宽为 1 350 的矩形执行垂直镜像操作，效果如图 11.4.16 所示。

（16）在命令行中输入 I 按回车键，执行插入命令，在图库中选择图块“抽油烟机”，将其插入到如图 11.4.17 所示的位置。

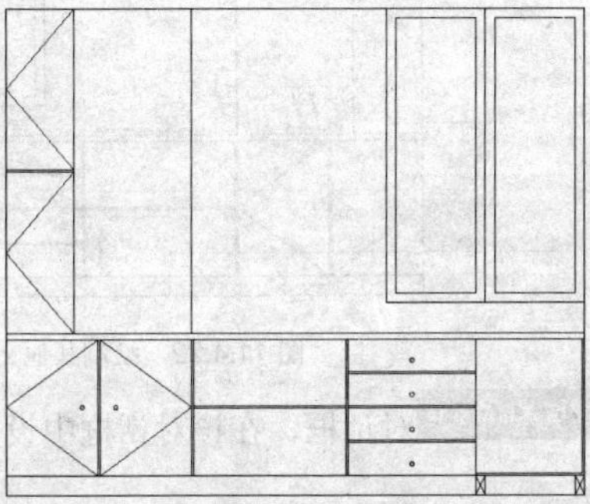

图 11.4.16　镜像矩形

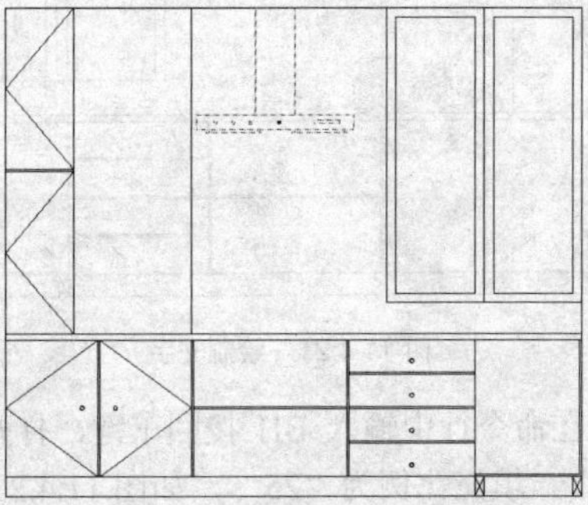

图 11.4.17　插入“抽油烟机”图块

（17）继续执行插入块命令，在橱柜上插入图块“炉灶”，效果如图 11.4.18 所示。

（18）继续执行插入块命令，在壁柜旁边插入图块“瓶子”，效果如图 11.4.19 所示。

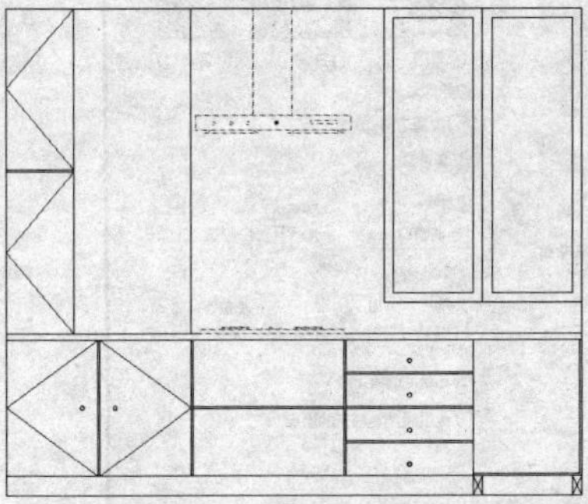

图 11.4.18　插入“炉灶”图块

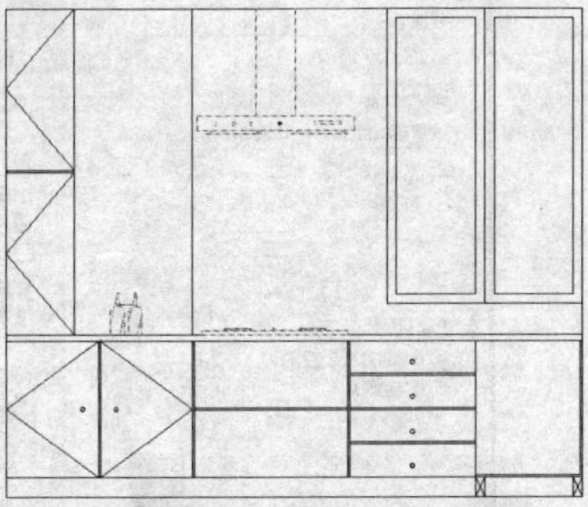

图 11.4.19　插入“瓶子”图块

（19）选择 格式(O) → 文字样式(S)... 命令，打开 文字样式 对话框，在该对话框中新建一个文字样式，参数设置如图 11.4.20 所示。

（20）在命令行中输入 DT 按回车键，在壁柜左边指定一点，设置文字高度为 50，旋转角度为 0°，输入文字“黑色防火饰面”，然后使用直线命令从文字下边绘制一条水平直线，直线的另一端指向壁柜，效果如图 11.4.21 所示。

（21）根据以上操作，在图形中绘制其他文字，效果如图 11.4.22 所示。

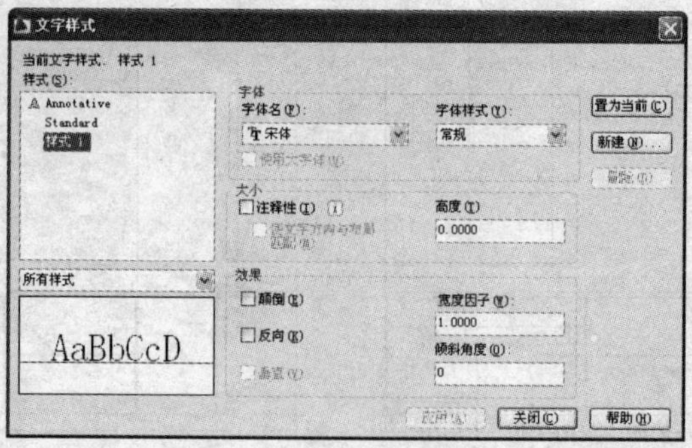

图 11.4.20 “文字样式”对话框

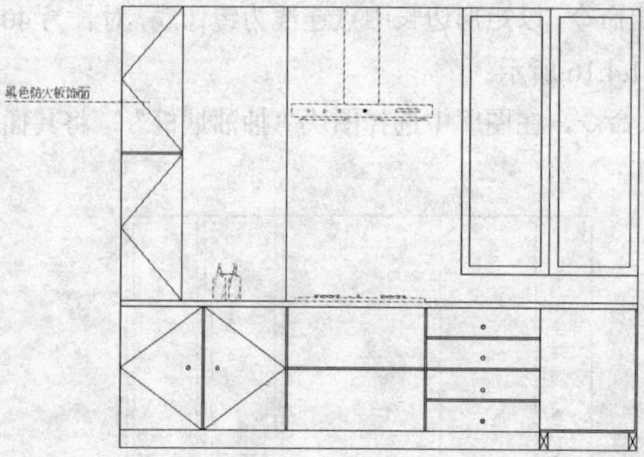

图 11.4.21 绘制文字

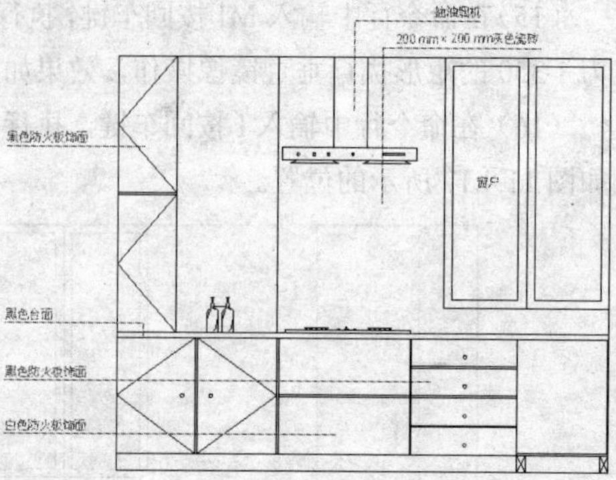

图 11.4.22 绘制其他文字

（22）在命令行中输入 BH 按回车键，打开图案填充和渐变色对话框，在该对话框中设置填充图案为“DOTS”，填充比例为“25”，如图 11.4.23 所示。

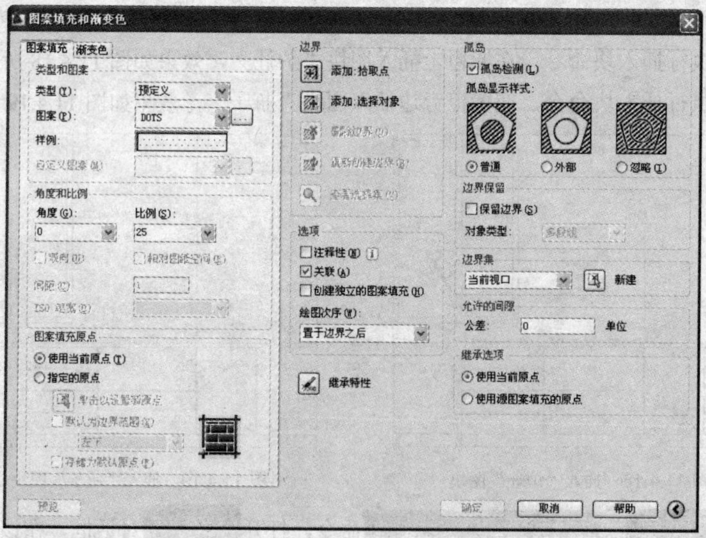

图 11.4.23 “图案填充和渐变色”对话框

（23）单击图案填充和渐变色对话框中的“添加：拾取点”按钮，对壁柜立面图填充图案，效果如图 11.4.24 所示。

（24）继续使用图案填充命令，对图形的其他部分填充图案，效果如图 11.4.25 所示。

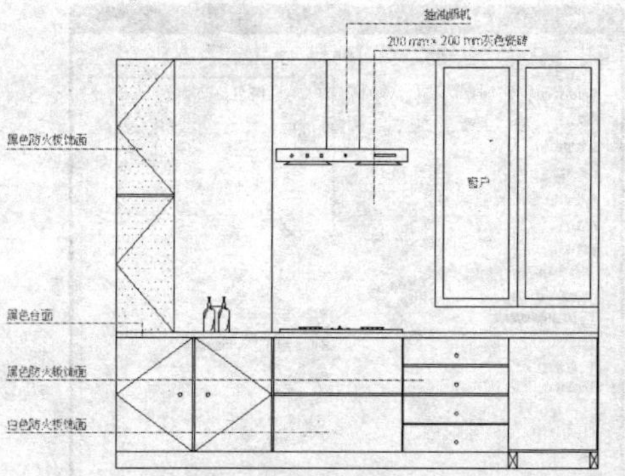

图 11.4.24　填充壁柜立面图

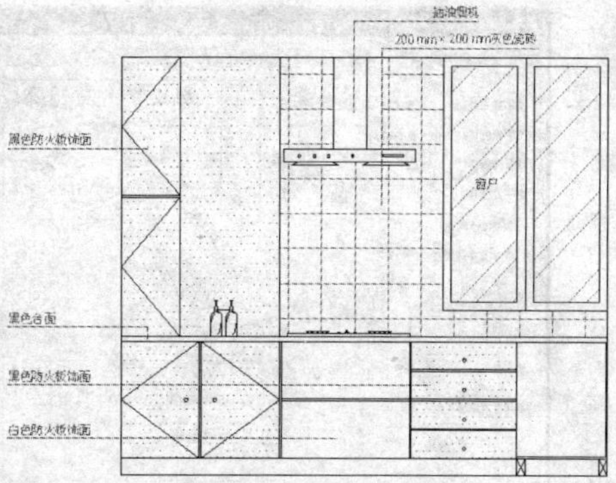

图 11.4.25　填充图案效果

（25）选择格式(O)→标注样式(D)...命令，打开标注样式管理器对话框，如图 11.4.26 所示，单击该对话框中的新建(N)...按钮，打开创建新标注样式对话框，如图 11.4.27 所示。

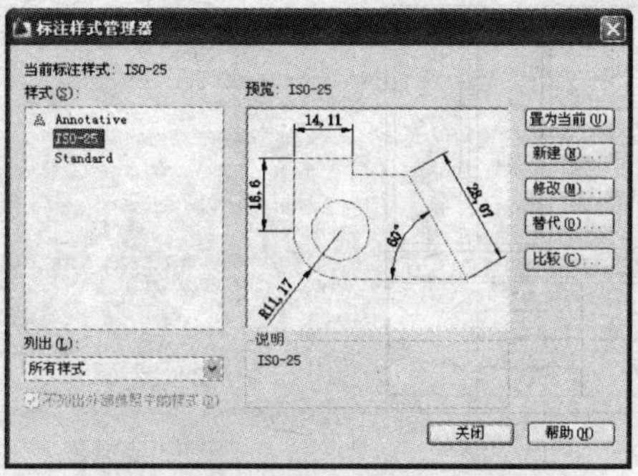

图 11.4.26　“标注样式管理器”对话框

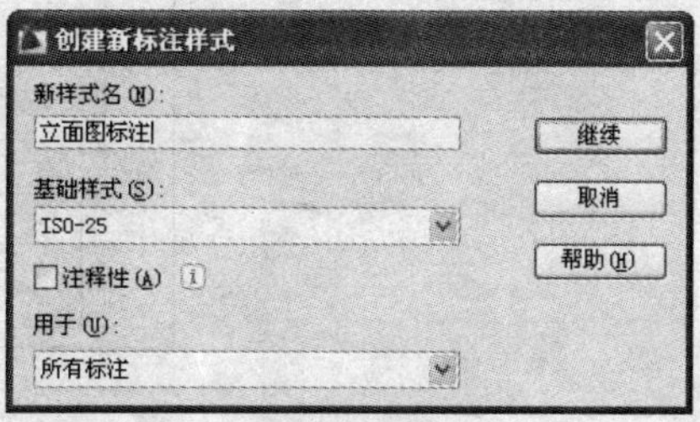

图 11.4.27　“创建新标注样式”对话框

（26）在创建新标注样式对话框中的“新样式名”文本框中输入“立面图标注”，单击继续按钮打开新建标注样式：立面图标注对话框，在该对话框中设置尺寸标注样式参数如图 11.4.28 至 11.4.31 所示。

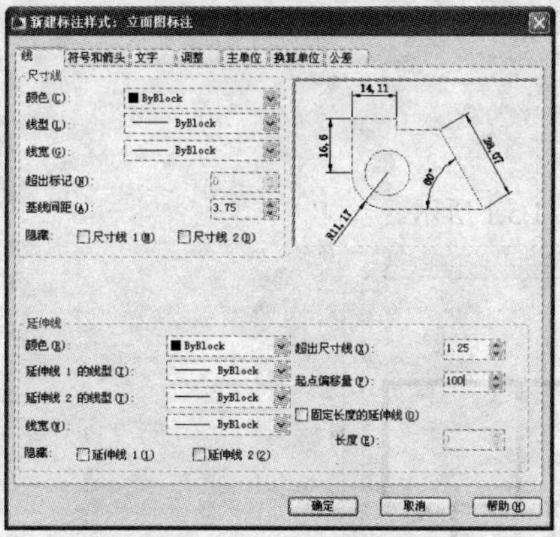

图 11.4.28　“线”选项卡

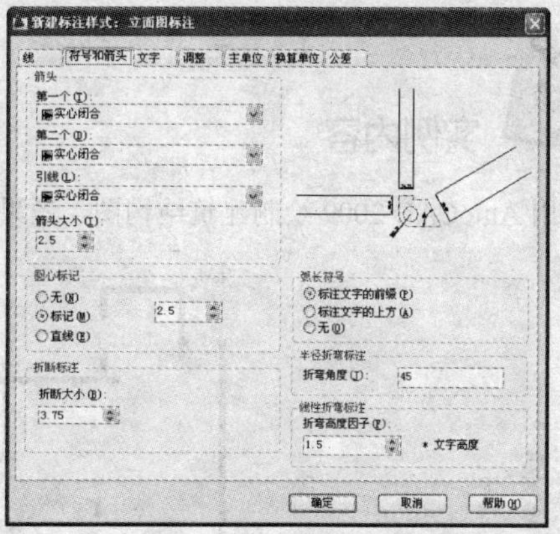

图 11.4.29　“符号和箭头”选项卡

（27）参数设置完成后，单击“标注”工具栏中的“线性”按钮，标注图形中的线性尺寸，效果如图 11.4.32 所示。

（28）单击“标注”工具栏中的“连续”按钮，标注图形中的连续尺寸，最终效果如图 11.4.1 所示。

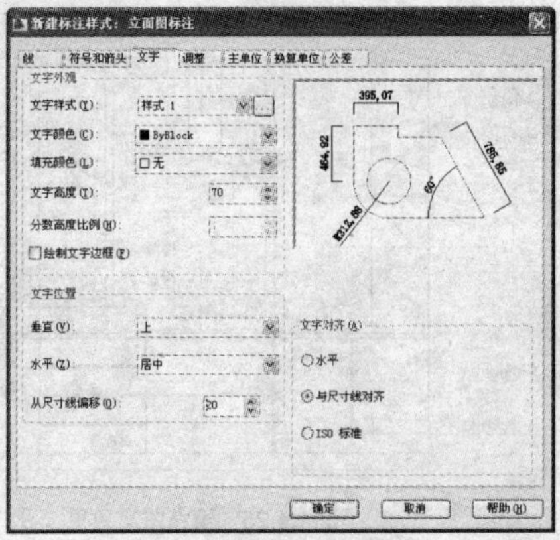

图 11.4.30 “文字”选项卡

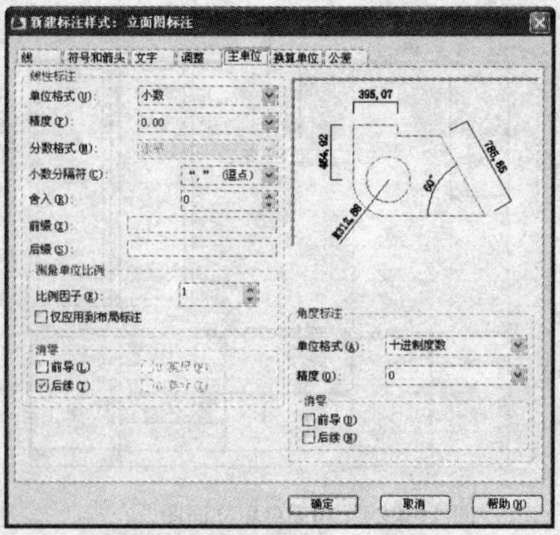

图 11.4.31 “主单位”选项卡

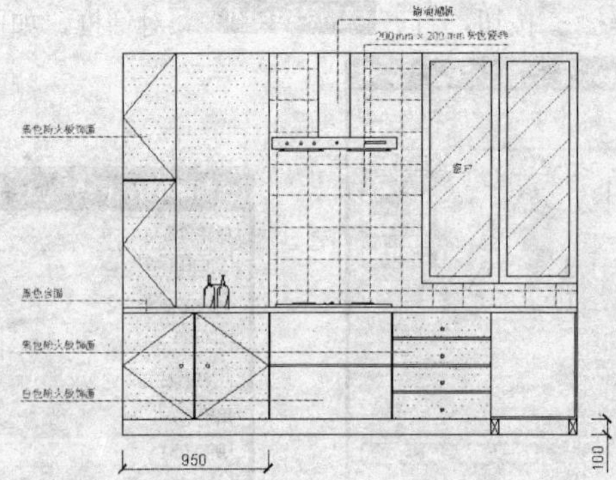

图 11.4.32 标注线性尺寸

综合实例 5 建筑结构图

实例内容

利用 AutoCAD 2009 绘制建筑结构图，效果如图 11.5.1 所示。

图 11.5.1 效果图

设计思想

在绘制的过程中，主要用到直线、多线、圆、矩形、偏移、修剪、图案填充、文字标注和尺寸标注等命令。

操作步骤

（1）选择 文件(F) → 新建(N)... Ctrl+N 命令，打开 选择样板 对话框，如图 11.5.2 所示。在该对话框中的样板列表中选中名为 acad 的样板，单击 打开(O) 按钮创建新图形文件。

图 11.5.2　“选择样板”对话框

（2）选择 格式(O) → 图形界限(I) 命令，设置图形界限的左下角点坐标为（0，0），右上角点坐标为（42 000，11.5 700）。单击“图层”工具栏中的“图层特性管理器”按钮，打开 图层特性管理器 对话框，在该对话框中新建轴线、墙线、门窗、家具、楼梯、图案填充、文字标注和尺寸标注 8 个图层，设置“轴线”层为当前图层，如图 11.5.3 所示。

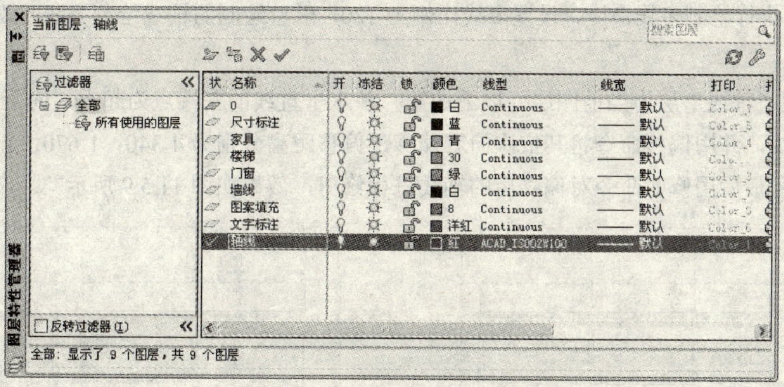

图 11.5.3　“图层特性管理器”对话框

（3）按下“F8”功能键，打开正交功能。选择 工具(T) → 草图设置(F)... 命令，打开 草图设置 对话框，在该对话框中设置对象捕捉模式如图 11.5.4 所示。

（4）设置“轴线”层为当前图层，使用直线命令在绘图窗口中绘制两条相互垂直的直线，水平直线长为 14 500，垂直直线长为 10 200，效果如图 11.5.5 所示。

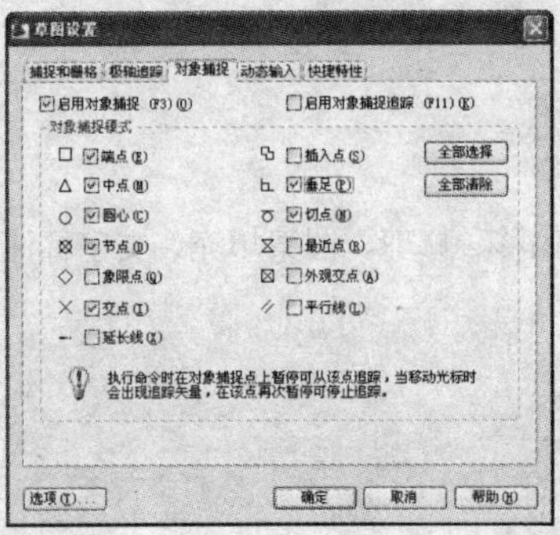

图 11.5.4　“草图设置”对话框

图 11.5.5　绘制直线

（5）执行偏移命令，将垂直轴线依次向右偏移，偏移距离分别为 3 800，2 800，2 800，3 000 和 2100，再次执行偏移命令，将最左边的垂直轴线依次向右偏移，偏移距离分别为 1 270，2 360，2 970，3 800 和 4 100，再次执行偏移命令，将水平轴线依次向上偏移，偏移距离分别为 500，3 400，1 200，2 400，1 120 和 1 580，效果如图 11.5.6 所示。

（6）设置“墙线”层为当前图层。在命令行中输入 ML 按回车键，执行绘制多线命令，设置多线比例为 180，多线对正方式为“无”，沿着绘制的轴线绘制墙线，效果如图 11.5.7 所示。

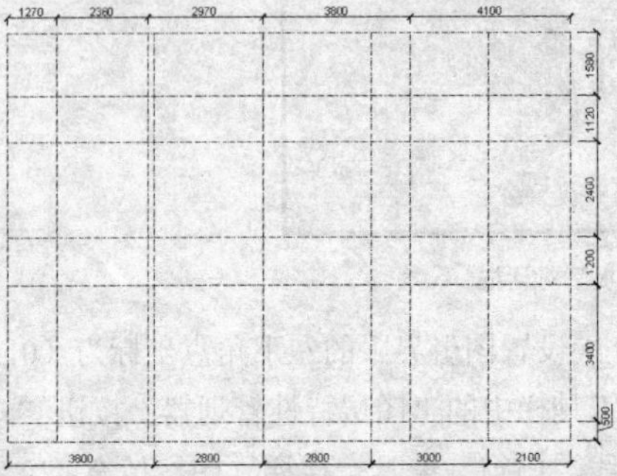

图 11.5.6　偏移直线

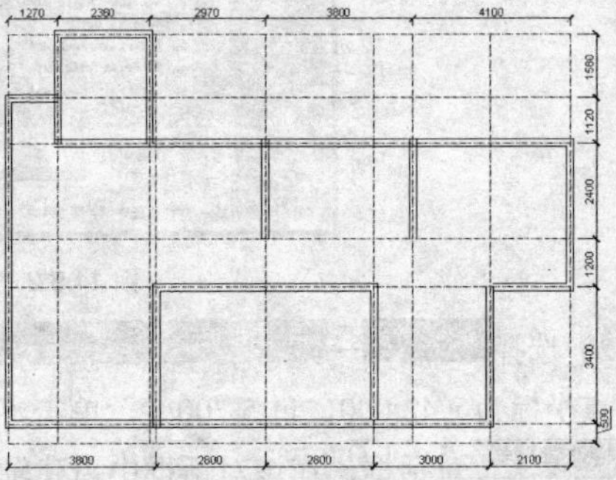

图 11.5.7　绘制多线

（7）继续执行绘制多线命令，设置多线比例为 120，沿着绘制的轴线绘制多线，效果如图 11.5.8 所示。

（8）设置“轴线”层为当前图层。以下边第二条水平直线的左端点为起点，向下垂直绘制一条长为 640 的直线，并用偏移命令将其依次向右偏移，偏移距离分别为 4 340，1 670，1 130，1 670，1 130 和 1 970，最后用修剪命令对偏移后的轴线进行修剪，效果如图 11.5.9 所示。

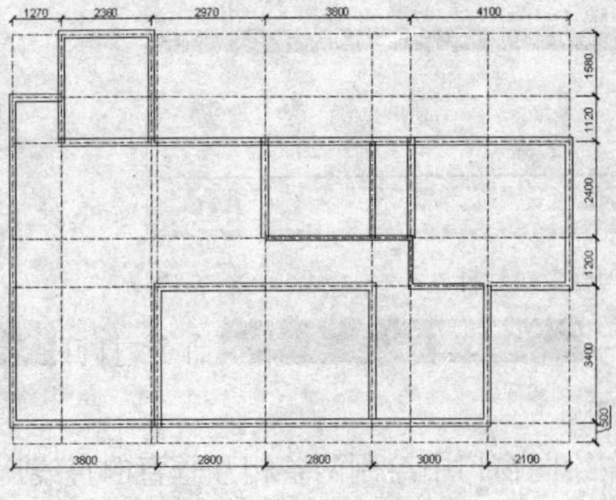

图 11.5.8　继续绘制多线

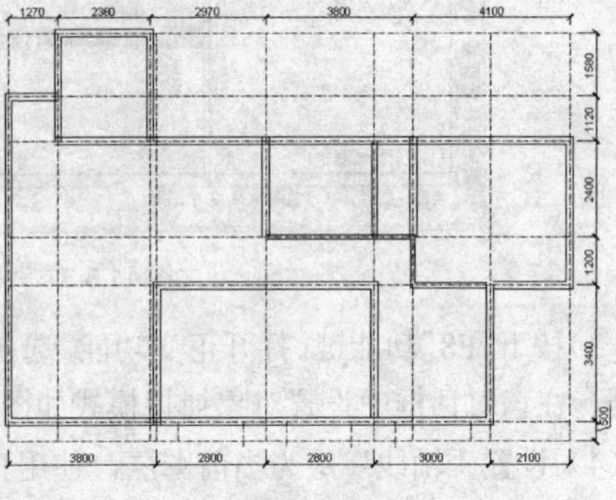

图 11.5.9　绘制并偏移轴线

（9）执行绘制多线命令，设置多线比例为 120，沿着绘制的轴线绘制墙线，效果如图 11.5.10 所示。

（10）关闭“轴线”层，设置“墙线”层为当前图层。使用分解命令分解绘制的墙线，然后用修剪和圆角命令对多线进行修剪，效果如图 11.5.11 所示。

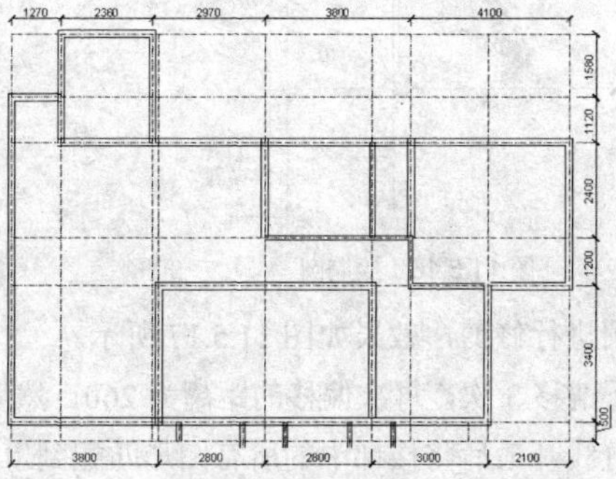

图 11.5.10 绘制墙线

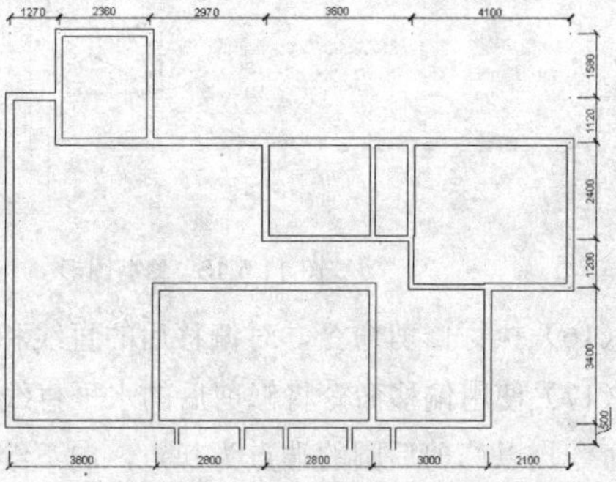

图 11.5.11 编辑多线

（11）使用直线、偏移和修剪命令绘制门洞和窗洞，效果如图 11.5.12 所示。

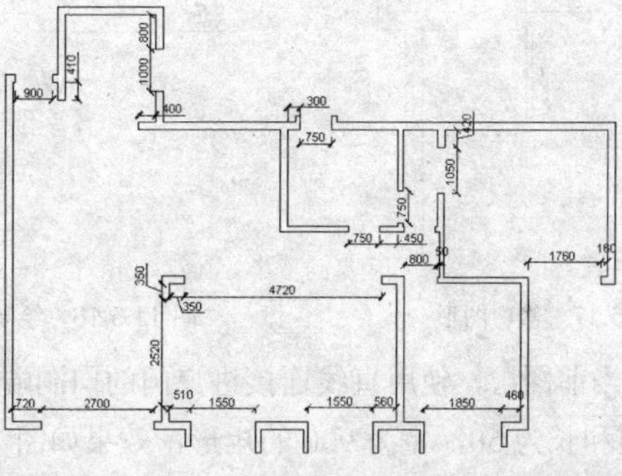

图 11.5.12 绘制门洞和窗洞

（12）设置“楼梯”层为当前图层。使用偏移命令将楼梯旁的内墙线分别向左和向下进行偏移，偏移距离分别为 1 165，执行绘制圆命令，以偏移后直线的交点为圆心，分别绘制半径为 1 165 和 1 125 的两个圆，效果如图 11.5.13 所示。

（13）执行旋转命令，以直线的角点为基点，逆时针旋转并复制水平直线，旋转的角度分别为 28°，62°和 118°，效果如图 11.5.14 所示。

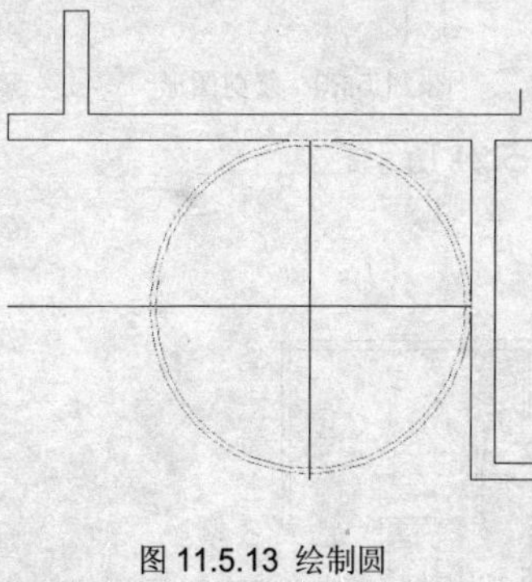

图 11.5.13 绘制圆

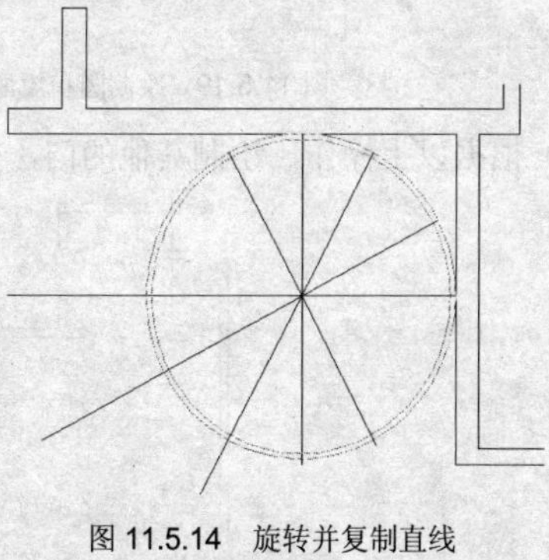

图 11.5.14 旋转并复制直线

（14）执行修剪命令，对绘制的圆和直线进行修剪，效果如图 11.5.15 所示。

（15）再次使用偏移命令，将楼梯的内墙线分别向左和向下偏移，偏移距离为 1 100，执行绘制圆命令，以偏移后直线的交点为圆心，分别绘制半径为 200 和 110 的圆，效果如图 11.5.16 所示。

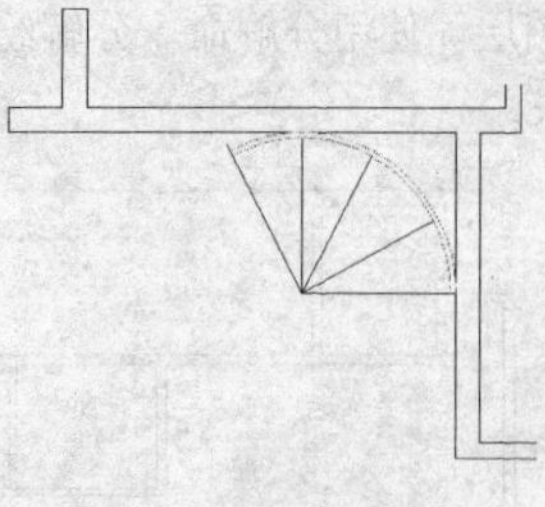

图 11.5.15　修剪图形

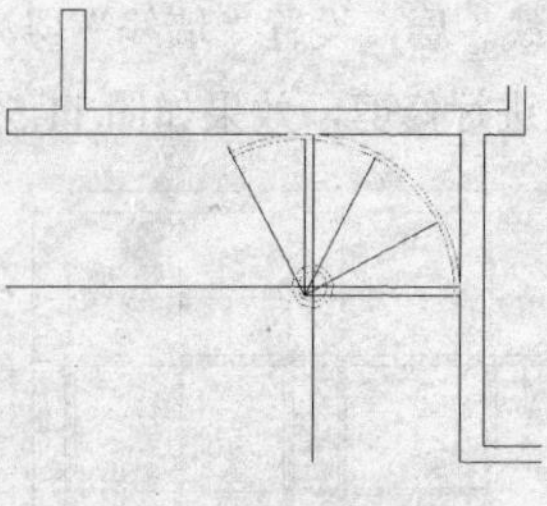

图 11.5.16　绘制圆

（16）执行修剪命令，对偏移后的直线和绘制的圆进行修剪，效果如图 11.5.17 所示。

（17）使用偏移命令将修剪后的水平直线依次向下偏移 3 次，每次偏移的距离为 260，然后使用直线命令，以修剪后圆的端点为起点，向下绘制垂直直线，最后将楼梯中的所有图形匹配到“楼梯”层，效果如图 11.5.18 所示。

图 11.5.17　修剪图形

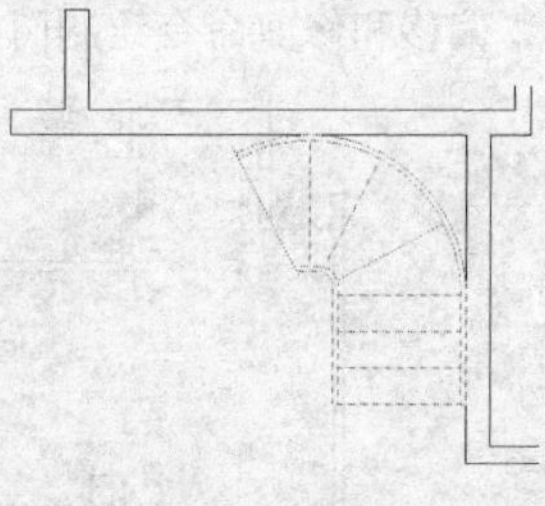

图 11.5.18　绘制直线

（18）设置“门窗”层为当前图层，使用直线连接进户门的门洞端口，然后以直线的右端点为基点，分别绘制半径为 900 的圆和长为 50，宽为 900 的矩形，效果如图 11.5.19 所示。

（19）执行修剪命令，对绘制的图形进行修剪，效果如图 11.5.20 所示。

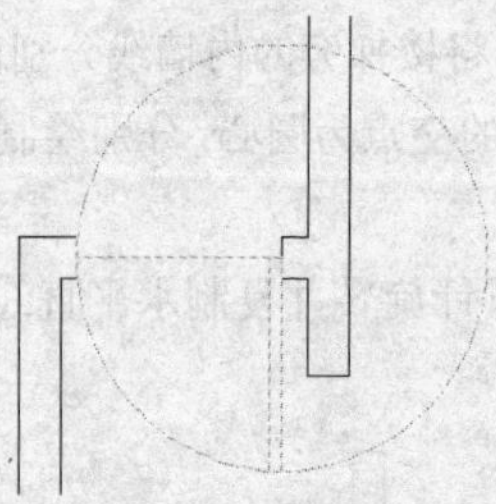

图 11.5.19　绘制圆和矩形

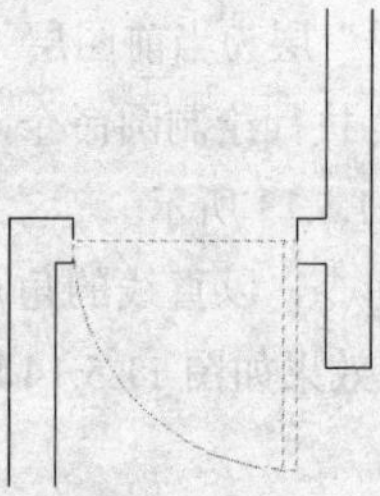

图 11.5.20　修剪图形

（20）根据以上操作，绘制其他的门，效果如图 11.5.21 所示。

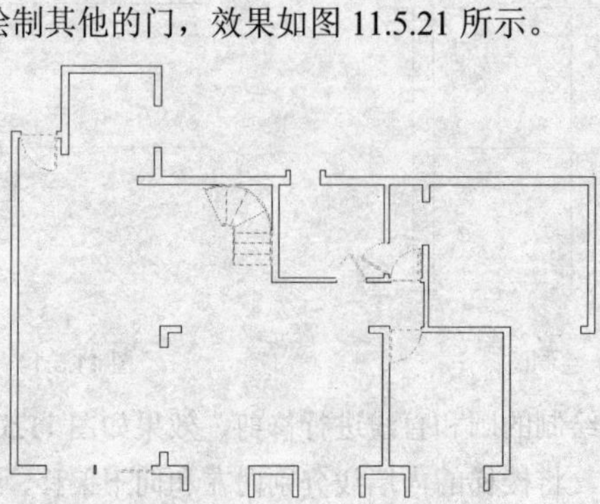

图 11.5.21　绘制其他的门

（21）使用直线命令连接窗洞端口，并用偏移命令依次将其偏移 3 次，偏移距离均为 60，绘制窗户，效果如图 11.5.22 所示。

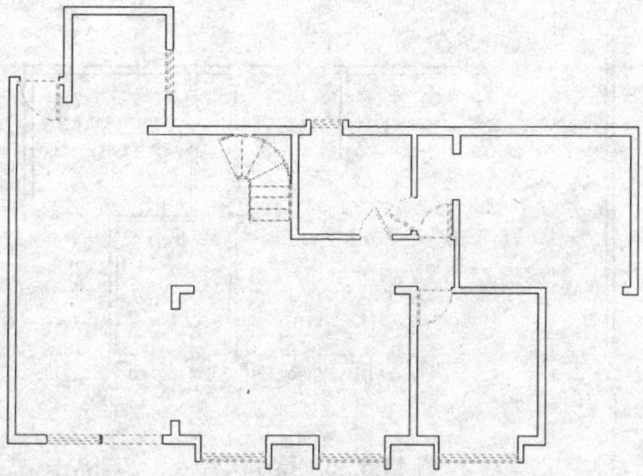

图 11.5.22　绘制窗户

（22）使用直线和矩形命令在结构图的左下端口处绘制两个长为 810，宽为 50 的矩形，表示推拉门，效果如图 11.5.23 所示。

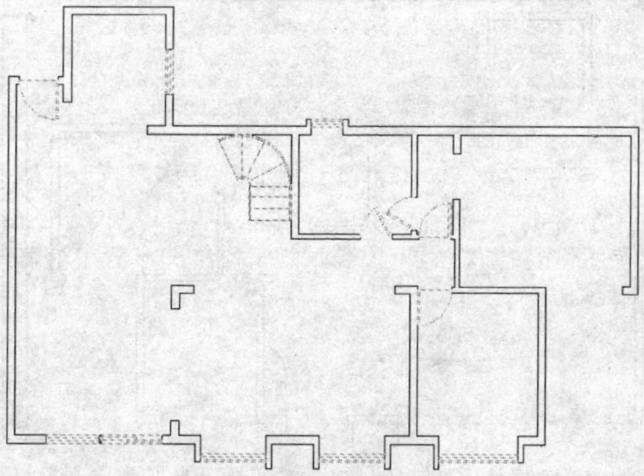

图 11.5.23　绘制推拉门

（23）执行绘制多段线命令，以推拉门右端口为起点，向下绘制一条长为 1 230 的垂直多段线，再向左绘制一条长为 3 120 的水平多段线，再向上绘制一条长为 1 230 的垂直多段线，最后使用偏移命令将绘制的多段线依次向外偏移 3 次，每次偏移的距离均为 40，绘制阳台，效果如图 11.5.24 所示。

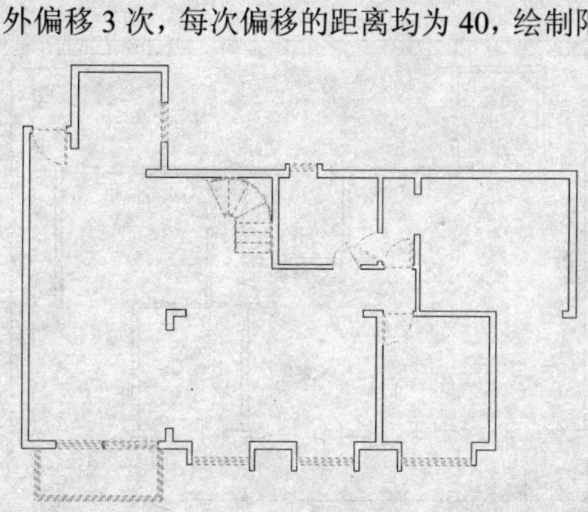

图 11.5.24　绘制阳台

（24）再次执行绘制多段线命令，以结构图右边窗洞端口端点为起点，向下绘制一条长为 350 的垂直多段线，再向左绘制一条长为 1 760 的水平多段线，最后使用偏移命令将绘制的多段线依次向外偏移 3 次，每次偏移的距离均为 40，效果如图 11.5.25 所示。

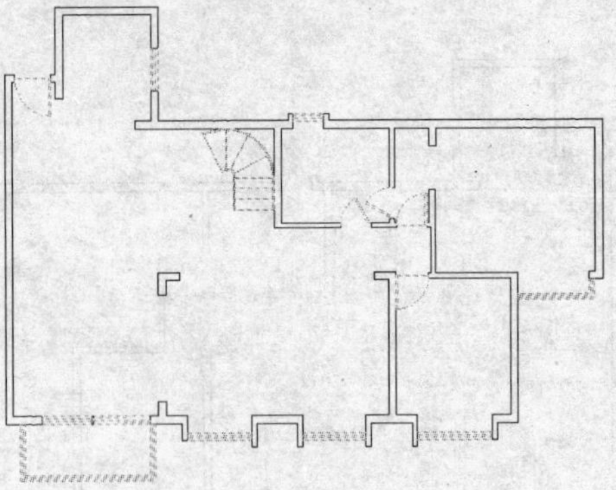

图 11.5.25　绘制阳台

（25）设置“尺寸标注”层为当前图层，打开“轴线”层，标注图形尺寸，然后关闭“轴线”层，效果如图 11.5.26 所示。

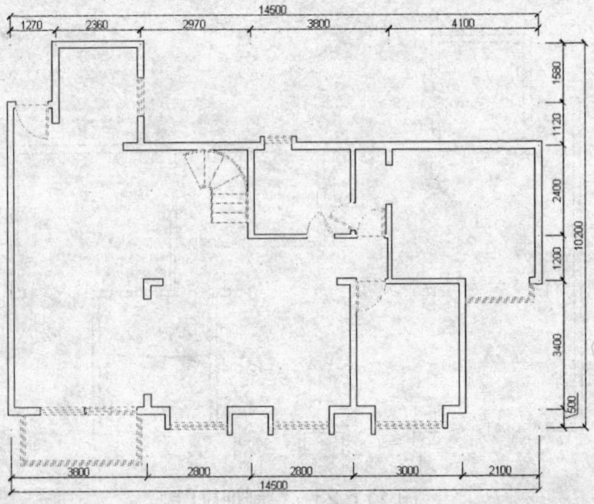

图 11.5.26　标注图形尺寸

（26）设置“文字标注”层为当前图层，标注图形文字，效果如图 11.5.27 所示。

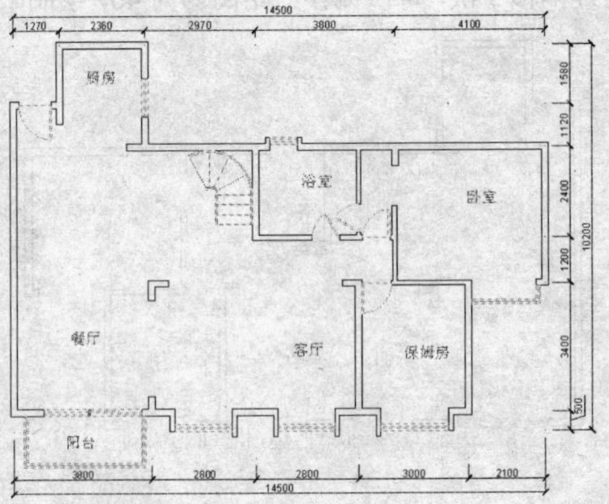

图 11.5.27　标注图形文字

（27）设置“墙线”层为当前图层，对绘制的墙线填充图案，最终效果如图 11.5.1 所示。

综合实例 6　建筑天花图

实例内容

利用 AutoCAD 2009 绘制建筑天花图，效果如图 11.6.1 所示。

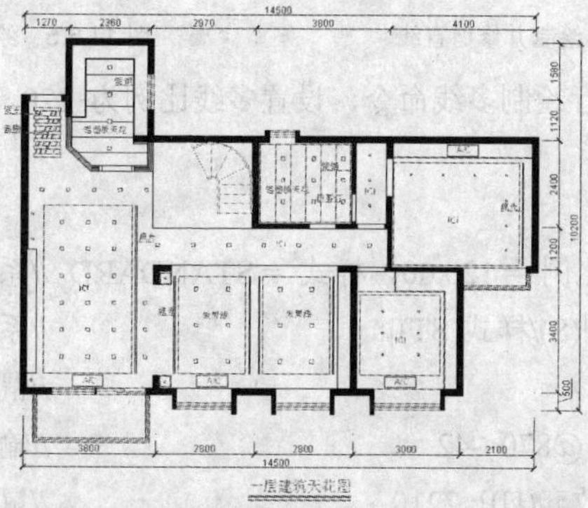

图 11.6.1　效果图

设计思想

在绘制的过程中，主要用到直线、多线、圆、矩形、偏移、修剪、图案填充、文字标注和尺寸标注等命令。

操作步骤

（1）打开综合实例 5 的图形，修改图注为“建筑天花图”，选择 文件(F) → 另存为(A)... 命令，将其另存为“建筑天花图”。

（2）使用删除命令删除图形中的文字和门，并用直线连接门洞端口，执行绘制矩形命令，在进户门的下边绘制一个长为 760，宽为 90 的矩形，效果如图 11.6.2 所示。

（3）执行矩形阵列命令，设置阵列的行数为 7，阵列的列数为 1，行偏移距离为－210，列偏移距离为 0，阵列角度为 0°，对绘制的矩形执行矩形阵列，效果如图 11.6.3 所示。

图 11.6.2　绘制矩形

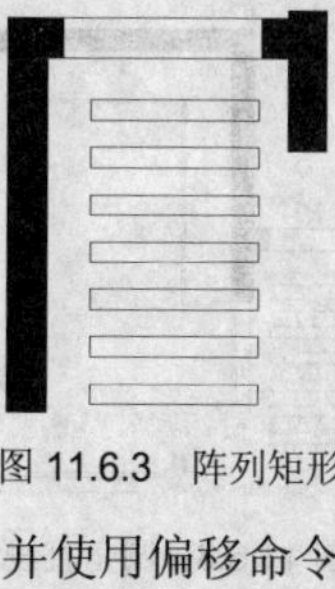

图 11.6.3　阵列矩形

（4）使用直线命令沿着矩形的左边绘制一条垂直直线，并使用偏移命令依次将其向右偏移，偏移距离分别为 30 和 700，然后使用修剪命令对其进行修剪，最后删除多余的直线，效果如图 11.6.4 所示。

（5）使用直线和圆命令绘制镜面造型，效果如图 11.6.5 所示。

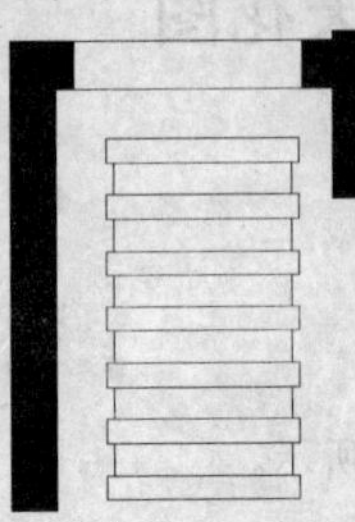

图 11.6.4　绘制并修剪直线

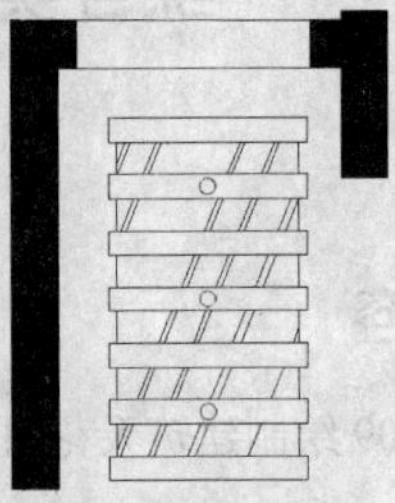

图 11.6.5　绘制镜面造型

（6）打开正交功能，执行绘制多线命令，设置多线比例为 120，以厨房左边内墙线中点为起点绘制多线，命令行提示如下：

命令: _mline

当前设置: 对正 = 无，比例 = 120.00，样式 = STANDARD　//系统提示

指定起点或 [对正(J)/比例(S)/样式(ST)]:　//系统提示

指定下一点: 980　//鼠标向下移动，输入多线长度

指定下一点或 [放弃(U)]: @870<-42　//输入下一段多线端点

指定下一点或 [闭合(C)/放弃(U)]: 2210　//鼠标右移，输入多线长度

指定下一点或 [闭合(C)/放弃(U)]:　//鼠标上移，捕捉内墙线的垂线

指定下一点或 [闭合(C)/放弃(U)]:　//按回车键结束命令

绘制的多线效果如图 11.6.6 所示。

（7）使用分解命令分解绘制的多线，然后使用偏移命令将厨房的内墙线依次向内偏移，偏移距离分别为 30，30 和 30，效果如图 11.6.7 所示。

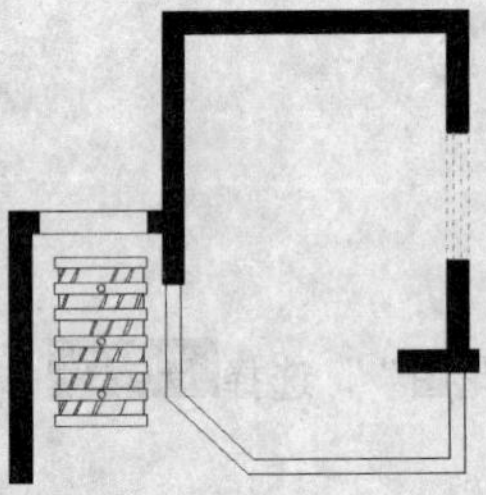

图 11.6.6　绘制多线

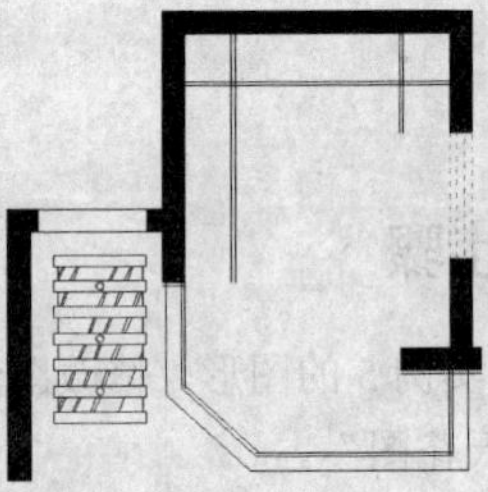

图 11.6.7　偏移直线

（8）执行圆角命令，设置圆角半径为 0，对偏移后的直线进行圆角操作，效果如图 11.6.8 所示。

（9）使用偏移命令将分解后的多线依次向内偏移，偏移距离依次为 40 和 40，然后使用直线、偏移和修剪命令绘制厨房的门洞，效果如图 11.6.9 所示。

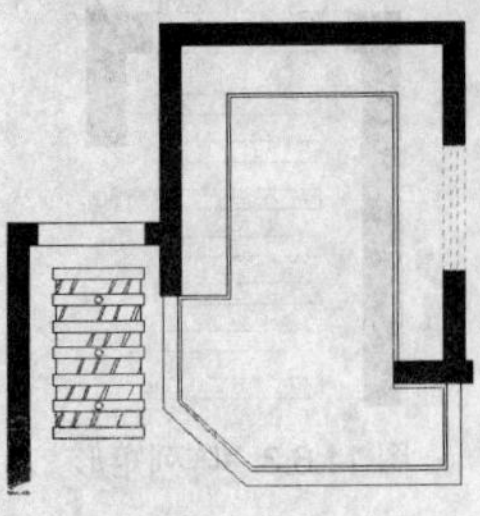

图 11.6.8　圆角直线

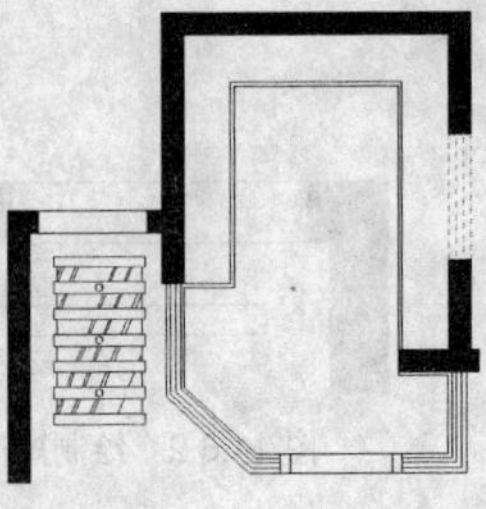

图 11.6.9　绘制厨房门洞

（10）执行绘制矩形命令，在厨房中间偏上位置绘制一个长为 100 的矩形，再使用复制命令将其

向下复制 4 个，完成厨房防雾灯的绘制，效果如图 11.6.10 所示。

（11）使用直线命令，在厨房中绘制间距为 430 的水平直线，表示铝扣吊板天花，效果如图 11.6.11 所示。

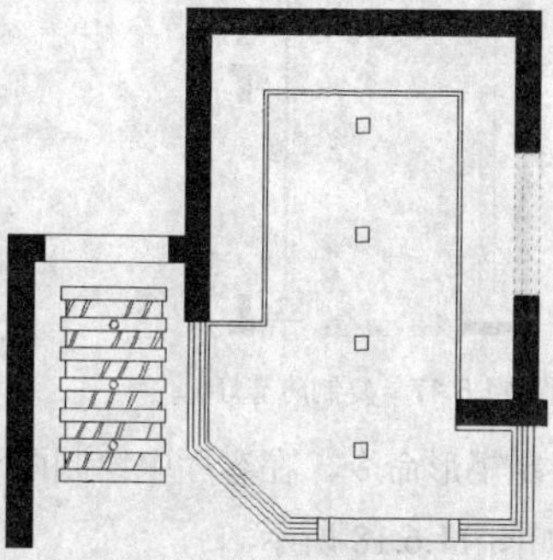

图 11.6.10　绘制厨房防雾灯

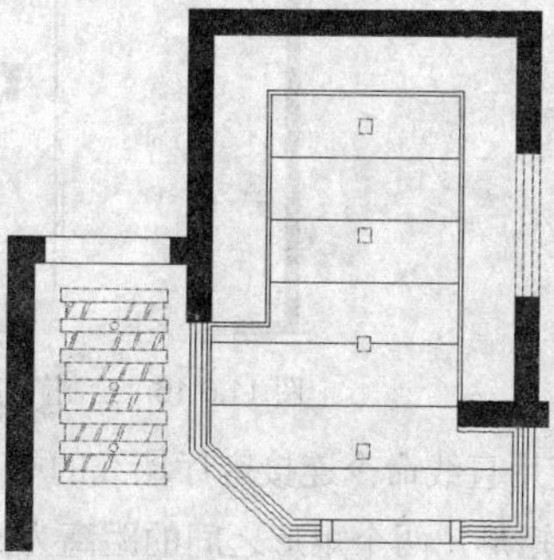

图 11.6.11　绘制吊板天花

（12）使用偏移命令将餐厅左边的内墙线依次向右偏移，偏移距离分别为 40 和 240，再将下边的内墙线依次向上偏移，偏移距离分别为 400 和 3 430，最后使用圆角命令对偏移后的直线进行圆角操作，效果如图 11.6.12 所示。

（13）使用矩形命令在餐厅的中间位置绘制一个长为 2 540，宽为 4 660 的矩形，效果如图 11.6.13 所示。

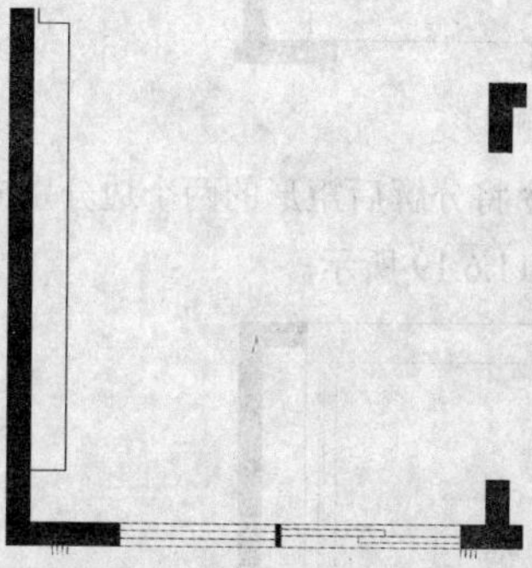

图 11.6.12　偏移并圆角直线

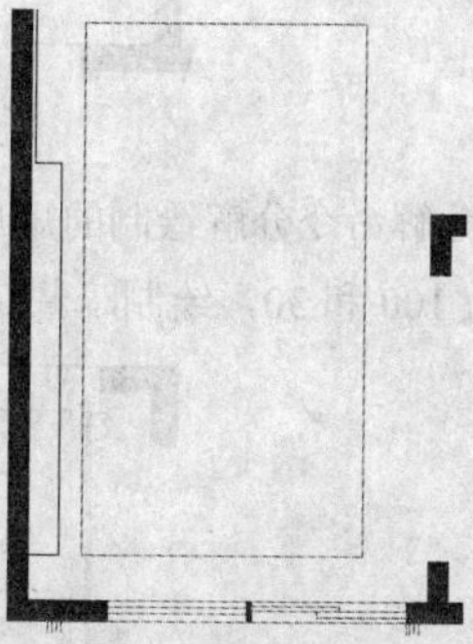

图 11.6.13　绘制矩形

（14）使用分解命令分解绘制的矩形，然后使用偏移命令将矩形右边垂直的直线依次向右偏移，偏移距离分别为 100 和 30，表示暗藏的灯管，效果如图 11.6.14 所示。

（15）使用复制命令复制厨房防雾灯，并将其粘贴到餐厅的矩形框中和矩形框外，然后使用阵列命令阵列绘制的矩形，效果如图 11.6.15 所示。

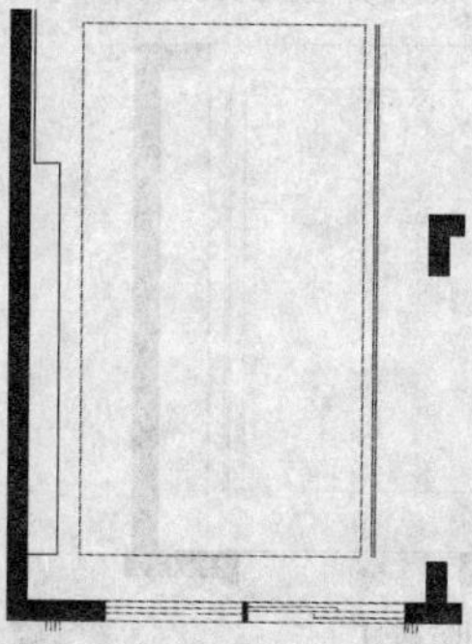

图 11.6.14　绘制暗藏灯管

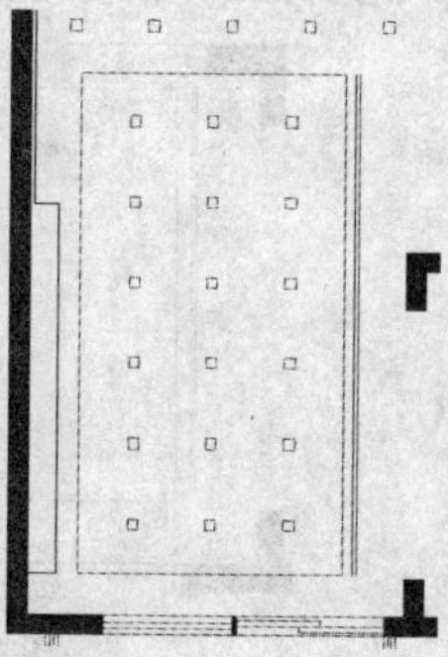

图 11.6.15　绘制餐厅防雾灯

（16）使用圆命令在餐厅左边内墙附近绘制半径为 30 的圆，表示筒灯，效果如图 11.6.16 所示。

（17）使用复制命令在暗藏灯管的右边复制 3 个防雾灯，效果如图 11.6.17 所示。

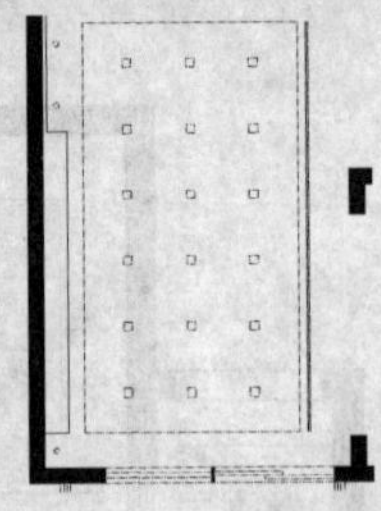

图 11.6.16　绘制筒灯

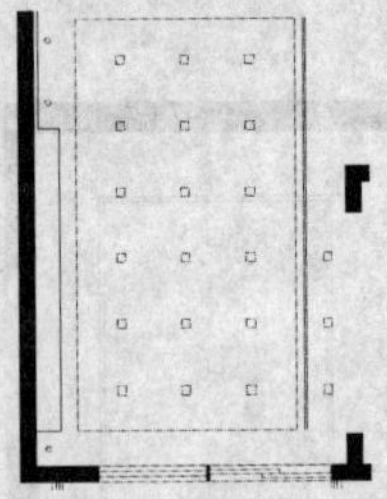

图 11.6.17　复制防雾灯

（18）使用直线命令连接客厅墙线的端口，执行绘制矩形命令，在客厅中绘制两个长为 1 890，宽为 2 700 的矩形，两个矩形之间的距离为 500，效果如图 11.6.18 所示。

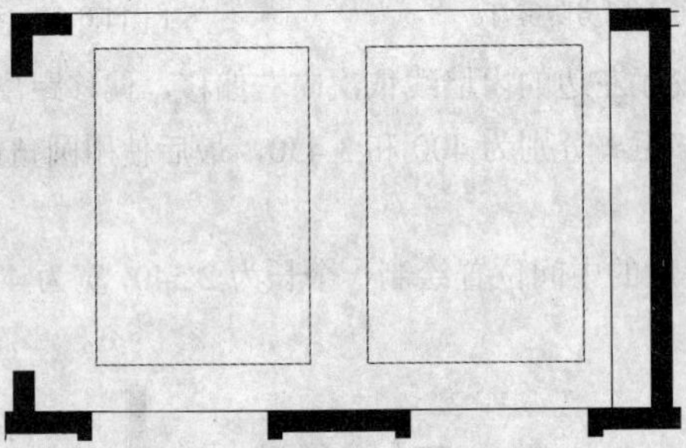

图 11.6.18　绘制矩形

（19）使用分解命令分解绘制的矩形，并用偏移命令将分解后矩形的两个边分别向左右两边偏移，偏移距离分别为 100 和 30，绘制暗藏灯管，效果如图 11.6.19 所示。

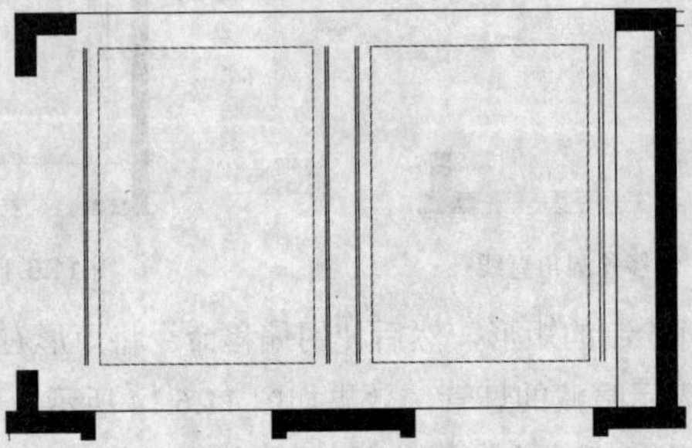

图 11.6.19　绘制暗藏灯管

（20）使用复制命令复制 12 个防雾灯到客厅中，效果如图 11.6.20 所示。

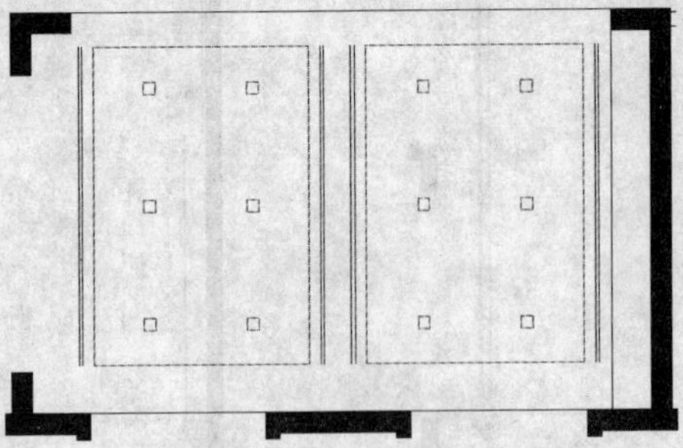

图 11.6.20　复制防雾灯

（21）使用矩形命令以客厅左边的上下内墙角为起点，分别绘制两个长为 350 的矩形，并使用偏移命令将其向内偏移，偏移距离为 30，效果如图 11.6.21 所示。

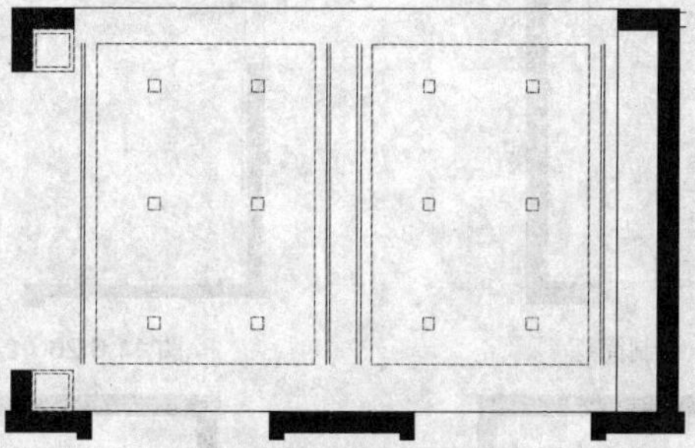

图 11.6.21 绘制并偏移矩形

（22）使用圆命令分别在偏移后矩形的中间位置绘制一个半径为 30 的圆，表示筒灯，效果如图 11.6.22 所示。

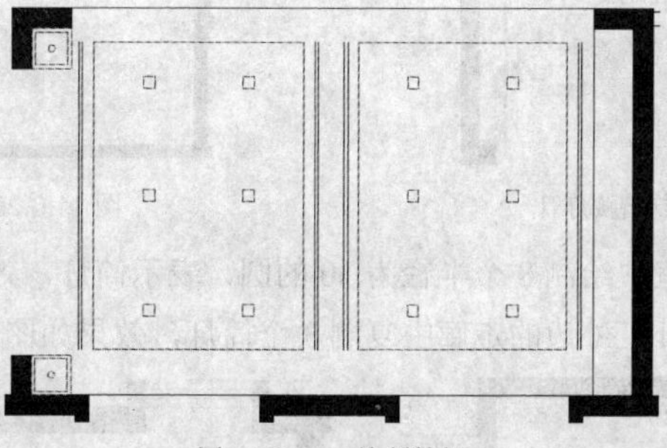

图 11.6.22 绘制筒灯

（23）执行偏移命令，将保姆房左边的内墙线依次向右偏移，偏移距离分别为 100，970，20，1 260，100 和 20，再将上边的内墙线依次向下偏移，偏移距离分别为 530，20，100 和 2 230，效果如图 11.6.23 所示。

（24）执行圆角和修剪命令，对偏移后的直线进行圆角和修剪，效果如图 11.6.24 所示。

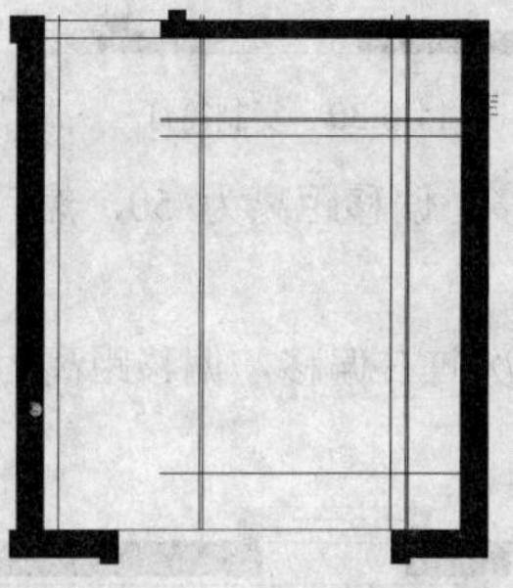

图 11.6.23 偏移直线

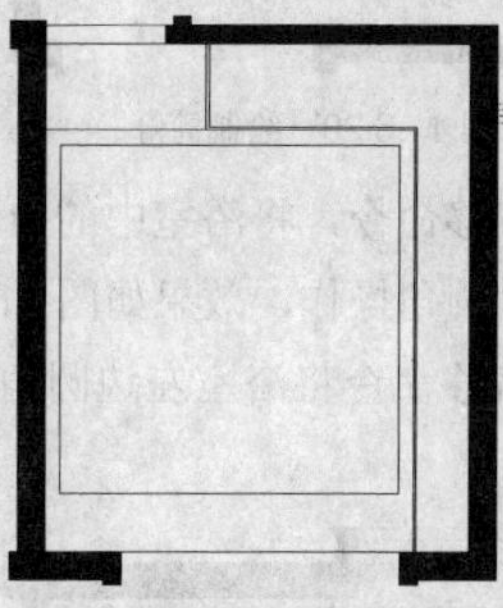

图 11.6.24 圆角和修剪直线

（25）执行绘制圆命令，在如图 11.6.24 所示的矩形框中绘制 6 个半径为 30 的圆，表示筒灯，效果如图 11.6.25 所示。

（26）使用矩形命令在卧室中绘制一个长为 3 540，宽为 2 870 的矩形，效果如图 11.6.26 所示。

（27）使用分解命令分解绘制的矩形，并将其右边的边依次向右偏移，偏移距离分别为 100 和 30，表示暗藏灯管，效果如图 11.6.27 所示。

（28）使用偏移命令将卧室上边的内墙线依次向下偏移，偏移距离分别为 380 和 20，效果如图 11.6.28 所示。

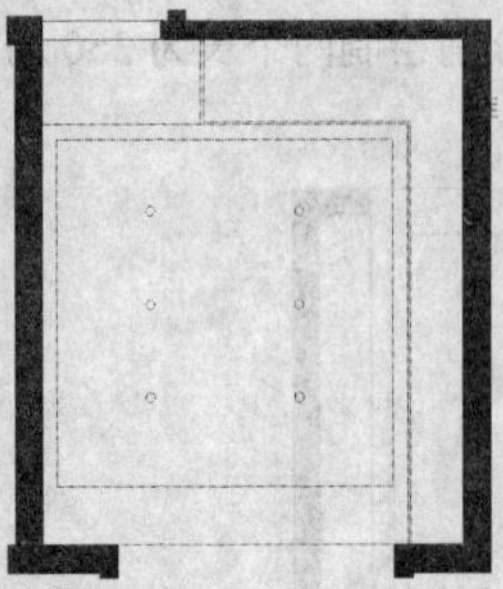

图 11.6.25　绘制筒灯

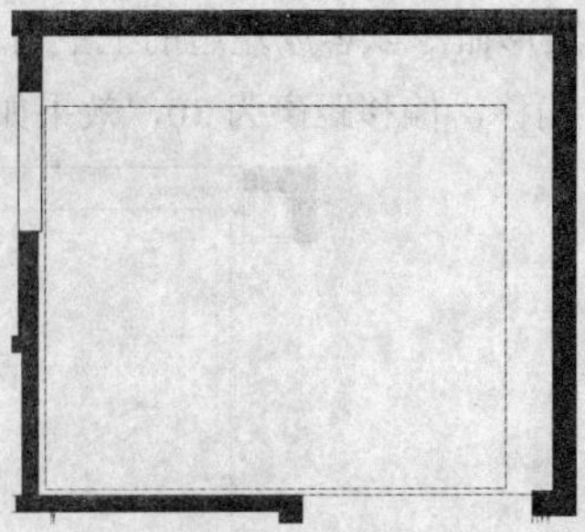

图 11.6.26　绘制矩形

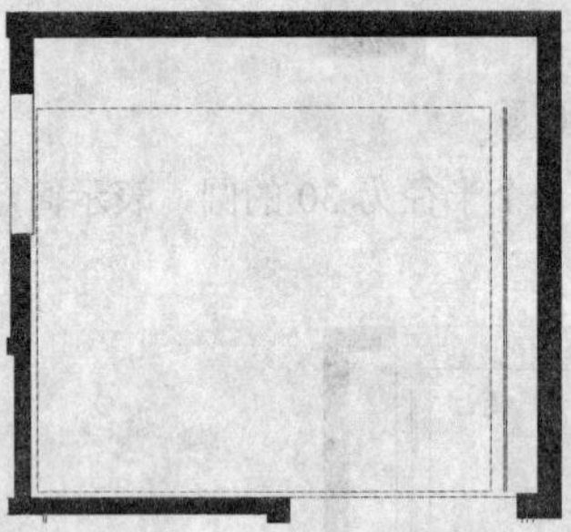

图 11.6.27　绘制暗藏灯管

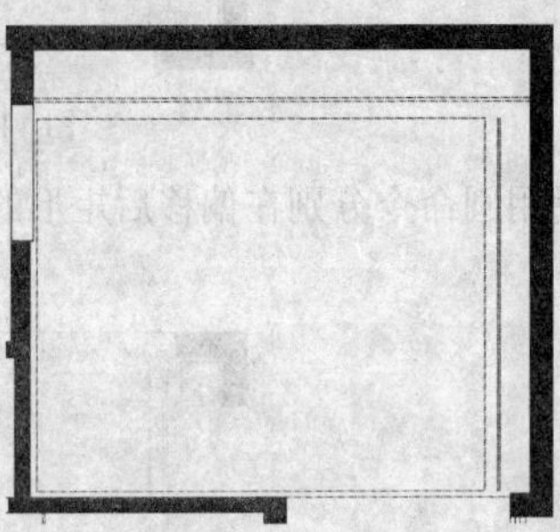

图 11.6.28　偏移直线

（29）使用圆命令在卧室中绘制 8 个半径为 30 的圆，表示筒灯，效果如图 11.6.29 所示。

（30）使用复制命令在卧室外边的走廊中复制 3 个筒灯，效果如图 11.6.30 所示。

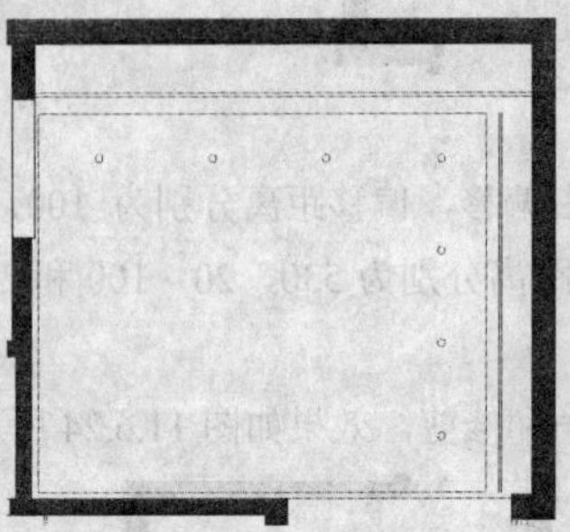

图 11.6.29　绘制筒灯

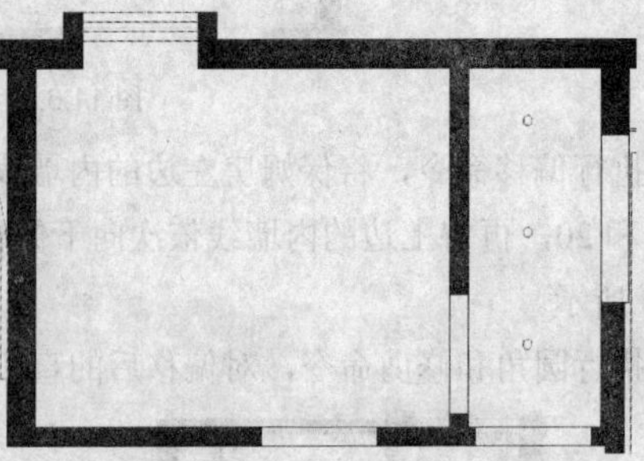

图 11.6.30　复制筒灯

（31）执行偏移命令，将浴室中的内墙线分别向内偏移，偏移距离为 50，然后使用圆角命令对偏移后的直线进行圆角操作，效果如图 11.6.31 所示。

（32）使用偏移命令将浴室左边圆角后的垂直直线依次向右偏移，偏移距离为 430，效果如图 11.6.32 所示。

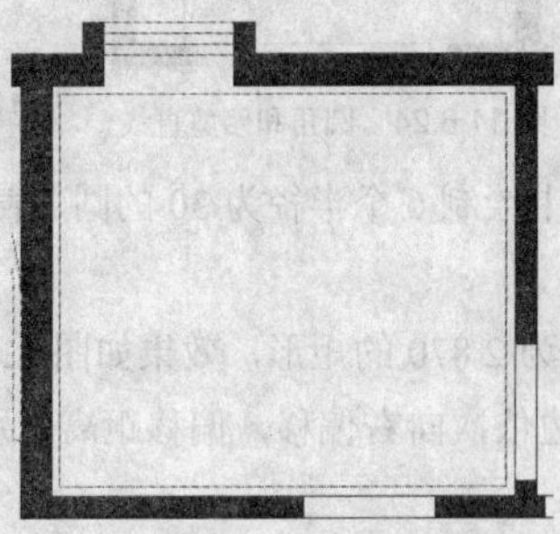

图 11.6.31　偏移并圆角直线

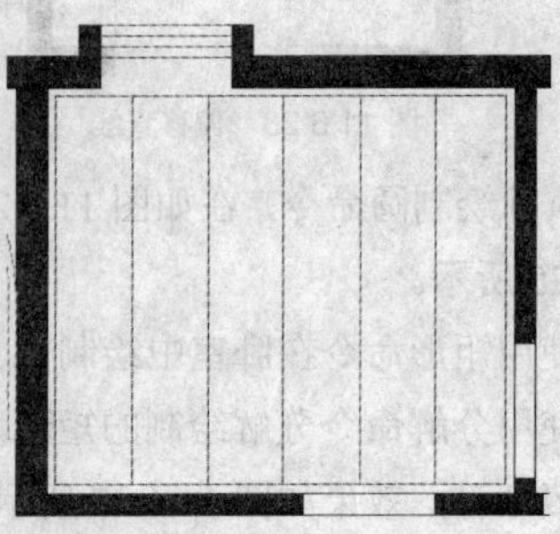

图 11.6.32　偏移直线

（33）使用复制命令复制 9 个防雾灯到浴室中，效果如图 11.6.33 所示。

（34）继续使用复制命令复制 7 个防雾灯到客厅过道处，再使用直线命令沿着楼梯口内墙线绘制两条相互垂直的直线，最后使用圆角命令对其进行圆角操作，效果如图 11.6.34 所示。

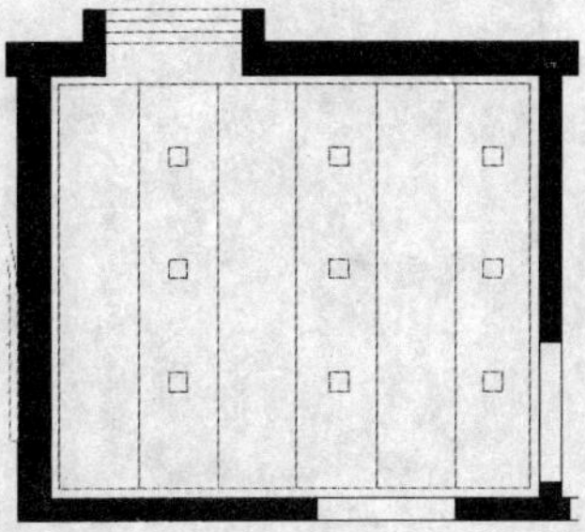

图 11.6.33　复制防雾灯

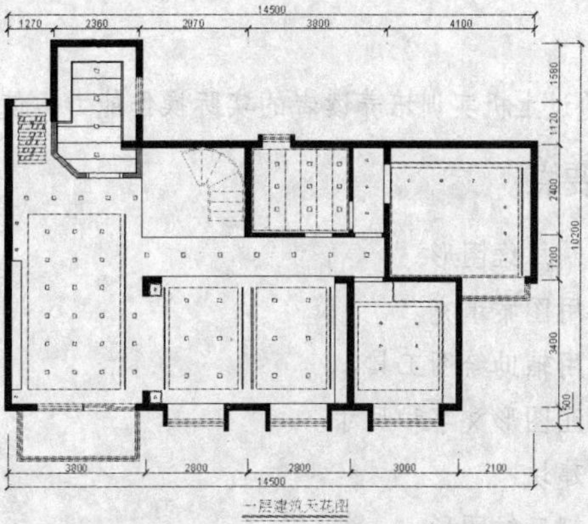

图 11.6.34　绘制直线

（35）执行绘制矩形命令，在餐厅中矩形框的下边绘制一个长为 880，宽为 11.60 的矩形，再使用复制命令将其复制到客厅、保姆房和卧室中，效果如图 11.6.35 所示。

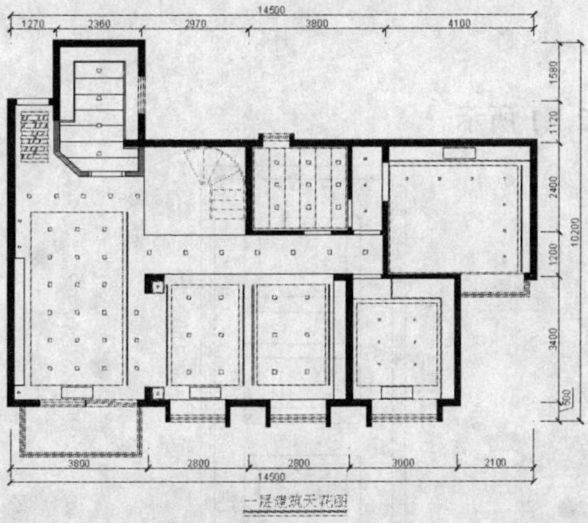

图 11.6.35　绘制并复制矩形

（36）使用单行文字标注命令对一层建筑天花图标注文字，最终效果如图 11.6.1 所示。

第 12 章　上 机 实 训

本章通过上机实训培养读者的实际操作能力，使读者达到巩固并检验所学知识的目的。

知识要点

- 绘制二维图形
- 使用图案填充
- 使用辅助绘图工具
- 标注图形文字和尺寸
- 创建块
- 绘制三维图形

实训 1　绘制二维图形

1. 实训内容

绘制立面门，效果如图 12.1.1 所示。

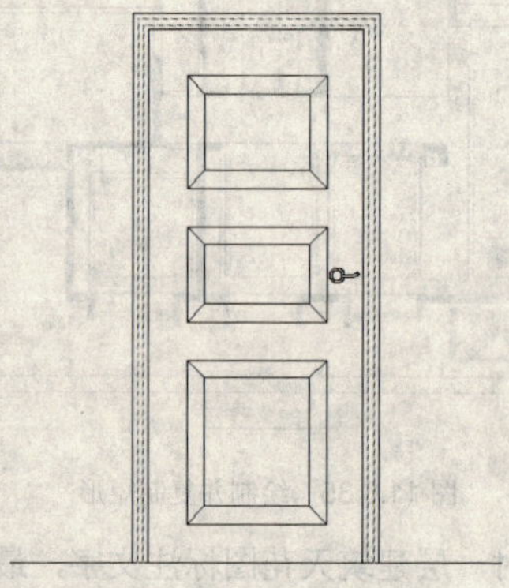

图 12.1.1　效果图

2. 实训目的

掌握二维图形的绘制与编辑的方法。

3. 操作步骤

（1）执行绘制矩形命令，在绘图窗口中绘制一个长为 988，宽为 2 144 的矩形，效果如图 12.1.2 所示。

（2）执行修剪命令，选择绘制的矩形为修剪边，修剪矩形的下边线，效果如图 12.1.3 所示。

（3）使用直线命令在修剪后矩形的下边绘制一条水平直线，执行偏移命令，命令行提示如下：

命令: _offset

当前设置: 删除源=否　图层=源　OFFSETGAPTYPE=0　　　　　　//系统提示

指定偏移距离或 [通过(T)/删除(E)/图层(L)] <通过>:　20　　　　　　　　//输入偏移距离为 20
选择要偏移的对象，或 [退出(E)/放弃(U)] <退出>:　　　　　　　　　　//选择修剪后的矩形
指定要偏移的那一侧上的点，或 [退出(E)/多个(M)/放弃(U)] <退出>:　　//向内偏移矩形
选择要偏移的对象，或 [退出(E)/放弃(U)] <退出>:　　　　　　　　　　//按回车键结束命令
偏移后的效果如图 12.1.4 所示。

图 12.1.2　绘制矩形

图 12.1.3　修剪矩形

（4）继续执行偏移命令，将偏移后的矩形框再次向内偏移两次，偏移距离分别为 24 和 20，效果如图 12.1.5 所示。

图 12.1.4　偏移矩形

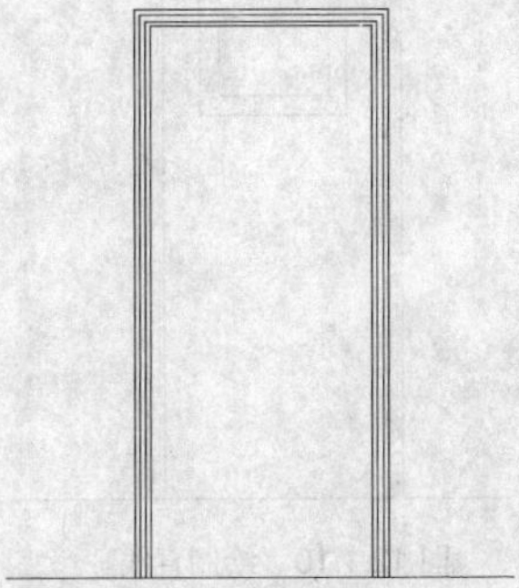

图 12.1.5　继续偏移矩形

（5）选中中间的两个矩形框，单击“特性”工具栏中的“颜色”下拉列表框，在弹出的下拉列表中选择“选择颜色”命令，打开 选择颜色 对话框，如图 12.1.6 所示。

（6）在“颜色”参数值文本框中输入颜色代码为 8，单击 确定 按钮改变矩形框的颜色，效果如图 12.1.7 所示。

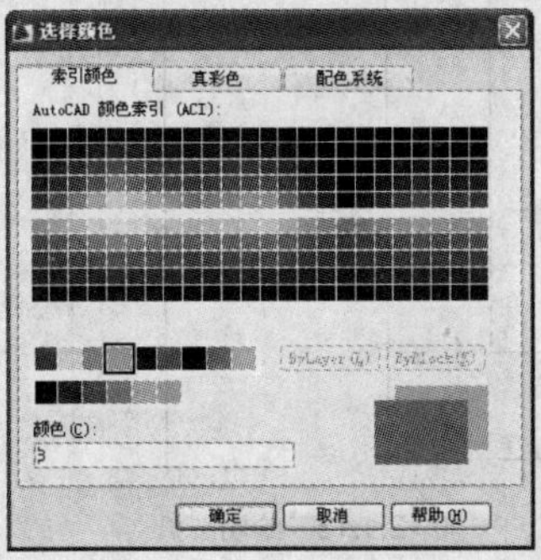

图 12.1.6　“选择颜色”对话框

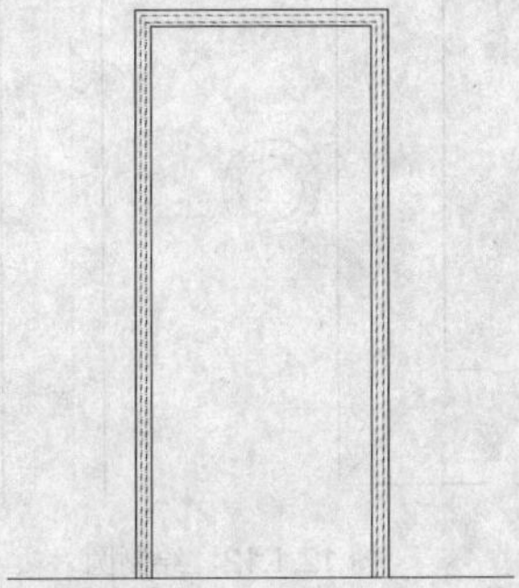

图 12.1.7　改变矩形框颜色

（7）执行绘制矩形命令，在最里边的矩形框的上边绘制一个长为 560，宽为 440 的矩形，效果

如图 12.1.8 所示。

（8）执行偏移命令，将绘制的矩形向中间偏移，偏移距离为 70，效果如图 12.1.9 所示。

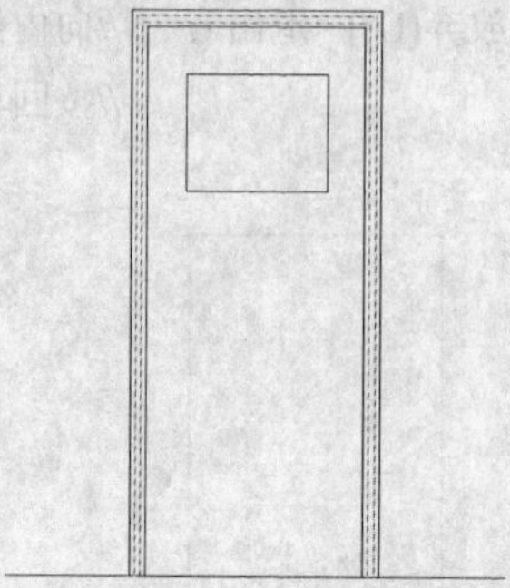

图 12.1.8　绘制矩形

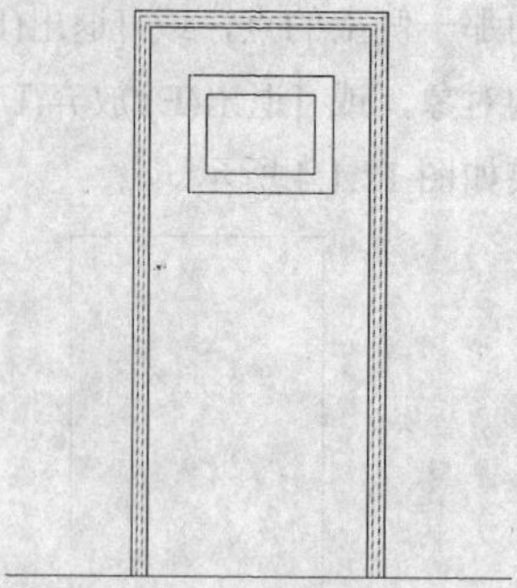

图 12.1.9　偏移矩形

（9）执行绘制直线命令，用直线连接矩形的 4 个角点，效果如图 12.1.10 所示。

（10）再次执行绘制矩形命令，在下边再绘制一个长为 560，宽为 370 的矩形和一个长为 560，宽为 640 的矩形，并使用偏移命令分别将其向中间偏移，偏移距离均为 70，最后用直线连接矩形的角点，完成立面门门面造型的绘制，效果如图 12.1.11 所示。

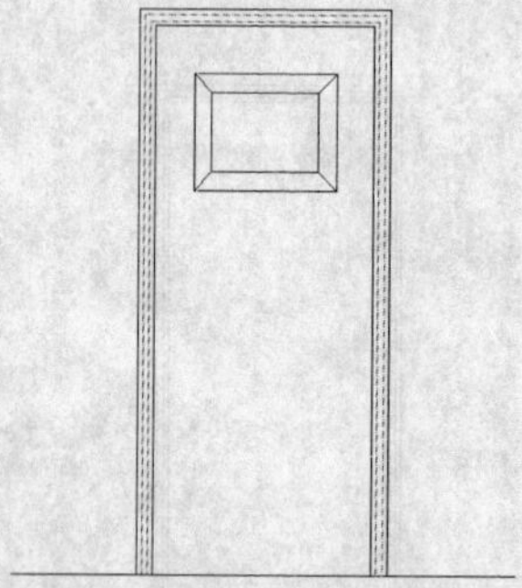

图 12.1.10　绘制直线

图 12.1.11　绘制门面造型

（11）执行绘制圆命令，在第二个门面造型的右边分别绘制半径为 20，30 和 6 的 3 个圆，效果如图 12.1.12 所示。

（12）执行绘制圆弧命令，在绘制的圆之间绘制两条圆弧，效果如图 12.1.13 所示。

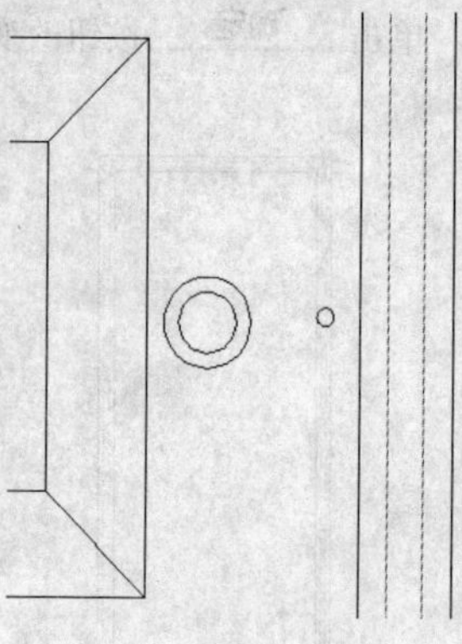

图 12.1.12　绘制圆

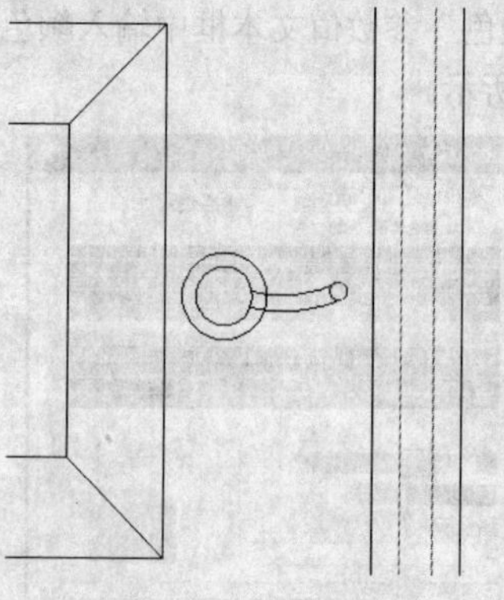

图 12.1.13　绘制圆弧

（13）执行修剪命令，修剪圆和圆弧，完成门拉手的绘制，效果如图 12.1.14 所示。

（14）全部缩放图形，完成立面门的绘制，最终效果如图 12.1.1 所示。

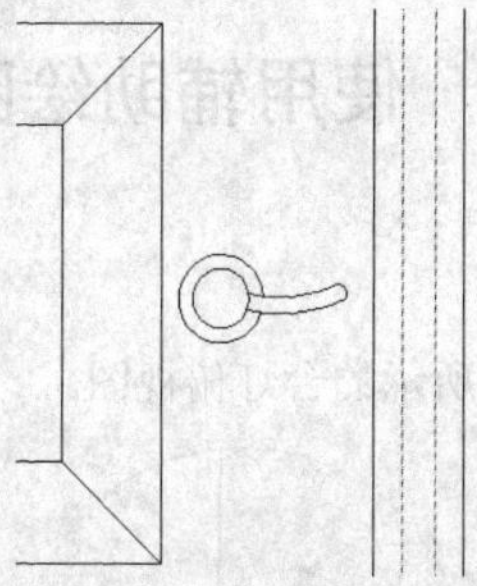

图 12.1.14　修剪图形

实训 2　使用图案填充

1. 实训内容

绘制如图 12.2.1 所示的图形，并填充图案。

2. 实训目的

掌握图案填充的使用方法。

3. 操作步骤

（1）使用矩形、直线、修剪和阵列等命令绘制如图 12.2.2 所示的图形。

图 12.2.1　效果图

图 12.2.2　绘制二维图形

（2）选择 绘图(D) → 图案填充(H)... 命令，打开 图案填充和渐变色 对话框，在该对话框中设置填充图案为“AR-SAND”，填充比例为“0.7”，如图 12.2.3 所示，单击“添加：拾取点”按钮，在绘制的图形中拾取图案填充区域，按回车键完成图案填充命令，最终效果如图 12.2.1 所示。

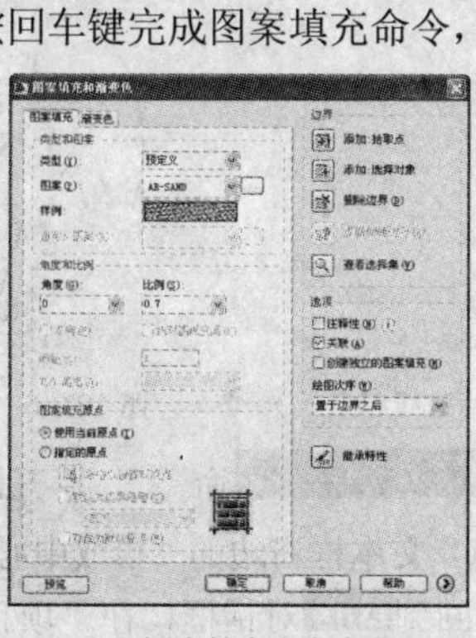

图 12.2.3　“图案填充和渐变色”对话框

实训 3　使用辅助绘图工具

1. 实训内容

使用辅助绘图工具绘制如图 12.3.1 所示的台灯俯视图。

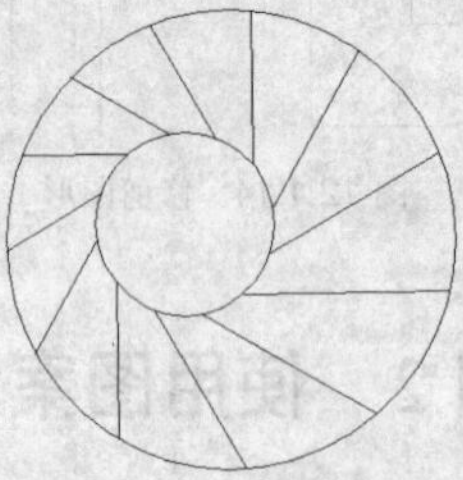

图 12.3.1　效果图

2. 实训目的

掌握辅助绘图工具的使用方法。

3. 操作步骤

（1）执行绘制圆命令，在绘图窗口中绘制半径分别为 150 和 60 的一组同心圆，效果如图 12.3.2 所示。

（2）执行移动命令，以圆心为基点，将小圆移动到点（@30，10），效果如图 12.3.3 所示

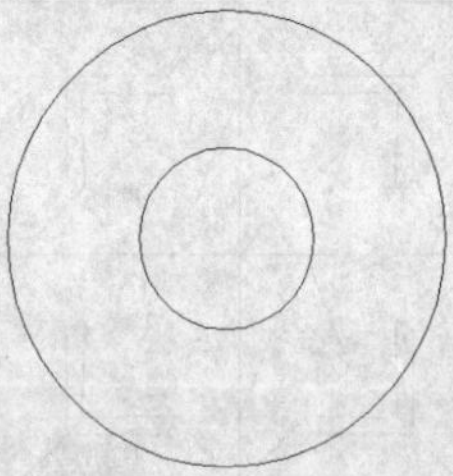

图 12.3.2　绘制同心圆

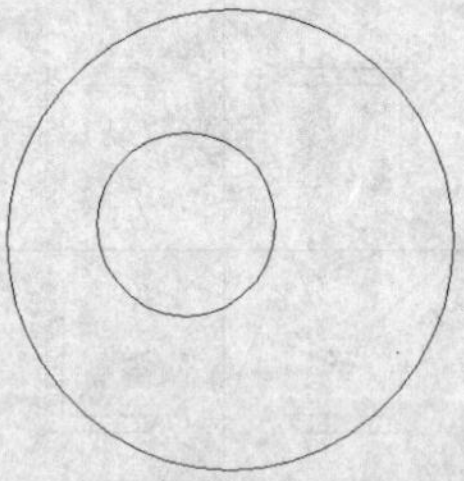

图 12.3.3　移动圆

（3）执行绘制直线命令，捕捉圆的最近点，以如图 12.3.4 所示图形中的最近点为起点，以如图 12.3.5 所示图形中的最近点为终点绘制一条直线，效果如图 12.3.6 所示。

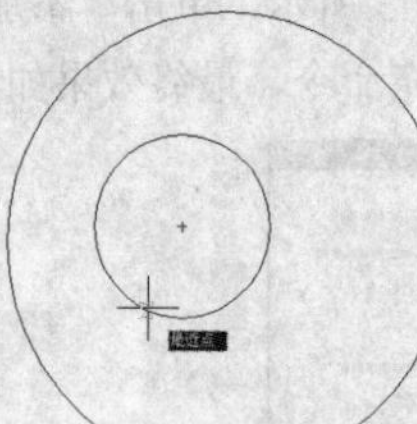

图 12.3.4　指点直线起点

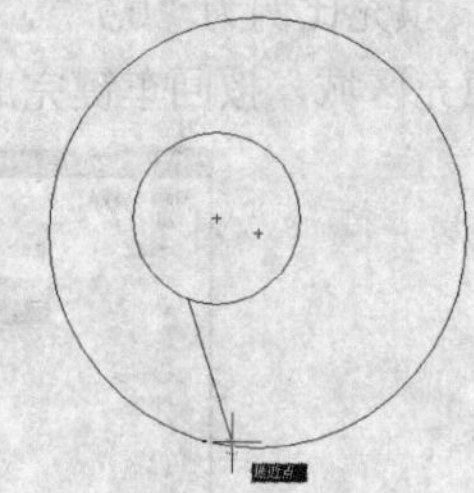

图 12.3.5　指定直线端点

（4）选择 修改(M) → 阵列(A)... 命令，打开 阵列 对话框，在该对话框中选中 环形阵列(P) 单选按钮，单击“中心点”文本框右边的“拾取中心点”按钮，系统切换到绘图窗口，捕捉小圆的圆心为阵列的中心点，返回到 阵列 对话框，在“项目总数”文本框中输入阵列的数量为“12”，在“填充角度”文本框中输入“360”，单击“选择对象”按钮，系统切换到绘图窗口，

选择绘制的直线，按回车键返回到阵列对话框，选中☑复制时旋转项目(T)复选框，完成各项参数的设置，效果如图 12.3.7 所示。

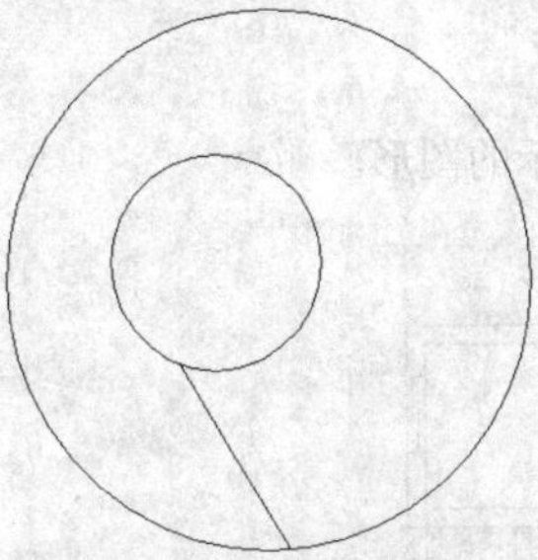

图 12.3.6　绘制直线

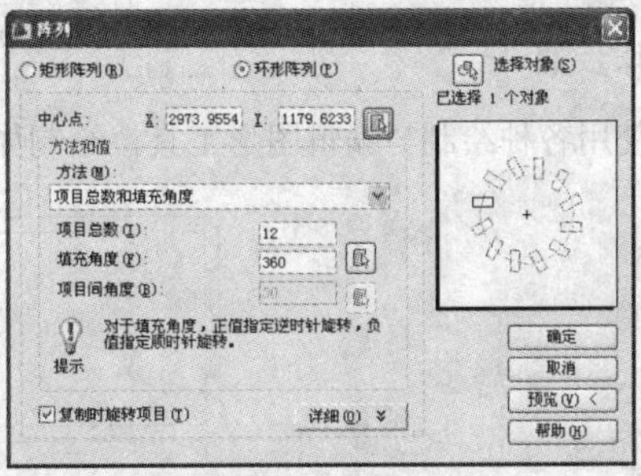

图 12.3.7　设置参数

（5）单击确定按钮结束环形阵列命令，阵列后的效果如图 12.3.8 所示。

（6）选择修改(M)→修剪(T)命令，捕捉大圆为剪切边，修剪阵列后与大圆相交的直线，效果如图 4.5.9 所示。

图 12.3.8　阵列效果

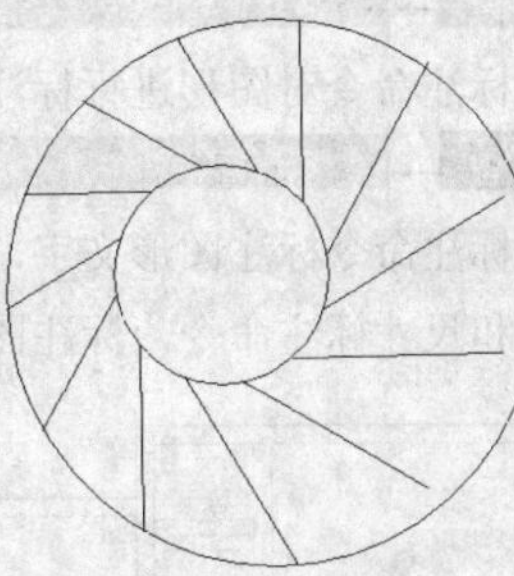

图 12.3.9　修剪图形

（7）选择修改(M)→延伸(D)命令，捕捉大圆为延伸边界，将阵列后的直线延伸到与大圆的边相交，完成台灯俯视图的绘制，效果如图 12.3.1 所示。

实训 4　标注图形文字和尺寸

1. 实训内容

绘制如图 12.4.1 所示的图形，并标注图形文字和尺寸。

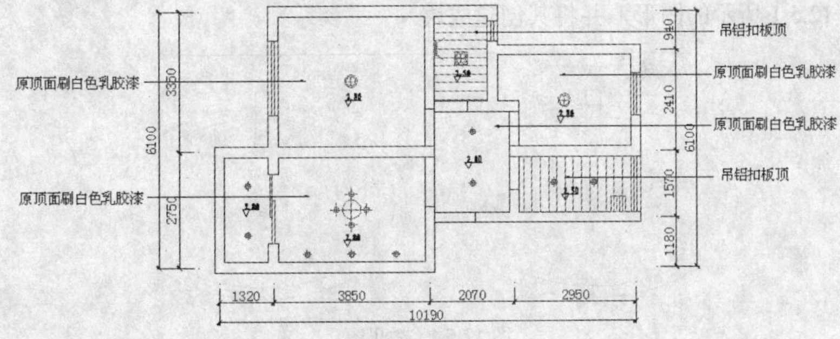

图 12.4.1　效果图

2．实训目的

掌握文字标注和尺寸标注的使用方法。

3．操作步骤

（1）使用各种绘制与编辑图形工具，绘制如图 12.4.2 所示的图形。

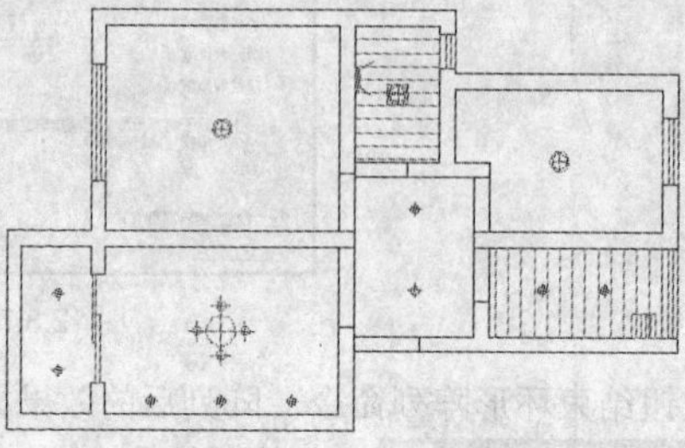

图 12.4.2　绘制图形

（2）选择 格式(O) → 标注样式(D)... 命令，新建一个标注样式。

（3）使用线性标注命令对图形进行标注，如图 12.4.3 所示

（4）选择 格式(O) → 文字样式(S)... 命令，新建一个文字样式。

（5）使用引线标注命令标注图形文字，如图 12.4.4 所示。

（6）重复文字和尺寸标注命令，标注图形其他文字和尺寸，最终效果如图 12.4.1 所示。

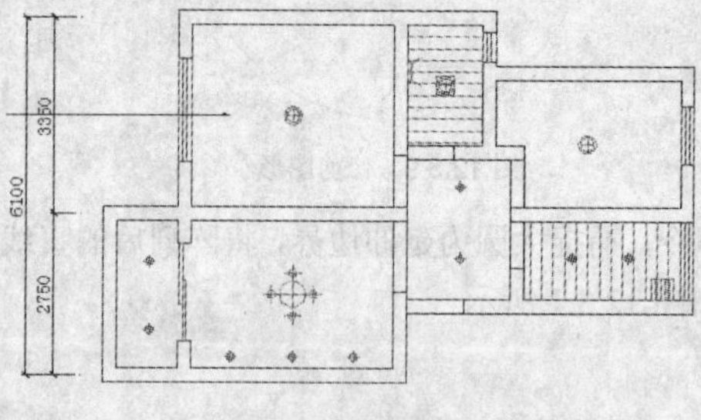

图 12.4.3　线性标注

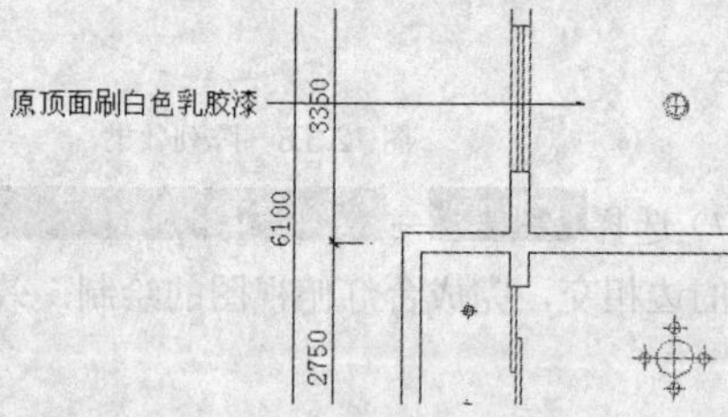

图 12.4.4　文本标注

实训 5　创建块

1．实训内容

绘制如图 12.5.1 所示的图形，并将其创建成块。

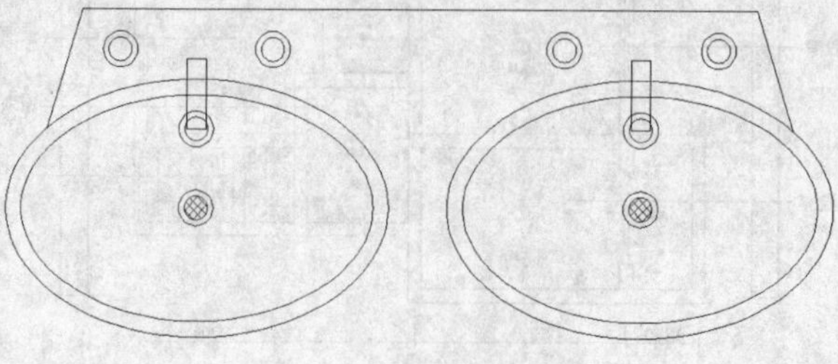

图 12.5.1　效果图

2．实训目的

掌握图块的创建方法。

3．操作步骤

（1）绘制如图 12.5.1 所示洗手池。

（2）单击“绘图”工具栏中的“块定义”按钮，打开块定义对话框，如图 12.5.2 所示。

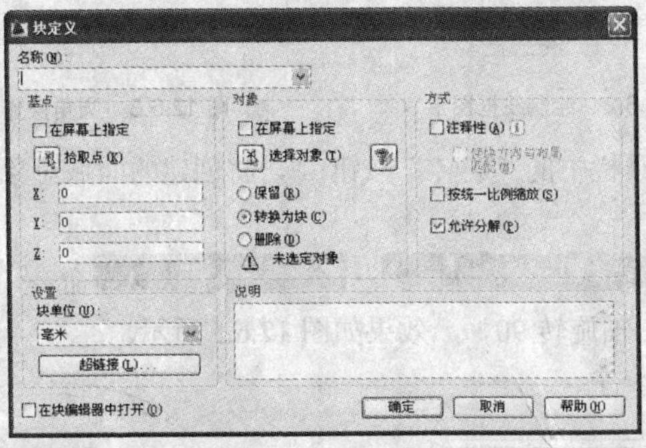

图 12.5.2　“块定义”对话框

（3）在“名称”文本框中输入文字“洗手池”。

（4）单击“拾取点”按钮，在绘图窗口中指定一点，确定块的基点。

（5）单击“选择对象”按钮，选择绘制的图形，最后单击 确定 按钮完成块的创建。

实训 6　绘制三维图形

1．实训内容

绘制如图 12.6.1 所示的三维图形。

图 12.6.1　效果图

2．实训目的

掌握三维图形的创建方法。

3．操作步骤

（1）执行绘制多段线命令，在绘图窗口中绘制如图 12.6.2 所示的图形。

（2）执行圆角命令，对图 12.6.2 所示的图形进行圆角操作，然后执行创建面域命令，对圆角后的图形进行面域操作，效果如图 12.6.3 所示。

图 12.6.2　绘制线框图形

图 12.6.3　圆角操作效果

（3）单击“建模”工具栏中的“旋转”按钮，将创建的面域对象绕垂直直线旋转 360°，效果如图 12.6.4 所示。

（4）选择 视图(V) → 三维视图(D) → 东南等轴测(E) 命令，切换视图。执行三维旋转命令，将创建的实体对象绕 X 轴旋转 90°，效果如图 12.6.5 所示。

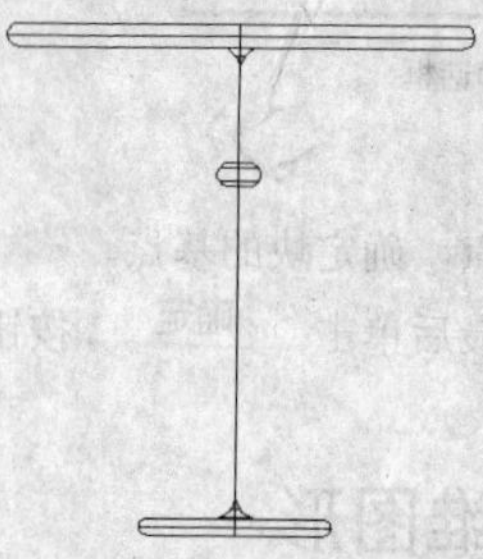

图 12.6.4　旋转生成实体

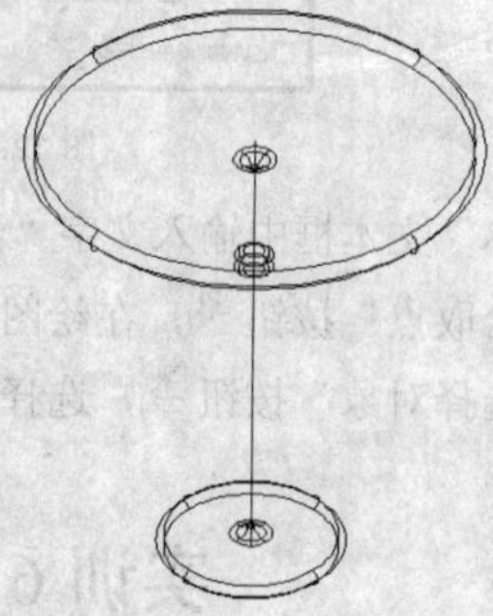

图 12.6.5　三维旋转对象

（5）执行绘制圆命令，以垂直直线的下端点为圆心，绘制一个小圆。对该圆进行面域操作后，指定垂直直线为拉伸路径，将其拉伸成实体。执行并集布尔运算，对创建的实体对象进行并集操作，消隐着色后的效果如图 12.6.1 所示。